互 联 网 + 珠 宝 系 列 教 材
教育部职业教育宝玉石鉴定与加工专业教学资源库系列教材

宝石矿物肉眼与偏光显微镜鉴定（上）

Naked eye and Polarizing Microscope Identification of Gemstone Minerals (Volume 1)

主　编　刘德利　陈雨帆　李继红
副主编　孟　龑　杨　莉　刘　婉

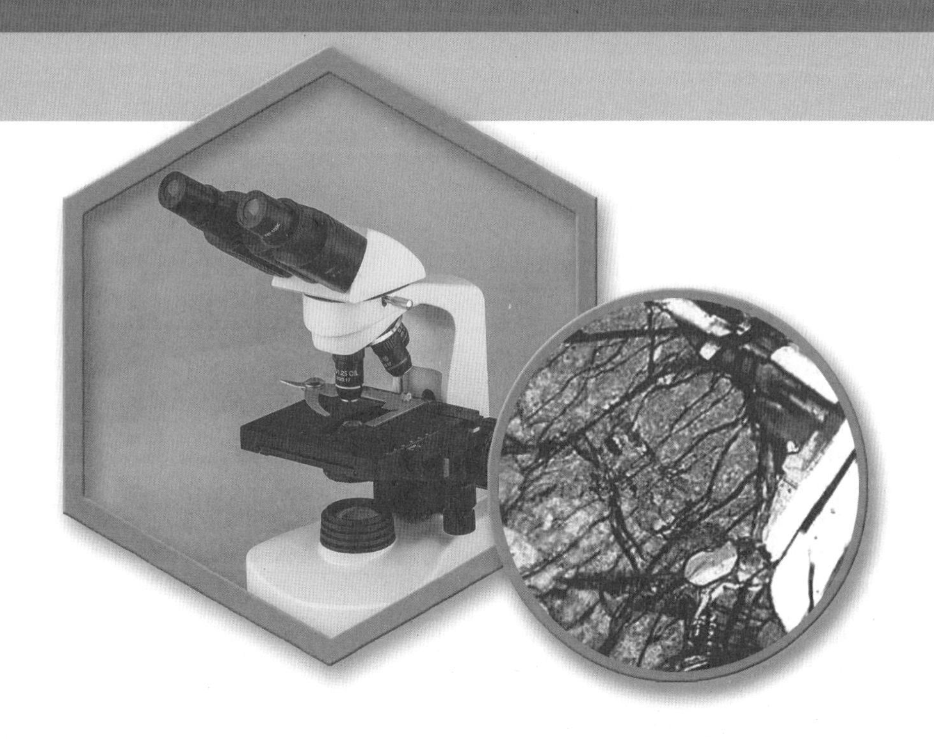

图书在版编目(CIP)数据

宝石矿物肉眼与偏光显微镜鉴定. 上/刘德利,陈雨帆,李继红主编. —武汉:中国地质大学出版社,2021.12(2024.9 重印)

互联网+珠宝系列教材

ISBN 978-7-5625-2320-8

Ⅰ.①宝… Ⅱ.①刘… ②陈… ③李… Ⅲ.①宝石-鉴定-教材 Ⅳ.①TS933.21

中国版本图书馆 CIP 数据核字(2020)第 222863 号

宝石矿物肉眼与偏光显微镜鉴定(上) **刘德利 陈雨帆 李继红 主编**

责任编辑:张旻玥 张 琰 选题策划:张琰 张旻玥 责任校对:张咏梅

出版发行:中国地质大学出版社(武汉市洪山区鲁磨路 388 号) 邮政编码:430074

电 话:(027)67883511 传 真:(027)67883580 E-mail:cbb @ cug.edu.cn

经 销:全国新华书店 http://cugp.cug.edu.cn

开本:787 毫米×1092 毫米 1/16 字数:350 千字 印张:14

版次:2021 年 12 月第 1 版 印次:2024 年 9 月第 2 次印刷

印刷:武汉中远印务有限公司

ISBN 978-7-5625-2320-8 定价:68.00 元

(含《宝石矿物肉眼与偏光显微镜鉴定(上)实习报告》)

《教育部职业教育宝玉石鉴定与加工专业教学资源库系列教材》

编 委 会

前 言

按照最新的中华人民共和国国家标准《珠宝玉石 名称》(GB/T 16552—2017)和《珠宝玉石 鉴定》(GB/T 16553—2017),并结合“教育部职业教育宝玉石鉴定与加工专业教学资源库”的建设成果,笔者编写了《宝石矿物肉眼与偏光显微镜鉴定》一书。

本书分为上、下两册,设计了14个模块,其中上册介绍宝石矿物肉眼鉴定背景知识和宝石矿物肉眼鉴定各论。本书注重理论与实践结合,内容循序渐进,重点对专业基础知识进行强化训练,从而提高从业人员的职业素养,规范从业人员的操作。本书充分利用数字化建设成果与“互联网+”的优势,通过在智慧职教网(https://www.icve.com.cn/zgzbys)建设标准化课程,实现本书全部资源的数字化、网络化,并选择课程重点资源和优势资源,在书中插入二维码,学习者可以利用智能移动终端扫描二维码即时观看和学习,实现互动式教学,突破课堂界限,推进全时空学习。

本书面向全国大专院校珠宝类专业的学习者,以珠宝行业内鉴定与加工领域中宝石矿物鉴定的职业活动为研究对象,结合宝石鉴定职业岗位的基础知识、基本技能、基本素质要求,围绕宝石鉴定的岗位核心能力,突出实践性、知识性、趣味性,融入了“学习目标”“知识链接”“特别提示”“练一练”等学习内容,旨在提升珠宝专业学习者的职业素质和技能。本书可以作为职业院校珠宝专业的教材,也可以作为珠宝爱好者的专业阅读资料。

本书由云南国土资源职业学院刘德利、陈雨帆、李继红、孟龑、杨莉、刘婉编写,编写过程中,云南国土资源职业学院蒋琪、李季芸、徐钊也参与了部分工作。

由于编者水平有限,书中不当之处在所难免,恳请读者批评指正。

编者

2021年8月于昆明

目 录

模块一　宝石矿物肉眼鉴定背景知识

自然界中的宝石大多是晶体或由晶体构成的。宝石的化学成分和结构决定了宝石的种属与该宝石种可能出现的几何形态及物理、化学性质。宝石学家通过对未知宝石几何形态和物理、化学性质的研究及测试，可以推断其化学成分和结构，最终确定出宝石的种属。这就是宝石鉴定的基本原理。

狭义的宝石是那些具有宝石特性的矿物或矿物集合体。因此，从矿物学的角度来说，人们也称宝石为宝石矿物。矿物是指由地质作用形成的固态的天然单质或化合物，它们具有一定的化学成分和内部结构，从而具有一定的几何形态、物理和化学性质。它们在一定的物理化学条件下稳定，是组成岩石的基本单位。绝大多数宝石矿物为无机物，少数为有机物，如琥珀等。

宝石在我国也称为珠宝玉石。早在距今 1.8 万年的北京周口店山顶洞人的遗址中就发现了用动物的牙齿和骨骼串成的项饰，这恐怕就是人类最早的宝石制品。究其内涵，已初步具备了作为宝石的几个基本条件。随着人类的进步和对宝石认识的不断深入和提高，天然宝石应具备的基本特征已进一步明确为美丽、稀少、耐久等特点。传统观念上，宝石仅指上述概念中的天然珠宝玉石，即指自然界产出的，具有色彩瑰丽、晶莹剔透、坚硬耐久、稀少等特点，并且可琢磨、雕刻成首饰和工艺品的矿物、岩石和有机材料。天然珠宝玉石是目前珠宝玉石行业的主流产品。但随着科学技术的不断发展和创新，以及人们对审美和装饰需求的多样化，宝石的概念也在不断变化和扩展。根据我国珠宝玉石首饰行业相关的国家标准，宝石的概念具有更为广泛的含义，并称为珠宝玉石(简称宝石)。

现今，自然界已经发现的矿物及矿物集合体有 5000 多种。其中，可作为宝石的矿物及其集合体约有 230 种，而较常见的宝石原料仅有 30 余种。根据化学成分可分为自然元素、硫化物、氧化物、氢氧化物、卤化物、含氧盐等。

自然界的矿物一般都是天然晶体。研究矿物将涉及晶体许多固有的特性和结晶习性法则与定律。学习宝石鉴定必须具备矿物学和结晶学的基础知识。所有的矿物都是天然产出的晶体，而认识晶体，首先就是从认识矿物晶体开始的。

矿物肉眼
鉴定综述

不同的矿物，外表特征和物理性质有所不同，因此，可以对矿物进行肉眼鉴定。一般可从矿物的外形、光学性质、力学性质等方面来对矿物进行鉴定。

知识链接

地壳中的元素，在一定的地质条件下，结合成为有一定化学成分和物理性质的单质或化合物叫作矿物。矿物在地球上分布十分广泛，近年来还发现了一些新的矿物。目前已发现的矿物及矿物集合体有5000种以上。但构成岩石主要成分的矿物却只有几十种，叫作造岩矿物。通过课程学习，学习者应能识别主要的造岩矿物和一些常见的金属、非金属矿物。精确鉴别矿物的方法很多，但需要使用专用设备，如偏光显微镜。在课程教学实践活动中，识别矿物的方法主要依靠和利用矿物的物理性质、化学性质，用一些简易方法进行观察和测试，这叫肉眼鉴定。它虽较粗略，却是常用的基本方法和应掌握的技能。

项目1　认识晶体

学习目标

知识目标：通过对晶体和非晶体概念的辨析，空间格子要素及特点的认识，晶体基本性质的理解和认识，获得对晶体概念及特点的较深入认识。

能力目标：应用结晶学及矿物学基本理论和方法，判断和描述理想晶体与实际晶体的形态和特征，并运用于矿物的肉眼鉴定。

思政目标：通过对自然界晶体形成的认识，了解矿物岩石漫长复杂的地球演化史，让学生领会到绿水青山就是金山银山，进而合理利用矿物资源。

自然界是物质的。自然界的一切物质总是以一定形态存在，又在一定条件下相互作用发生形态的转化。在日常生活中，人们见到的物质状态主要是固态、液态和气态3种，它们的形态特点以及相互转化的条件，早已为人们所熟知。现代科学发现，自然界的物质除了固、液、气三态以及一系列的过渡态之外，还有第四态、第五态、第六态、第七态等。常温下有固态、液态、气态，高温下可以出现物质第四态——等离子态。

知识链接

1879年英国物理学家克鲁克斯在研究阴极射线时，发现了具有独特性质的等离子体，从而发现了物质的第四态。等离子态可由气态转化而来。日常生活中，人们也遇到过等离子体。五光十色的霓虹灯就是氖或氩的等离子体在发光。闪电作为一种自然现象，则是由于空气中放电形成了等离子体的缘故。在地球上，等离子态的物质并不多见，但在整个宇宙中则恰好相反。由于高温或强烈的辐射，物质极易电离，宇宙空间中的许多弥漫星云以及某些恒星大气，都处于等离子态。作为恒星的太阳，其实就是一个高温的等离子火球。太阳的强烈辐射，使高空大气层呈等离子态。这一层大气由等离子体组成，成为电离层。

一、晶体

在人们的印象中，可能认为晶体是一种相当罕见的东西，但实际上晶体是非常常见的一类物体。自然界的冰和雪花，我们食用的石盐（食盐），使用的金属材料，组成大地的岩石和土壤中的各种矿物等，都属于晶体。

晶体的特点是：它们常呈一定形状的规则几何多面体产出。例如当仔细观察石盐时，可以发现它们都呈立方体形状，这在粗盐中尤为明显。又如经常出现在岩石裂隙或空洞中的α-石英，常呈带有尖顶的六边形柱体（图 1-1-1）。

图 1-1-1　呈几何多面体外形的α-石英晶体外形

认识晶体

人类对于晶体的认识，正是从石英开始的。古代人们在采矿活动中，发现无色透明石英呈天然规则几何多面体，认为它们是冻结时间极长而变为石头的冰块。因此，在古希腊它们被称为“冰”，我国古代则称之为“水晶”。后来人们陆续发现其他不少矿物也能表现为天然长成的规整几何多面体，于是晶体（crystal）一词便被用来泛指一切天然的（不是人为磨削而成的）具有规则几何多面体形状的固体。将能自发形成规则几何多面体形态的固体称为晶体。

随着生产的发展和科学技术的进步，人们对晶体的认识也不断地深化。许多事实表明，仅仅从有无规则的外形区分是否是晶体，是不恰当的。例如，具有立方体外形的石盐（NaCl）颗粒和不具规则外形的石盐颗粒（图 1-1-2），除外形外，两者所有的性质都相同。如果我们把一个不具规则外形的石盐颗粒投放在 NaCl 的过饱和溶液中让它继续成长，最终它也能长成立方体的规则几何外形。这充分说明，规则的几何外形并不是晶体的本质，而只是一种外部形象，它肯定还有某种内在的、本质的因素存在。

图 1-1-2　石盐的不同形态

NaCl 的结构是 1914 年在人类历史上第一个被测定的具体晶体结构(图 1-1-3)。之后的大量实验资料表明,一切晶体不论其化学组成如何,也不论其外形是否规则,它们内部的质点总是在三维空间有规则地成周期性重复的方式排布,从而构成格子状构造。晶体内部质点的这种规则排布,目前已可借助于高分辨透射电子显微镜直接观察到。晶体的这一共性,则反映了晶体与其他物体之间的根本区别。

因此,晶体是内部质点在三维空间呈周期性重复排列的固体,或者说,晶体是具有格子状构造的固体。晶体的规则几何外形,只是晶体内部格子构造的外在表现。

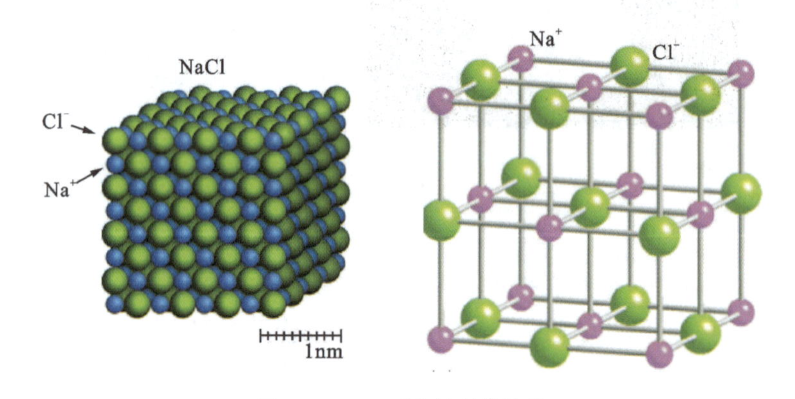

图 1-1-3　石盐的晶体结构

知识链接

根据晶体内部质点呈周期性重复排布的规律性,若在一个晶体中的任一部位都同样地圈定足够大的一块体积时,则它们必定都具有完全相同的格子构造。这意味着,一个晶体在其任一部位上的性质都是均一的,具有结晶均一性。与此同时,在同一格子构造的不同方向上,质点的重复方式一般却是各不相同的。这意味着晶体的性质又是随方向而异的,表现为各向异性。因此,晶体是一种均一的各向异性体。

与晶体的定义相适应，原子或离子在三维空间成周期性平移重复排布的固态物质则称为结晶质，简称晶质。晶体即是由结晶质构成的物体。

不过在矿物学、岩石学等许多学科中，习惯上往往仍将“晶体”这一名称专门用于指具有几何多面体外形的晶体，而将不具几何多面体外形的晶体称为晶粒。此外，还常根据结晶颗粒的大小，将结晶质分为显晶质和隐晶质两类。凡结晶颗粒能用一般放大镜分清者，称为显晶质；无法分辨者则称为隐晶质。

二、非晶体

非晶体(non－crystal)是指内部质点在三维空间不呈规律性重复排列的固体。

显然，非晶体内部不具有格子构造。从内部结构的角度来看，在非晶体的各个部位上，没有任何两部分的内部结构是完全相同的。同时，非晶体中的内部质点在不同方向上的排布状况，也无任何规律可循，表现在外形上，非晶体在任何条件下都不可能自发地长成规则的几何多面体形状。所以，非晶质体中的质点的分布更类似于液体。

当加热非晶体时，它并不像晶体那样表现出有固定的熔点，而是随着温度的上升逐渐软化，最后成为流体。因此，可以认为，非晶体实际上只是一种呈凝固态的过冷却液体。

非晶体具有如下几点特征：①不具有格子构造，内部质点排列无规则；②无固定外表形态；③无固定熔点；④不能用射线法测其内部结构；⑤具有各向同性；⑥具有晶质化的趋势。

非晶体的分布远不如晶体那么广泛，只有玻璃、沥青、琥珀、松香、塑料等。火山喷发时喷溢出的物质因快速冷凝形成的火山玻璃，部分因放射性蜕变形成的非晶质矿物等都是非晶体。与晶体相比，它们只占极少部分。

非晶体与晶体之间在一定条件下可相互发生转化。玻璃质岩石随着地质时代的增长，特别是由于埋藏使温度、压力升高时，玻璃质将逐渐转化为结晶物质，即产生脱玻化作用，例如黑曜石。结晶质矿物因含放射性元素等因素，导致晶格损伤，由结晶态转变为非晶态的作用，即发生蜕晶化作用，例如低型锆石。

三、准晶体

准晶体是1984年确定的一种新的凝聚态物体。准晶体是一种固体，但其内部原子既不像非晶体那样呈完全无序的分布，又不具有像晶体那样的三维周期性有序排列。关于准晶体的结构已经提出了多种不同的模型。

准晶体是内部质点排列具有远程规律，但是不具有格子状构造，是介于晶体和非晶体之间的一种状态。

晶体、非晶体与准晶体三者的区别为：

晶体是具有格子构造的固体，长程有序和短程有序(图1－1－4)；

非晶体是不具有格子构造的固体，长程无序和短程有序(图1－1－5)；

准晶体是不具有格子构造的固体，长程有序和短程无序。

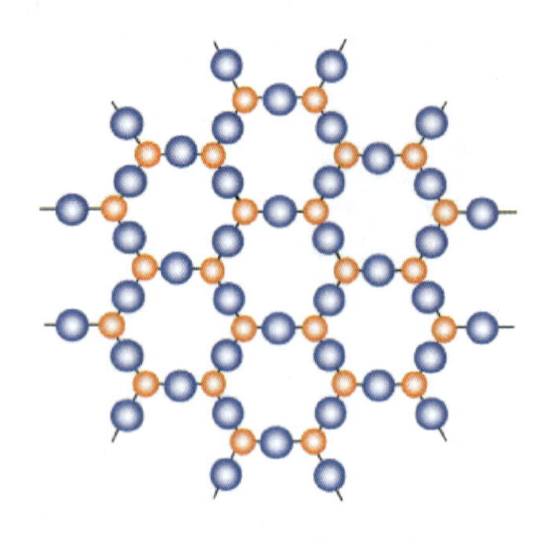

图 1-1-4　长程有序、短程有序

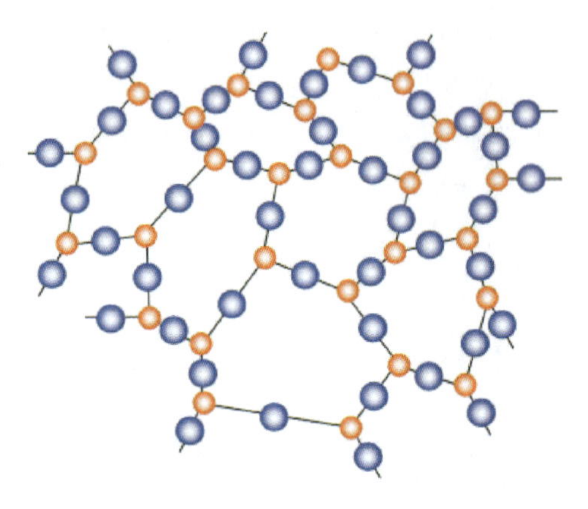

图 1-1-5　长程无序、短程有序

四、空间格子

1. 空间格子的概念

晶体的本质在于内部质点（原子、离子或分子）在三维空间作周期性重复排列，这种重复排列构成了格子构造。但是，不同的晶体其内部质点的种类、质点在空间排列的形式和间隔大小是有所不同的。

晶体内部的格子构造，通常称为晶格，是一切晶体所共有的基本特性。为了研究各种晶体空间格子的构成方式及其类型，需选取其中的相当点（即质点种类及周围环境皆相同的点，或称等效点、等同点），并将其抽象为纯粹的几何点（结点），用结点组成的格子来进行分析。这种由相当点在三维空间规则排列而形成的格子，称为空间格子。例如，石盐（NaCl）的晶体结构中[图 1-1-6(a)]，Na^+（Cl^-）在空间不同方向上，都按一定间距出现，沿着立方体 3 个棱方向，Na^+（Cl^-）每隔 0.562 8nm 重复一次，沿两个棱所组成平面的对角线方向 Na^+（Cl^-）按 0.397 8nm 的间距呈周期性的重复。任意选取 Na^+ 或 Cl^- 的中心作为相当点，都可导出如图 1-1-6(b)所示的空间格子。因此，空间格子是从晶体结构中抽象出来的，表示其规律性的几何图形，而不是晶体的具体结构。

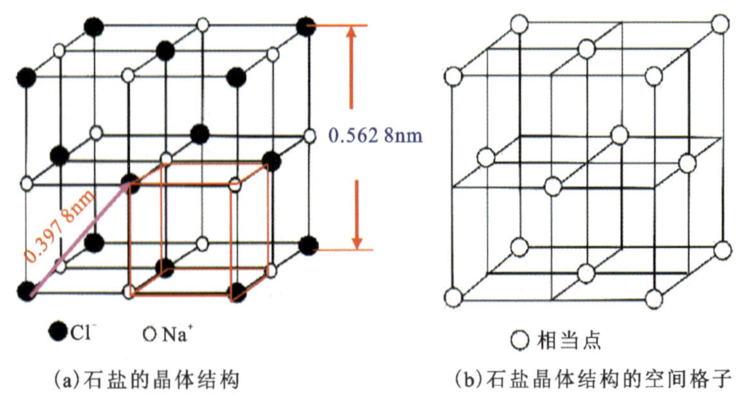

(a)石盐的晶体结构　　(b)石盐晶体结构的空间格子

图 1-1-6　石盐晶体

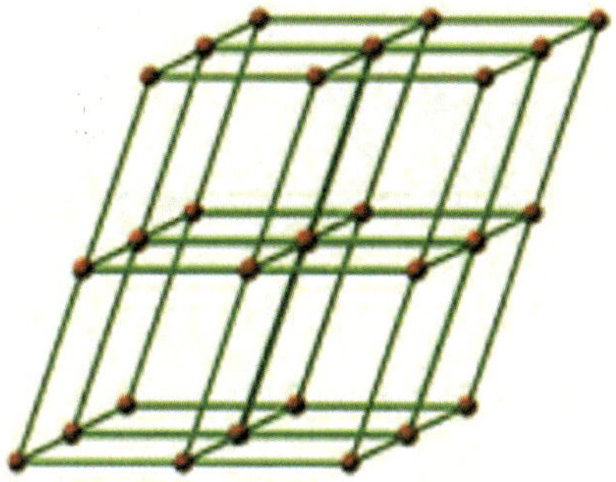

2. 空间格子的要素

空间格子的要素包括：结点、行列、面网、平行六面体(图1－1－7)。

1)结点

结点是空间格子中的点。它们代表晶体结构中的相当点。在实际晶体中，在结点的位置上可为同种质点所占据。但就结点本身而言，它们并不代表任何质点，它们只具有几何意义，为几何点。

图1－1－7　空间格子

2)行列

结点在直线上的排列即构成行列。空间格子中任意两个结点联结起来就是一条行列的方向。行列中相邻结点间的距离称为该行列的结点间距。在同一行列中结点间距是相等的，在平行的行列上结点间距也是相等的；不同方向的行列，其结点间距一般是不等的，某些方向的行列上结点分布较密，而另一些则较稀。

3)面网

结点在平面上的分布即构成面网。空间格子中不在同一行列上的任意3个结点就可以决定一个面网的方向；换句话说，任意两个相交的行列就可决定一个面网。而网上单位面积内结点的密度称为网面密度。相互平行的面网，网面密度相同，互不平行的面网，网面密度一般不同。

4)平行六面体

从三维空间来看，空间格子可以划出一个最小重复单位，即平行六面体。它由6个两两平行而且相等的面组成。实际晶体结构中所划分出的这样的相应单位，称为晶胞。整个晶体结构可视为晶胞在三维空间平行地、毫无间隙地重复累叠。晶胞的形状与大小，则取决于它彼此相交的3条棱的长度和它们之间的夹角。

整个空间格子也可以看作是单位平行六面体在三维空间平行地、毫无间隙地重复累叠而成。平行六面体的几何特征包括：大小、形态及结点分布。平行六面体是几何图形，仅有数学意义，那么它的大小和形态就可以用数字——格子参数(晶胞参数)来描述(图1－1－8)。

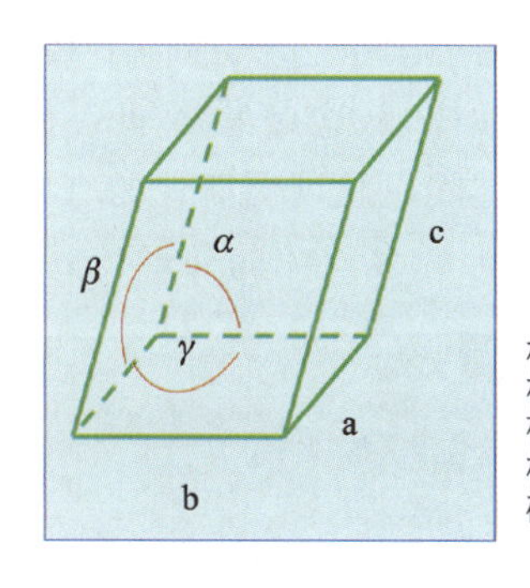

格子参数：
棱长：a、b、c；
棱之间的夹角：α、β、γ；
格子参数的关系只有7种，
确定了7种平行六面体

图1－1－8　格子参数(晶胞参数)

知识链接

目前，已弄清了数以千计的不同种类的晶体结构，尽管各种晶体结构互不相同，但都具有格子构造这一点是所有晶体的共同属性。晶体的这一共性反映了晶体与其他物体之间的根本区别，因此，晶体是具有格子构造的固体。是否具有格子构造是晶体与非晶体、准晶体及气体和液体的本质区别。

空间格子又称“空间格架”，由法国学者布拉维（A. Bravais，1811—1863）于1855年确定，故也称“布拉维14种空间格子”“布拉维空间点阵”等。它是从具体的晶体结构中抽象出来的，由一系列有规律地在三维空间呈周期性重复排列的几何点（即结点）所联结成的无限的立体几何图形。结点在空间格子中排列的规律性体现了晶体结构中原子、离子或分子在空间分布上的规律性。结点在直线上的排列构成行列，在平面上的分布构成面网。同一行列中及相互平行的行列上，结点间距是相同的；不同方向的行列中，结点间距通常是不同的。凡相互平行的面网，其单位面积内的结点数（面网密度）和相邻面网间的距离（面网间距）必定全部相同；互不平行的面网，面网密度一般不同。一个空间格子总是可以被3组相交的面网划分成一系列相互平行叠置的最小重复单位，即单位平行六面体。根据单位平行六面体对称性的不同，空间格子分别归属于7个晶系；再根据结点在单位平行六面体中的分布情况，将其划分为原始格子、底心格子、体心格子和面心格子等4种可能的型式。这样，在晶体中共有14种不同的空间格子型式。

五、晶体的基本性质

晶体的基本性质是由晶体的格子构造所决定的。其主要性质如下。

1. 自限性

任何晶体在其生长过程中，只要有适宜的空间条件，都能自发地生长成规则几何多面体形态的性质，称为自限性。如图1-1-1、图1-2-2所示，石英、石盐的晶体都有各自的几何多面体外形。

晶体的多面体形态是其内部格子构造的表现，晶体是格子构造无限排列的有限部分。因此，从自限性的角度来看，晶体是定形体。非晶体由于其内部不具有格子构造，它在任何条件下都不可能自发地成长为规则的几何多面体，从这点来看，非晶体是无定形体。

晶体自限性的本质是晶体中粒子在微观空间里呈现周期性的有序排列的宏观表象。在一定条件下晶体能自动地呈现具有一定对称性的多面体的外形（晶体的形貌），而非晶体不能呈现多面体的外形。

晶体自限性的条件之一：生长速率适当。

2. 均一性

由于晶体结构中质点排列的周期重复性，使得晶体的任何一个部分在结构上都是相同的，因而，由结构所决定的一切物理性质，如相对密度、导热率和膨胀系数等，也都保持一致，称为晶体的均一性。均一性也是晶体内部格子构造的反映。同一晶体是由相同形式的空间

格子无限无间隙地叠置而成，其任何部分的各种性质也都是相同的。晶体的这种均一性不同于其他非晶体中那种仅仅是统计意义上的均一性，因而特别称为结晶均一性。

3. 异向性(各向异性)

同一晶体的不同方向上表现出的不同性质，称为异向性。晶体在力学性质(硬度、理解)、热学性质(导热性、热膨胀性)、电学性质(导电性、压电性)、光学性质(折射率不同、偏光性)等方面都具有明显的异向性。如蓝晶石矿物的硬度在平行晶体的延长方向上较小，而垂直晶体延长方向上的硬度较大，所以蓝晶石又称二硬石。

晶体结构中不同方向上质点的种类和排列间距是互不相同的，从而反映在晶体的各种性质上，也会因方向而异。

4. 对称性

在晶体的外形上，常有相同的晶面、晶棱和角顶重复出现；在相同的晶面上时常出现方向和形状相同的花纹以及其他相同的物理性质。这种重复出现的性质，称为晶体的对称性。晶体结构中质点排列的周期重复性本身就是一种对称，因此一切晶体都具有对称性。

晶体的对称性不仅表现在外观上，还表现在物理性质上。

5. 最小内能性

晶体的内能主要是指晶体内部质点在平衡点周围作无规则振动的动能和由质点相对位置决定的势能的总和。在相同的热力学条件下，晶体与同种物质的气体、液体和非晶体相比较，其内能最小。气体、液体和非晶体转变为晶体时，都有热能排出，晶体破坏时有吸热效应，这都反映了晶体内能最小。

6. 稳定性

由于晶体的内能最小，如果在没有外加能量的情况下，晶体不会向其他物态转变，这就是晶体的稳定性。而非晶体如火山玻璃等，往往有自发转变为晶体的趋势，说明非晶体是相对稳定或准稳定的。化学成分相同的物质以不同的物理状态存在时，其中以结晶态最为稳定。

知识链接

晶面发育的顺序——布拉维法则

晶体的生长过程实质上是物质质点向晶体上黏结的过程。不同的晶面其网面密度不同，对介质中质点的引力不同，其发育程度也就不一样。图 1－1－9(a)是晶面对物质质点的引力与晶面密度的关系示意图。它表示晶体的一个截面，其上有 *AB*、*BC*、*CD* 3 个晶面(垂直纸面)，这些晶面的网面密度是 $AB>CD>BC$，而它们对介质中质点的引力则正好与上述顺序相反。因为质点间的引力与它们之间的距离的平方成反比，在 *AB* 面上联系介质中质点的是两个较远的质点和一个最近的质点，在 *BC* 面上则为两个最近的和一个较远的质点，*CD* 面上为一个较近的和两个较远的质点，显然晶面的网面密度愈小，对介质中质点的引力愈大，其生长速度(指单位时间内垂直晶面方向所增长的厚度)也就愈快。晶体生长具体表现为晶面的平行向外推移。如图1-1-9(b)所示，生长速度快的晶面逐渐缩小，以至于消失，生长速度慢的晶面逐渐扩大，最后保留在晶体上。因此，晶体被网面密度大的晶面所包围。这就是布拉维法则。这一法则很重要，但是比较粗略，它的缺点是只考虑了面网本身，而没有谈到晶体的生长环境。它不能解释为什么在不同条件下，同一种晶体可以生成不同的形态。

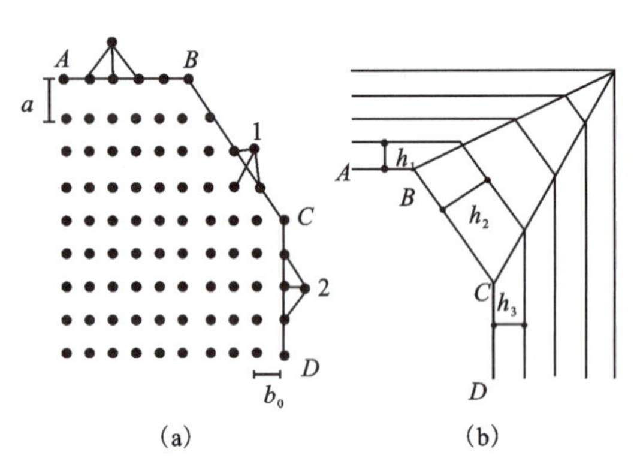

图1-1-9 布拉维法则图解

严格地讲，晶面生长速度与其比表面能成正比关系。处于晶体内部的质点，四周为离子所包围，电价饱和，在结晶的过程中已把其可以放出的能量全部放出，使晶体具有最小内能。但处于晶体表面的质点，则是不饱和的，与晶体内部质点相比具有较多的能量，这就构成了晶体的表面能。$1cm^2$ 的晶面内的表面能称为该晶面的比表面能。因为一个表面至少是两种介质的界面，如晶体处于溶液中，其晶面就是晶体与溶液的界面。因而比表面能决定于晶面本身的构造（如网面密度、质点的种类等），同时，介质的成分、浓度以及温度、压力等对比表面能也有所影响。

思考题

1. 什么是矿物？矿物与岩石和矿石的关系是什么？
2. 矿物在国民经济建设中有哪些用途？为什么要学习宝石矿物鉴定？

练一练

一、填空题

1. 晶体可以有________、________与________3种形成的方式。
2. 相同矿物晶体，其对应晶面的面角________。
3. 晶胞参数由________与________组成。
4. 空间格子是由________、________、________与________等要素组成。
5. 质点是指晶体中的________、________、________等微粒。

6.平行六面体有________种形状和________种结点分布类型，以及________种实际空间格子。

7.火山玻璃在漫长的地质时代中，可以由________部分或全部转变为________，即脱玻化。

二、名词解释

1.晶体　2.晶胞　3.晶胞参数　4.自限性　5.异向性　6.布拉维法则

三、判断题

1.结点属于质点的一种类型。（　）

2.晶体生长速度与晶面的大小成反比。（　）

3.冰糖、冰和雪花都具有晶体的格子构造。（　）

4.立方格子、四方格子同属于等轴晶系。（　）

5.在不饱和的溶液中不可能析出晶体。（　）

6.天然条件下，晶体不会向非晶体转化。（　）

7.光卤石、石盐主要是液体中析出的矿物晶体。（　）

8.生长速度快的晶面会逐渐变小，甚至消失。（　）

9.矿物晶体都具有异向性的共同性质。（　）

10.在同一面网中，质点的面网密度都是相等的。（　）

四、单项选择题

1.固态物质（　）中质点的排列周期重复，长程有序。

A.玻璃　B.食盐　C.冰糖　D.琥珀

2.组成晶体的最小重复单位为（　）。

A.结点　B.行列　C.网面　D.晶胞

3.影响晶体生长的主要因素是（　）。

A.网面密度　B.面网间距　C.晶面大小　D.质点大小

4.矿物受力沿一定方向裂出平整光洁的晶面，表现出矿物（　）的性质。

A.异向性　B.均一性　C.自限性　D.对称性

5.（　）是质点数目排列分布最多的布拉维格子。

A.原始格子　B.底心格子　C.面心格子　D.体心格子

6.在火山口附近生成的（　），由气体直接结晶成晶体。

A.硼砂　B.石膏　C.石英　D.硫磺

7.在相同的温度、压力条件下，（　）具有最小内能，处于相对稳定的赋存状态。

A.空气　B.沥青　C.方解石　D.冰糖

8.大多数物质都能在一定条件下形成晶体，由（　）中结晶析出晶体，是生成矿物最普遍的方式。

A.气体　B.液体　C.熔体　D.固体

五、问答题

1. 晶体与非晶体的本质区别是什么？晶体具有哪些基本性质？

2. 为什么晶体被面网密度较大的晶面所包围？

3. 晶体的熔点固定主要是由什么决定的。

4. 为什么晶体的内能小于非晶体？

5. 为什么形态各异的同种晶体，其对应晶面之间夹角相等？

6. 晶体的均一性与异向性是否矛盾？为什么？

7. 说明为什么只有14种空间格子。

8. 用布拉维法则解释同一物质的各个晶面，大晶体上的晶面种类少且简单，小晶体上的晶面种类多而复杂的现象。

9. 论述晶胞、平行六面体含义的异同。

10. 矿物晶体均一性与玻璃的均一性有无本质区别？为什么？

11. 为什么晶体具有固定熔点，而非晶体在熔化时没有一定的熔点？

12. 举例说明晶体有哪些形成方式。

13. 下列哪些物质是矿物？

冰糖、金刚石、玻璃、水晶、沥青、泉水、石膏、雄黄、空气、方解石、磁铁矿

14. 下图中哪些是矿物晶体？

(a) (b) (c) (d) (e) (f) (g) (h) (i)

项目2 认识对称

学习目标

知识目标:通过对晶体分类的学习,熟练掌握在晶体模型上找对称要素的方法,理解晶体对称的特点。

能力目标:应用结晶学及矿物学基本理论和方法,能快速正确地找出晶体模型上的全部对称要素,写出对称型。

思政目标:通过对晶体对称性的认知,让学生了解自然万物之间的客观规律,并且能够锻炼学生深入思考"本质论",即透过现象看本质。

一、对称和晶体的对称

对称的现象在自然界和我们日常生活中都很常见。如蝴蝶、花冠等动植物的形体以及某些用具、器皿都常呈对称的图形。可以发现这些物体存在着相等部分,而且这些相等部分作有规律地重复出现。如蝴蝶可以通过垂直并平分躯体的一个镜面反映使身体外形的左右两部分发生重合;花纹图案可通过垂直图形中心的一条直线旋转,在旋转360°的过程中,图案中相同的图形发生4次重合。像这样物体相等部分作有规律重复的性质称为对称。

晶体都是对称的,表现在外形上为相同的晶面、晶棱、角顶作规律的重复。但晶体的对称不同于一般生物和人造物体的对称,这是因为晶体的对称是由其内部格子构造所决定的。其对称有如下特点。

(1)由于晶体内部都具有格子构造,而格子构造本身就具有对称性,所以,所有的晶体均具有对称性。

(2)晶体的对称受格子构造的严格控制,只有格子构造能够容许的那些对称才能在晶体上出现,这就是晶体对称的有限性。

(3)晶体的对称不仅表现在外部形态上,而且表现在物理性质上,这种宏观对称性是晶体内部结构对称性在外部的反映。

从某种意义上说,晶体都是对称的。

二、晶体的对称要素和对称操作

欲使物体或图形相同部分重复,必须通过一定的操作。为使对称图形中相同部分重复的操作称为对称操作。在进行对称操作时,总要借助于一些假想的几何要素(点、线、面)的反伸、旋转和反映等,才能使物体的相等部分重合。在进行对称操作时所应用的辅助几何要素(点、线、面)称为对称要素。

晶体外形上可能存在的对称要素和相应的对称操作如下。

1. 对称面(P)——相应的对称操作为对于此平面的反映

对称面是一个假想的平面，它通过晶体中心，把晶体平分为互为镜像的两个相同部分。其对称操作是对一个平面的反映。

在图 1-2-1(a)中，平面 $P1$ 和 $P2$ 都是对称面（垂直于纸面），因为它们都可以把图形 $ABDE$ 分为互为镜像的相等部分。而图 1-2-1(b)中的 AD 却不是图形 $ABDE$ 的对称面，因为它虽然把图形 $ABDE$ 平分为△ABD 和△AED 两个相等部分，但这两部分不是互为镜像关系，△AED 的镜像是△AE_1D。

对称面在晶体上出露的位置：①垂直并平分晶面；②垂直并平分晶棱；③包含晶棱并平分晶面夹角。

对称面以 P 表示，在晶体中如果有对称面存在的话，可以有一个或若干个，最多可达 9 个。在描述中一般把对称面的数目写在符号 P 的前面，如立方体有 9 个对称面（图 1-2-2），记作 $9P$。一个晶体中可以有对称面，也可以没有对称面。有对称面的晶体中，可能出现的对称面数目分别是 1、2、3、4、5、6、7 和 9，最多不超过 9 个。如石盐立方体晶体就有 9 个对称面，记作 $9P$，其余的表示方法相似，如 $2P$、$3P$、$4P$……

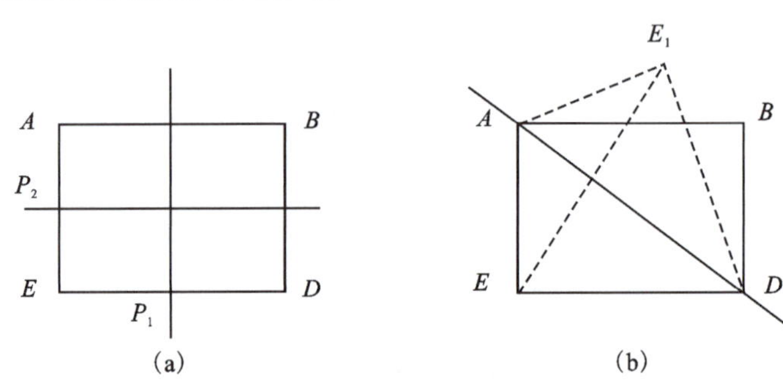

图 1-2-1　对称面示意图

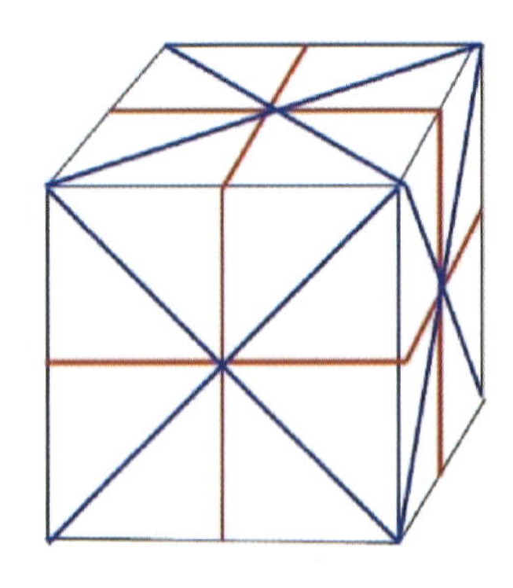

图 1-2-2　立方体的 9 个对称面($9P$)

2. 对称轴(L^n)——相应的对称操作是围绕一根直线的旋转

对称轴是一根假想的直线，当图形围绕此直线旋转一定角度后，可使相同部分重复。旋转 360°重复的次数称为轴次(n)，重复时所旋转的最小角度称基转角 α，两者之间的关系为 $n=360°/\alpha$。

对称轴以 L 表示，轴次 n 写在它的右上角，写作 L^n。

晶体外形上可能出现的对称轴如表 1－2－1 所列。

表 1－2－1　晶体外形可能有的对称轴

名称	符号	基转角	作图符号
一次对称轴	L^1	360°	
二次对称轴	L^2	180°	⬬
三次对称轴	L^3	120°	▲
四次对称轴	L^4	90°	▰
六次对称轴	L^6	60°	⬢

一次对称轴 L^1 无实际意义，因为任何晶体围绕任意直线旋转 360°都可以恢复原状。轴次高于 2 的对称轴，即 L^3、L^4、L^6 称为高次轴。

图 1－2－3 举例绘出了晶体中的对称轴 L^2、L^3、L^4 和 L^6。这些锥体绕旋转轴转一定基转角后，相同角顶、晶面和晶棱均重复出现。

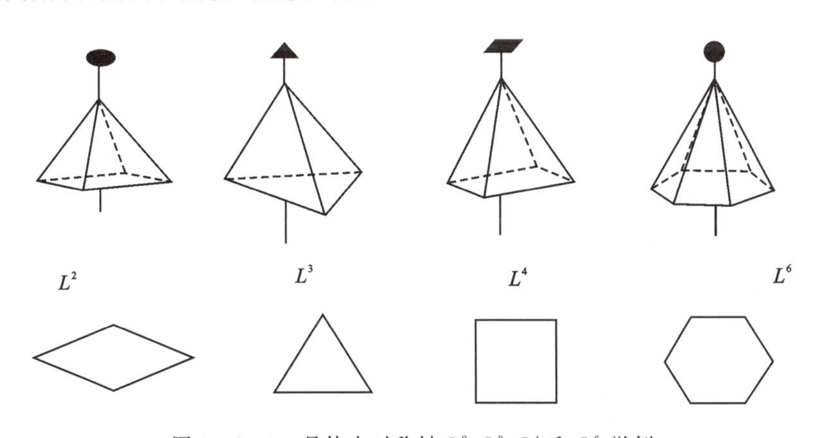

图 1－2－3　晶体中对称轴 L^2、L^3、L^4 和 L^6 举例

晶体中不可能出现五次对称轴及高于六次的对称轴，这是由于它们不符合空间格子的规律。在空间格子中，垂直对称轴一定有面网存在，围绕该对称轴转动，所形成的多边形应该符合于该面网上结点所围成的网孔。从图 1－2－4 可以看出，围绕 L^2、L^3、L^4、L^6 所形成的多边形，都能毫无间隙地在平面空间上布满，都可能符合于空间格子的网孔。但垂直 L^5 所形成的正五边形却不能毫无间隙地布满整个平面空间，同样，正七边形、正八边形等所有围绕高于 6 次的轴所形成的正多边形都是如此。所以在晶体中不可能存在五次及高于六次的对称轴，这一规律，称为晶体对称定律。

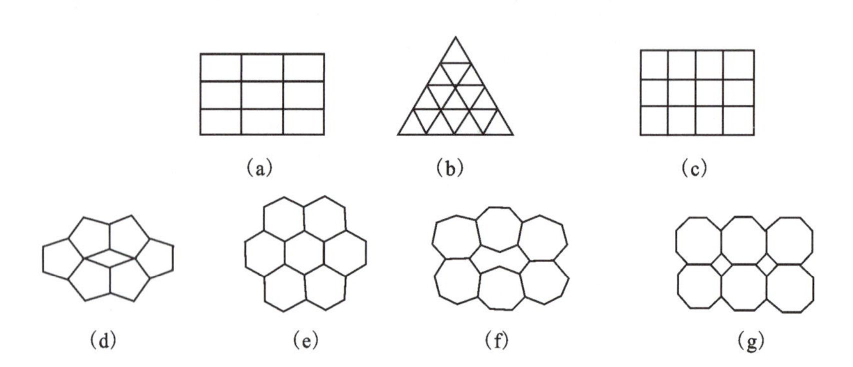

图 1-2-4　垂直对称轴所形成的多边形网孔

(a)(b)(c)(d)(e)(f)(g)分别表示垂直 L^2、L^3、L^4、L^5、L^6、L^7、L^8 的多边形网孔，其中五、七、八边形网孔不能无间隙排列

在一个晶体中，可以无也可以有一种或几种对称轴，而每一种对称轴可以有一个或多个。在描述中，对称轴的数目写在符号 L^n 的前面，如 $3L^4$、$6L^2$ 等。

在晶体中，对称轴 L^n 可能出露的位置为：①通过晶棱的中点；②通过晶面的中心；③通过角顶。

3. 对称中心(C)——相应的对称操作是对于一个点的反伸

对称中心是晶体内部一个假想的点，通过这一点的直线两端等距离的地方有晶体上相同的部分(面、棱、角)，见图 1-2-5。晶体具有对称中心的标志是：晶体上所有对应晶面都两两平行，同形等大，方向相反(图 1-2-6)。

对称中心只能有一个或没有。对称中心用符号 C 来表示。

图 1-2-5 是一个具有对称中心的图形，C 点为对称中心，在通过 C 点所作的直线上，距 C 等距离的两端可以找到对应点，如 A 和 A_1、B 和 B_1，也可以这样说，取图形上任意一点如 A 与对称中心 C 做连线，再由 C 点向相反方向延伸等距离，必然能找到对应点 A_1。“反伸操作”与“反映操作”的不同之处仅在于反伸凭借一个点，反映凭借一个面。

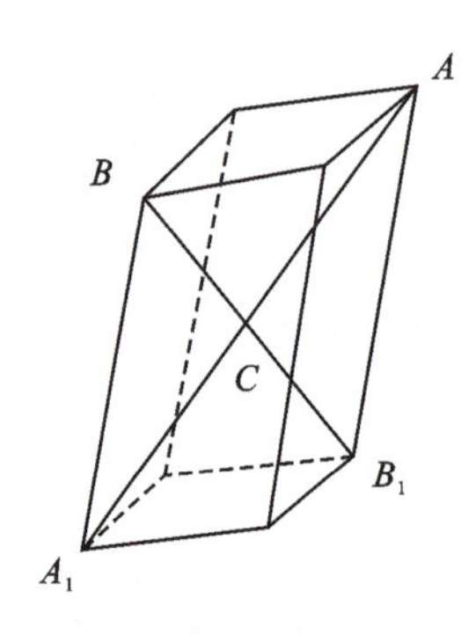

图 1-2-5　具有对称中心(C)的图形

A 与 A_1、B 与 B_1 为对应点

认识对称

一个具有对称中心的图形，其相对应的面、棱、角都体现为反向平行。如图1-2-6(a)所示，C为对称中心，$\triangle ABD$与$\triangle A_1B_1D_1$为反向平行；图1-2-6(b)因晶面本身具对称面，所以既为反向平行，亦为正向平行。

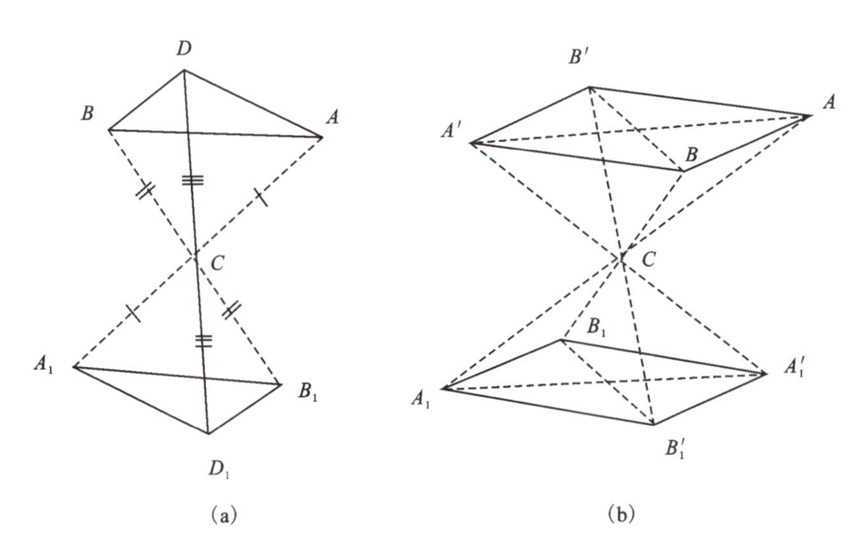

图1-2-6　由对称中心联系起来的反向平行的三角形晶面(a)和平行四边形晶面(b)

在晶体中，若存在对称中心时，其晶面必然都是两两平行而且相等的。这一点可以作为判别晶体或晶体模型有无对称中心的依据。

4. 旋转反伸轴(L_i^n)——相应的对称操作是围绕一根直线的旋转和对此直线上的一个点反伸的复合操作

旋转反伸轴，是一种复合的对称要素。辅助的几何要素是一个假想的定点与通过此点的一根假想直线两者的组合。相应的对称操作就是围绕此直线旋转一定的角度及对于此定点的反伸(倒反)，可使晶体上相同的部分重复。旋转反伸轴的两个变换动作是构成整个对称变换的不可分割的两个组成部分。无论是先旋转后倒反，还是先倒反后旋转，两者的效果完全相同，都是在两个变换动作连续完成之后而使晶体复原。

旋转反伸轴以L_i^n表示，i表示反伸，n为轴次。旋转反伸轴同样遵守晶体对称定律，与对称轴一样，它也只能有1次、2次、3次、4次和6次的轴次。相应的基转角为360°、180°、120°、90°、60°。

为便于理解，以四次旋转反伸轴(L_i^4)的四方四面体为例进行说明。图1-2-7(a)为四方四面体的原始位置，通过晶棱AB和CD的中点连线存在着L_i^4。当围绕L_i^4旋转90°后得到图1-2-7(b)的$ABCD$四方四面体。通过L_i^4上中点的反伸，即得到1-2-7(b)图中的$A'B'C'D'$(虚线表示)，与1-2-7(a)图重合。如此操作一周，重复4次，称为四次旋转反伸轴。整个晶体还原为原来的形象，旋转360°重复4次。需要指出的是，除L_i^4外，其余各种旋转反伸轴都可以用其他简单的对称要素或它们的组合来代替。

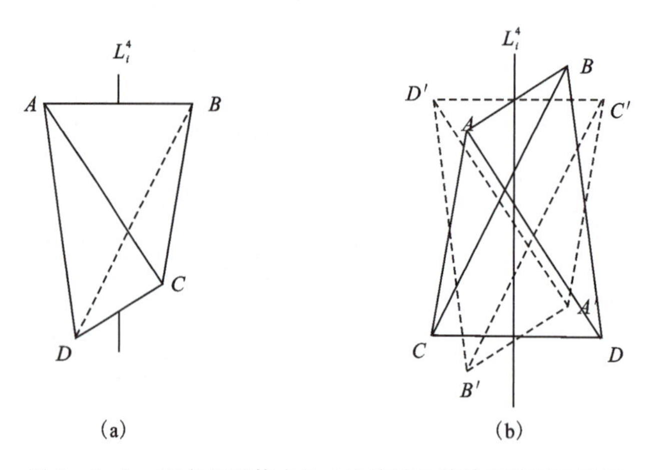

图 1-2-7　四方四面体中的 4 次旋转反伸轴及其对称操作

同样，图 1-2-8 是三方柱的六次旋转反伸轴及其对称操作。图 1-2-8 为一个具L_i^6的三方柱，原始位置如图 1-2-8(a)所示，当绕 L_i^6 旋转 60°后，得到图 1-2-8(b)所示的图形(实线部分)。欲使 1-2-8(b)图中实线部分与原始位置重合，必须通过 L_i^6 上定点 t 的反伸，得图1-2-8(b)中的虚线图形。基转角 $\alpha=60°$，旋转一周可重复 6 次，故为六次旋转反伸轴。L_i^6 的作用相当于 $L^3+P_{\perp}$。

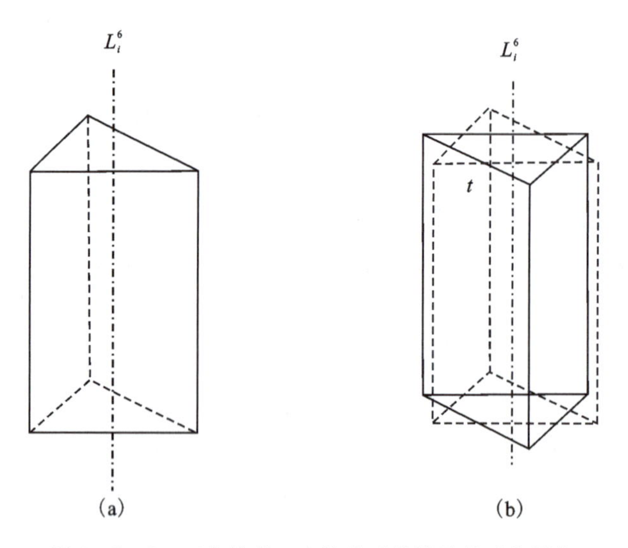

图 1-2-8　三方柱的 6 次旋转反伸轴及其对称操作

知识链接

旋转反伸轴与简单对称要素的关系：晶体中可能存在的旋转反伸轴除了 L_i^4 之外，其余各种旋转反伸轴都可以用其他简单的对称要素(P 对称面、L 对称轴、C 对称中心)或它们的

组合来代替，其关系是：$L_i^1=C$；$L_i^2=P$；$L_i^3=L^3+C$；$L_i^6=L^3+P_\perp$。鉴于以上的代替关系，对旋转反伸轴通常只保留 L_i^4、L_i^6，其他旋转反伸轴都用简单对称要素来代替。保留 L_i^4 是因为它不能被其他简单对称要素代替，保留 L_i^6 是因为它在晶体的对称分类中有特殊意义。值得指出的是，晶体或晶体模型上有 L_i^4 的地方往往表现出 L^2 的特点，导致误认为是 L^2，可以认为 L^2 是包含在 L^4 中的。

练一练

一、填空题

1. 晶体的晶族、晶系各个类别，主要依据________划分。

2. ________、________与________被称为对称三要素。

3. 晶体上相互对称的各部分，不仅在________，而且在________与________方面也是有规律地重复。

4. 晶体的________、________与________最直观地表现出晶体的几何多面体。

5. 轴次高于________的对称轴，称为高次轴，共有________、________、________三种高次对称轴。

二、名词解释

1. 对称　　2. 对称轴　　3. 对称面　　4. 对称中心

三、判断题

1. 四方四面体存在 4 个旋转反伸轴。（　　）

2. 所有的晶体都具有不同程度的对称性质。（　　）

3. 晶体中有对称面，则必然存在 L^2。（　　）

四、单项选择题

1. 对称面（P）在一个晶体上最多可以出现（　　）个。

A. 1　　B. 5　　C. 7　　D. 9

五、问答题

1. 晶体的对称与其他物体的对称有何本质区别？

2. 如何判断晶体有无对称中心？

3. 为什么晶体上不可能存在 L^5 及高于六次的对称轴？

4. 对称型如何书写？

5. 论述对称轴、对称面在晶体上可能出现的位置。

6. 举例说明旋转反伸轴的对称操作及晶体形态。

7. 在只有一个高次轴的晶体中，能否有与高次轴斜交的 P 或 L^2 存在？为什么？

项目3　认识晶体分类

学习目标

知识目标:通过对晶体分类的学习,熟练掌握在晶体模型上找对称要素的方法,掌握各晶族晶系的对称特点。

能力目标:应用结晶学及矿物学基本理论和方法,能快速正确地找出晶体模型上的全部对称要素,写出对称型,确定其所属晶族、晶系。

思政目标:通过对晶体的分类,让学生了解自然万物之间的客观规律,加深学生对于世间万物"规律性"和"联系性"的哲学观理解。

晶体是根据其对称特点进行科学分类的。晶体的对称分类是以对称型为基础进行的。首先确定晶体的对称型,然后按对称型中有无高次对称轴及其多少,将晶体分为高级、中级、低级3个晶族;再在各晶族中按对称特点的不同划分晶系,共有7个晶系。

知识链接

根据对称特点,可以对晶体进行合理的科学分类。晶体按对称性分类时的第一级类别即为晶族。共有3个晶族,分别为低级、中级、高级。

晶体按对称性分类时的第二级类别即为晶系。共有7个晶系,每个晶族各包括若干个晶系。

一、对称型

晶体上有哪些对称要素,有多少,因晶体的种类不同而异。如钠长石[1-3-1(a)]只有一个对称中心;正长石[1-3-1(b)]不仅有对称中心,还有一个二次对称轴和一个对称面;而萤石[1-3-1(c)]的对称要素最多,有3个四次对称轴、4个三次对称轴、6个二次对称轴、9个对称面和一个对称中心。

在记录对称要素的组合时,一般的格式是先写对称轴和旋转反伸轴,并按先高次轴后低次轴的顺序排列,再写对称面,最后写对称中心。例如方解石晶体的组合为$L^3 3L^2 3PC$。

晶体对称要素的组合必须服从晶体内部格子构造的对称性,服从对称组合的规律。根据推导,晶体对称要素的组合只有32种。

在单个晶体中,全部对称要素的组合,称为该晶体的对称型,对称型也称为点群。图1-3-1中钠长石的对称型为C,正长石的对称型为$L^2 PC$,萤石的对称型为$3L^4 4L^3 6L^2 9PC$。自然界产出的所有晶体的对称总共只可能出现32种对称型,相应即可分为32个晶类(表1-3-1)。

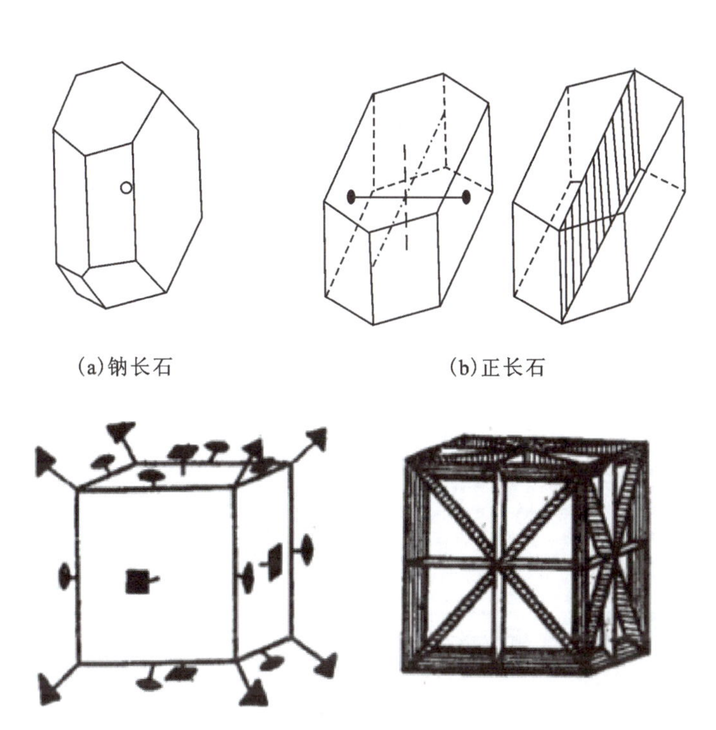

图 1-3-1　几种矿物的对称要素组合

表 1-3-1　32 种对称型及晶体分类表

晶族	晶系	对称特点	对称型种类	国际符号	晶类名称
低级晶族（无高次轴）	三斜晶系	无 L^2，无 P	1. L^1	1	单面晶类
			2. C	$\bar{1}$	平行双面晶类
	单斜晶系	L^2 或 P 不多于 1 个	3. L^2	2	轴双面晶类
			4. P	m	反映双面晶类
			5. L^2PC	$2/m$	斜方柱晶类
	斜方晶系	L^2 或 P 多于 1 个	6. $3L^2$	222	斜方四面体晶类
			7. L^22P	$mm(mm2)$	斜方单锥晶类
			8. $3L^23PC$	mmm	斜方双锥晶类
中级晶族（只有一个高次轴）	四方晶系	有 1 个 L^4 或 L_i^4	9. L^4	4	四方单锥晶类
			10. L^44L^2	42(422)	四方偏方面体晶类
			11. L^4PC	$4/m$	四方双锥晶类
			12. L^44P	$4mm$	复四方单锥晶类
			13. L^44L^25PC	$4/mmm$	复四方双锥晶类
			14. L_i^4	$\bar{4}$	四方四面体晶类
			15. $L_i^42L^22P$	$\bar{4}2m$	复四方偏三角面体晶类

续表 1-3-1

晶族	晶系	对称特点	对称型种类	国际符号	晶类名称
中级晶族（只有一个高次轴）	三方晶系	有 1 个 L^3	16. L^3	3	三方单锥晶类
			17. $L^3 3L^2$	32	三方偏方面体晶类
			18. $L^3 3P$	$3m$	复三方单锥晶类
			19. $L^3 C$	$\bar{3}$	菱面体晶类
			20. $L^3 3L^2 3PC$	$\bar{3}m$	复三方偏三角面体晶类
	六方晶系	有 1 个 L^6 或 L_i^6	21. L_i^6	$\bar{6}$	三方双锥晶类
			22. $L_i^6 3L^2 3P$	$\bar{6}m^2$	复三方双锥晶类
			23. L^6	6	六方单锥晶类
			24. $L^6 6L^2$	62(622)	六方偏方面体晶类
			25. $L^6 PC$	$6/m$	六方双锥晶类
			26. $L^6 6P$	$6mm$	复六方单锥晶类
			27. $L^6 6L^2 7PC$	$6/mmm$	复六方双锥晶类
高级晶族（有数个高次轴）	等轴晶系	有 4 个 L^3	28. $3L^2 4L^3$	23	五角三四面体晶类
			29. $3L^2 4L^3 3PC$	$m3$	偏方复十二面体晶类
			30. $3L_i^4 4L^3 6P$	$\bar{4}3m$	六四面体晶类
			31. $3L^4 4L^3 6L^2$	43(432)	五角三八面体晶类
			32. $3L^4 4L^3 6L^2 9PC$	$m3m$	六八面体晶类

二、晶族、晶系的划分

在晶体外形上出现的对称要素中，P、C、L^2 都只能使晶体上某一部分重复一次，而 L^3、L^4、L^6、L_i^4、L_i^6 等高次对称轴则可使晶体的某一部分重复出现两次以上。晶体上相同部分重复出现的次数越多，晶体的对称程度就越高。所以晶体是按对称程度分类的。

首先，属于同一对称型的晶体归为一类，称为晶类。晶体中存在 32 种对称型，就有 32 个晶类，即相同对称型的晶体，都属于同一晶类。然后，根据对称型中有无高次轴以及高次轴的多少，将晶体分为 3 个晶族。凡没有高次轴的对称型均归于低级晶族，仅有 1 个高次轴的对称型归于中级晶族，有多个高次轴的对称型属高级晶族。

每一晶族中，又按对称的特点进一步划分晶系。低级晶族划分为 3 个晶系：无 P 及无 L^2 的对称型属三斜晶系，L^2 或 P 不多于 1 个的对称型属单斜晶系，L^2 或 P 多于 1 个的对称型属斜方晶系。中级晶族亦划分为 3 个晶系：具有一个 L^3 的对称型属三方晶系，具有 1 个 L^4 或 L_i^4 的对称型属四方晶系，具有 1 个 L^6 或 L_i^6 的对称型属六方晶系。高级晶族包括 1 个晶系，即等轴晶系，属于等轴晶系的对称型必有 4 个三次对称轴($4L^3$)。

综上所述，晶体按对称的特点共划分为 3 个晶族、7 个晶系和 32 个晶类。

晶体的分类有着重大的实际意义。高、中、低3个晶族的矿物不仅在形态上各有特点，而且在物理性质上也截然不同。7个晶系的矿物，在形态和物理性质上也有明显的差异。掌握各晶族、晶系的对称特点，是对矿物进行鉴定和研究必须具备的基础知识。

知识链接

对称型国际符号是怎么来的？

国际上一般都采用只写出对称型中作为基础的那些对称要素表示对称型，这种符号称国际符号。其中对称面 P 表示为 m，对称中心 C 表示为1加上画线，对称轴 L^n 以轴次 $n(n=1、2、3、4$ 和 $6)$ 表示，倒转轴 L_i^n 以轴次 $n(n=3、4、6)$ 上加上画线表示。

例如，立方体有3个 L^4，4个 L^3，6个 L^2，9个 P 和对称中心 C。对称型记作 $3L^4 4L^3 6L^2 9PC$。其基础对称要素是与 L^4 垂直的 P，L^3，与 L^2 垂直的 P，故用国际符号记为 $m3m$。

练一练

一、判断题

1. 斜方晶系中可以有3个对称面(P)。　　(　　)
2. 中级晶族只能有一个高次轴。　　(　　)
3. 高级晶族的晶体都有4个 L^3。　　(　　)
4. 单斜晶系中的晶体没有对称中心。　　(　　)
5. 高级晶族的晶体都具有对称面(P)。　　(　　)

二、单项选择题

1. (　　)晶系常常是对称要素最多的晶系。

A. 等轴　　B. 三方　　C. 六方　　D. 三斜

2. 三方晶系不可能存在(　　)。

A. 旋转反伸轴　　B. 对称面　　C. 对称轴　　D. 对称中心

3. 依据对称型划分原则，对称型 $3L^2 4L^3 3PC$ 属于(　　)晶系。

A. 三方　　B. 四方　　C. 斜方　　D. 等轴

三、问答题

1. 怎样划分晶族与晶系？下列对称型各属于哪个晶族与晶系。

L^2PC　　$3L^2 3PC$　　$L^4 4L^2 5PC$　　C

$L^6 6L^2 7PC$　　$L_i^4 2L^2 2P$　　$3L^4 4L^3 6L^2 9PC$　　L^2

$L^3 3L^2$　　$L^3 3L^2 3PC$　　$3L^2 4L^3 3PC$　　L_i^6

2. 中级晶族的晶体上，若有 L^2 与高次轴并存，一定是彼此垂直而不能斜交，为什么？

3. P 在一个晶体上最多可以出现几个？L^2、L^3、L^4、L^6、L_i^4、L_i^6 分别在一个晶体上最多可以出现几个？

项目4　认识单形和聚形

学习目标

知识目标：学习辨析矿物晶体47种单形，学习理解开形和闭形、左形和右形概念的基本性质，认识矿物晶体聚形概念及特点。

能力目标：应用晶体对称能对47种单形进行对称分析和归类，能对聚形进行分析，能结合实际晶体矿物的形态和特征，并运用于矿物的肉眼鉴定。

思政目标：通过认识晶体的单型和聚型，探索晶体的对称规律，引导学生认清学问与道德的关系，明确德识双馨的价值取向。

晶体的对称和分类只说明了晶体上相同部分重复的规律性，反映了晶体的对称特点，尚未涉及晶体的具体形态。32种对称型中，同属一个对称型的晶体，形状可能完全不同，图1-4-1中的立方体、八面体、菱形十二面体对称型同为$3L^4 4L^3 6L^2 9PC$，形态却不相同。因此，仅研究晶体的对称，不能解决晶体的形态问题，在研究晶体对称的基础上，还必须进一步研究晶体的形态。

此项目主要学习晶体的具体形态——单形和聚形。

(a)立方体

(b)八面体

(c)菱形十二面体

图1-4-1　对称型相同但形态不同的晶形

一、单形

（一）单形的概念

单形是由对称要素联系起来的一组晶面的总和。在具有几何多面体的晶体上，各同种形状同等大小的晶面（或称同种晶面）都能通过对称操作重复出现，因此由同种晶面组成的晶体（理想条件下，同种晶面其形状相同、大小相等）即为单形。一些矿物呈单形的形态，例如绿柱石常呈六方柱的形态、钻石常呈八面体的形态、石榴石常呈四角三八面体的形态（图1-4-2）。

(a)绿柱石六方柱

(b)钻石八面体

(c)石榴石四角三八面体

图 1-4-2　矿物的单形

(二)单形的数目

一切可能存在的单形都可由 32 种对称型推导出来。据各种对称型的具体特征，分析晶面与对称要素之间的相对位置共有 7 个。因此，单形总数：

32 种对称型×7 个位置=224 种单形

在 224 种单形中，每一个对称型保留一个相同的单形，即 146 种结晶单形。结晶单形是只考虑对称型的单形。

在 146 种结晶单形中，不考虑对称型，只考虑其几何形状，去掉形状相同的单形，即 47 种几何单形。

(三)47 种几何单形

47 种几何单形的形状见图 1-4-3～图 1-4-11，其特点见表 1-4-1～表 1-4-3。

现将它们按低、中、高级晶族依次进行描述。单形的描述包括晶面的形状、数目、相互关系，晶面与对称要素的相对位置以及单形横切面的形状等。

1. 低级晶族的单形

低级晶族共有 7 种单形，见表 1-4-1、图 1-4-3。

表 1-4-1　低级晶族的单形

名称	晶面数目	晶面形状	通过晶体中心横切面形状	晶面间的几何关系	晶面与对称轴间的关系
1. 单面	1				
2. 平行双面	2			相互平行	
3. 双面	2			相交	
4. 斜方柱	4	长方形	菱形	成对平行，交棱平行，交角相间相等	所有晶面及交棱平行 L^2
5. 斜方四面体	4	不等边三角形	菱形	成对错开	交棱中点为 L^2

续表 1-4-1

名称	晶面数目	晶面形状	通过晶体中心横切面形状	晶面间的几何关系	晶面与对称轴间的关系
6.斜方单锥	4	不等边三角形	菱形	全部相交	所有晶面交于 L^2 一点
7.斜方双锥	8	不等边三角形	菱形	成对平行，上下晶面对称	上下晶面分别交于 L^2 的两点

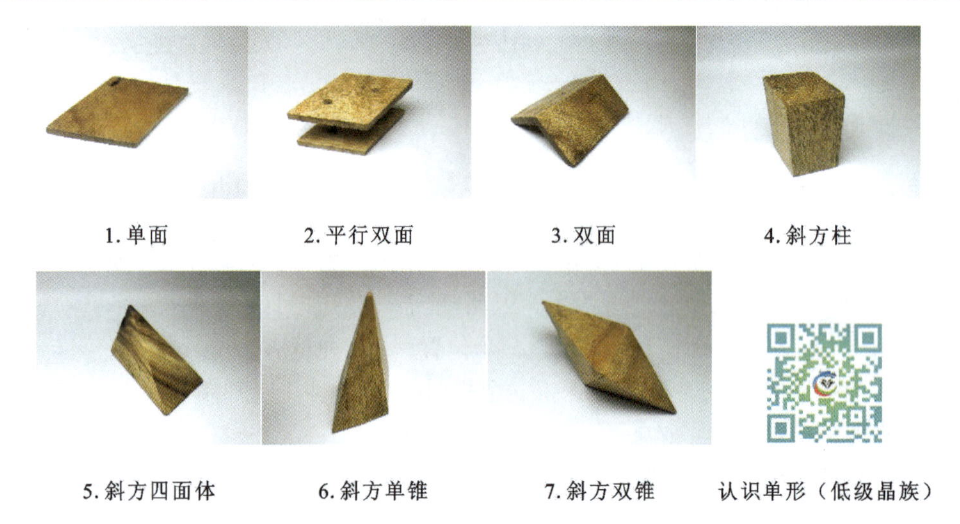

1.单面　2.平行双面　3.双面　4.斜方柱

5.斜方四面体　6.斜方单锥　7.斜方双锥　认识单形（低级晶族）

图 1-4-3　低级晶族的单形

(1)单面：由一个晶面组成。

(2)平行双面：由一对相互平行的晶面组成。

(3)双面：由两个相交的晶面组成，若这两个晶面由二次轴 L^2 相联系时称轴双面，若由对称面 P 相联系时称反映双面。

(4)斜方柱：由 4 个两两平行的晶面组成。它们相交的晶棱互相平行而形成柱体，横切面为菱形。

(5)斜方四面体：由 4 个不等边的三角形晶面组成。晶面互不平行，通过晶体中心的横切面为菱形。

(6)斜方单锥：由 4 个不等边三角形的晶面相交于一点形成单锥体，锥顶出露 L^2，横切面为菱形或长方形，仅见于斜方晶系 $L^2 2P$ 对称型中。

(7)斜方双锥：由 8 个不等边三角形晶面组成的双锥体。犹如两个斜方单锥以底面相联结而成。每 4 个晶面会聚于一点，横切面为菱形。仅见于斜方晶系 $3L^2 3PC$ 对称型中。

低级晶族 7 种单形中，三斜晶系仅见单面（不具对称中心时）和平行双面（具对称中心时）；单斜晶系增加了双面和斜方柱；斜方晶系又增加了斜方单锥、斜方双锥和斜方四面体。

2. 中级晶族的单形

在中级晶族中，除垂直高次轴可出现的单面或平行双面，还可出现下列 25 种单形，见表 1-4-2。现分类简述如下。

表 1-4-2　中级晶族的单形

名称	晶面数目	晶面形状	横切面形状	晶面间的几何关系	晶面与对称轴间的关系
8. 三方柱	3	长方形	正三角形	晶面交角 60°	所有晶面及交棱平行于唯一的 L^3
9. 复三方柱	6	长方形	复三角形	晶面交角相间相等	
10. 四方柱	4	长方形	正方形	晶面交角 90°	所有晶面及交棱平行于唯一的 L^4
11. 复四方柱	8	长方形	复四边形	晶面交角相间相等	
12. 六方柱	6	长方形	正六边形	晶面交角 120°	所有晶面及交棱平行于唯一的 L^6
13. 复六方柱	12	长方形	复六方形	晶面交角相间相等	
14. 三方单锥	3	等腰三角形	正三角形	交于一点	所有晶面交于唯一的 L^3 的一点
15. 复三方单锥	6	不等边三角形	复三角形		
16. 四方单锥	4	等腰三角形	正方形	交于一点	所有晶面交于唯一的 L^4 的一点
17. 复四方单锥	8	不等边三角形	复四边形		
18. 六方单锥	6	等腰三角形	正六边形	交于一点	所有晶面交于唯一的 L^6 的一点
19. 复六方单锥	12	不等边三角形	复六边形		
20. 三方双锥	6	等腰三角形	正三角形	交于两点，上下晶面对称排列	所有晶面交于唯一的 L^3 的两点
21. 复三方双锥	12	不等边三角形	复三角形		
22. 四方双锥	8	等腰三角形	正方形	交于两点，上下晶面对称排列	所有晶面交于唯一的 L^4 的一点
23. 复四方双锥	16	不等边三角形	复四边形		
24. 六方双锥	12	等腰三角形	正六边形	交于两点，上下晶面对称排列	所有晶面交于唯一的 L^6 的两点
25. 复六方双锥	24	不等边三角形	复六边形		
26. 四方四面体	4	等腰三角形	四边形	成对错开	三角形底边为 L_i^4 的出露点
27. 菱面体	6	菱形	六边形	两两平行	上下晶面绕 L^3 错开
28. 复四方偏三角面体	8	不等边三角形	复四边形	似四方四面体每个晶面变成两个不等边三角形而成	
29. 复三方偏三角面体	12	不等边三角形	复六边形	似菱面体每个晶面变为两个不等边三角形而成	
30. 三方偏方面体	6	两边相等的四边形	复三角形	上下晶面错开	上下晶面绕唯一的 L^3 错开一定角度
31. 四方偏方面体	8	两边相等的四边形	复四边形	上下晶面错开	上下晶面绕唯一的 L^4 错开一定角度
32. 六方偏方面体	12	两边相等的四边形	复六边形	上下晶面错开	上下晶面绕唯一的 L^6 错开一定角度

(1)柱类(图 1－4－4):本类单形由若干晶面围成柱体,晶面交棱相互平行并平行于唯一的高次轴。包括 6 种单形:三方柱、复三方柱、四方柱、复四方柱、六方柱、复六方柱。

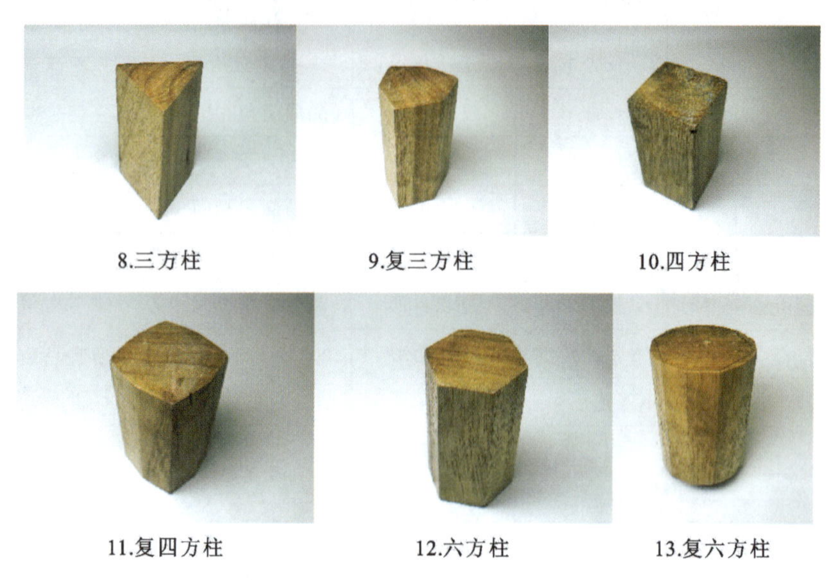

图 1－4－4　中级晶族的单行——柱类

(2)单锥类(图 1－4－5):本类单形由若干晶面相交于唯一的高次轴的一点而形成的单锥体,包括 6 种单形:三方单锥、复三方单锥、四方单锥、复四方单锥、六方单锥、复六方单锥。

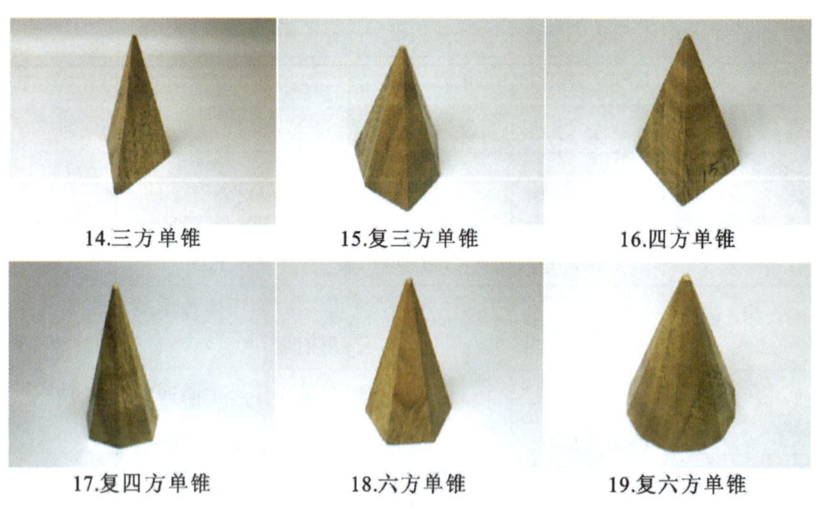

图 1－4－5　中级晶族的单形——单锥类

(3)双锥类(图 1－4－6):本类单形由若干晶面分别相交于唯一的高次轴上的两点而形成的双锥体,分为三方双锥、复三方双锥、四方双锥、复四方双锥、六方双锥、复六方双锥 6 种单形。

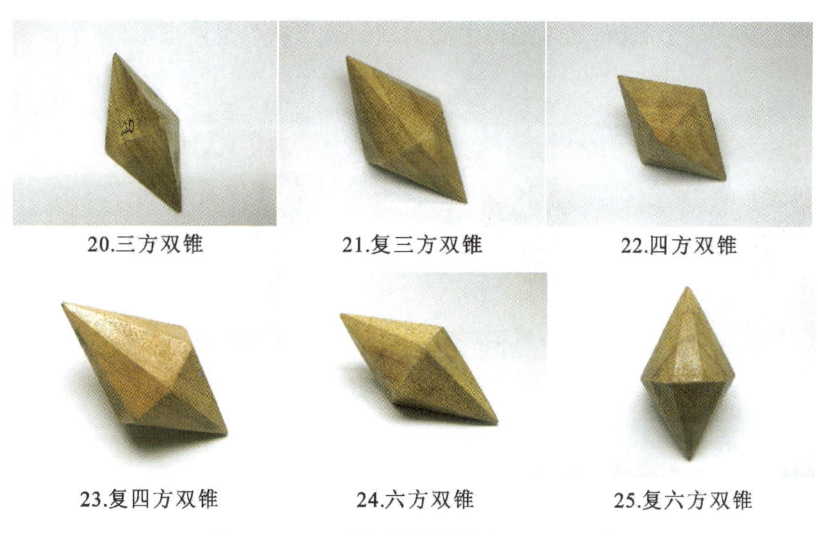

图 1-4-6　中级晶族的单形——双锥类

(4)四方四面体类(图 1-4-7):包括四方四面体和复四方偏三角面体两种单形。四方四面体由互不平行的 4 个等腰三角形晶面组成,晶面两两以底边相交,其交棱的中点为 L 的出露点,围绕 L 上部 2 个晶面与下部 2 个晶面错开 90°,通过晶体中心的横切面为正方形。设想将四方四面体的每一个晶面平分成 2 个不等边的偏三角形晶面,则构成复四方偏三角面体,通过晶体中心横切面的正式形状为复四边形。

(5)菱面体类(图 1-4-7):包括菱面体与复三方偏三角面体两种单形。菱面体由两两平行的 6 个菱形晶面组成,分别交 L^3 于两点,上下晶面绕 L^3 相互错开 60°。设想将菱面体的每一个晶面平分为两个不等边的偏三角形晶面,即为复三方偏三角面体。围绕 L^3,上下晶面交错排列。

26.四方四面体　27.菱面体　28.复四方偏三角面体　29.复三方偏三角面体

图 1-4-7　中级晶族的单形——四方四面体类、菱面体类

(6)偏方面体类(图 1-4-8):本类单形的晶面呈具有两个等边的偏四方形。与双锥类似,上部与下部的面分别交于唯一高次轴的两点,但围绕高次轴上下部晶面不相对,错开一定角度。

三方偏方面体,6 个晶面,通过晶体中心的横切面形状为复三角形。

四方偏方面体，8 个晶面，通过晶体中心的横切面形状为复四方形。
六方偏方面体，12 个晶面，通过晶体中心的横切面形状为复六方形。

30.三方偏方面体

31.四方偏方面体

32.六方偏方面体

认识单形（中级晶族）

图 1-4-8　偏方面体类

3. 高级晶族的单形

高级晶族共有 15 个单形，分为 3 组，见表 1-4-3。

表 1-4-3　高级晶族的单形

名称	晶面数目	晶面形状	晶面间的几何关系	晶面与对称轴间的关系
33. 四面体	4	等边三角形	成对错开	交棱中点为 L_i^4 出露点，晶面与 L^3 垂直
34. 三角三四面体	12	等腰三角形	四面体每个晶面变为 3 个等腰三角形晶面而成	
35. 四角三四面体	12	四边形	四面体每个晶面变为 3 个四边形晶面而成	
36. 五角三四面体	12	五边形	四面体每个晶面变为 3 个五边形晶面而成	
37. 六四面体	24	等腰三角形	四面体每个晶面变为 6 个不等边三角形晶面而成	
38. 八面体	8	等边三角形	两两平行	每四个晶面交点为 L^4 出露点，晶面垂直 L^3
39. 三角三八面体	24	等腰三角形	八面体每个晶面变为 3 个等腰三角形晶面而成	
40. 四角三八面体	24	四边形	八面体每个晶面变为 3 个四边形晶面而成	
41. 五角三八面体	24	五边形	八面体每个晶面变为 3 个五边形晶面而成	
42. 六八面体	48	等腰三角形	八面体每个晶面变为 6 个不等边三角形晶面而成	
43. 立方体	6	正方形	两两平行，晶面交角 90°	晶面中点为 L^4 出露点
44. 四六面体	24	等腰三角形	立方体每个晶面变为 4 个等腰三角形晶面而成	
45. 菱形十二面体	12	菱形	两两平行	每 4 个晶面交点为 L^4 出露点，晶面中点为 L^2 出露点
46. 五角十二面体	12	四边相等的五边形	两两平行	长边中点为 L^2 出露点
47. 偏方复十二面体	24	四边形	五角十二面体每个晶面变为 2 个四边形晶面而成	

(1)四面体组(图 1-4-9)。

四面体:由 4 个等边三角形晶面组成,晶面与 L^3 垂直,晶棱的中点出露 L_i^4。

三角三四面体:犹如四面体的每一个晶面突起分为 3 个等腰三角形晶面而成。

四角三四面体:犹如四面体的每一个晶面突起分为 3 个四边形晶面而成。四边形的 4 个边两两相等。

五角三四面体:犹如四面体的每一晶面突起分为 3 个五角形晶面而成。

六四面体:犹如四面体的每一个晶面突起分为 6 个不等边三角形晶面而成。

33.四面体

34.三角三四面体

35.四角三四面体

36.五角三四面体

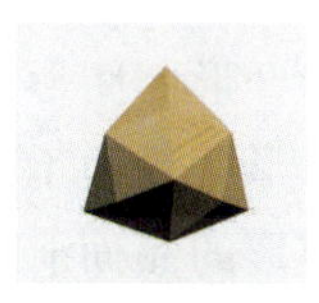

37.六四面体

图 1-4-9　高级晶族的单形——四面体组

(2)八面体组(图 1-4-10)。

八面体:由 8 个等边三角形晶面所组成。晶面垂直 L^3。与四面体组的情况类似,设想八面体的每一个晶面突起平分为 3 个晶面,根据晶面的形状分别形成三角三八面体、四角三八面体、五角三八面体;设想八面体的一个晶面突起平分为 6 个不等边三角形则形成六八面体。

38.八面体

39.三角三八面体

40.四角三八面体

41.五角三八面体

42.六八面体

图 1-4-10　高级晶族的单形——八面体组

(3)立方体组(图 1-4-11)。

立方体:由两两平行的 6 个正方边形晶面组成,相邻晶面间均以直角相交。

四六面体:设想立方体的每个晶面突起平分为 4 个等腰三角形晶面。

(4)十二面体组(图 1-4-11)。

菱形十二面体:由 12 个菱形晶面所组成,晶面两两平行。

五角十二面体:12 个晶面分别为四边相等的五边形。

偏方复十二面体:设想五角十二面体的每个晶面突起平分为 2 个具两个等长邻边的偏四方形晶面。

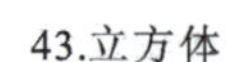

43.立方体　44.四六面体　45.菱形十二面体　46.五角十二面体　47.偏方复十二面体

图 1－4－11　高级晶族的单形——立方体组、十二面体组

4. 单形的分类

1)开形和闭形

单形的晶面不能封闭的晶体称开形，如平行双面、各种柱、单锥等。

单形的晶面能封闭者称闭形，如各种双锥以及等轴晶系的全部单形等。

2)左形和右形

互为镜像，但不能以旋转操作使之重合的两个图形，称为左形、右形。

从几何形态来看偏方面体、五角三四面体和五角三八面体都有左形和右形之分(图 1－4－12)。

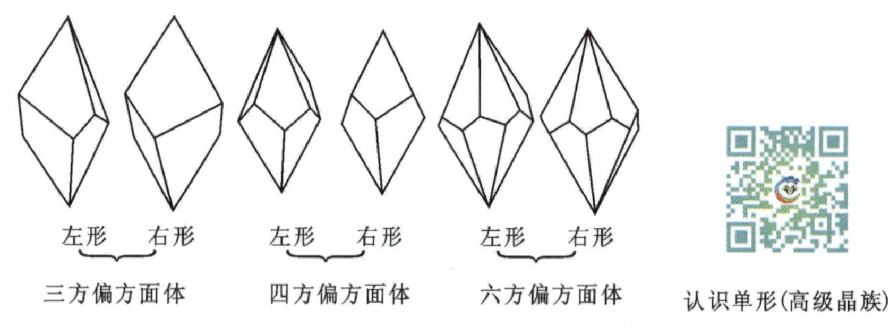

图 1－4－12　中级晶族偏方面体的左形和右形

偏方面体，以上部晶面的两个不等长边为准，长边在左者为左形，长边在右者为右形。

五角三四面体，在其两个 L^3 的出露点之间可以找到由 3 条晶棱组成的一条折线，再联系两个 L^3 的出露点做一条假想的直线辅助观察，折线最下边一条晶棱偏向左上方，即为左形，反之，即为右形。

五角三八面体，在其两个 L^4 的出露点之间可找到由 3 条晶棱组成的一条折线，再联系该两个 L^4 的出露点做一条假想的直线辅助观察，折线最上边的一条的棱偏向直线的左下方，即为左形，反之，即为右形。

二、聚形

(一)聚形概念

属于同一对称型的两个或两个以上单形所聚合而成的晶体称为聚形，图 1－4－13、图 1－4－14分别表示了四方柱和四方双锥、立方体和菱形十二面体的聚合，图中用粗线勾画出

了它们的聚形的形态。自然界产出的矿物晶体绝大部分都是聚形(图 1－4－15)。

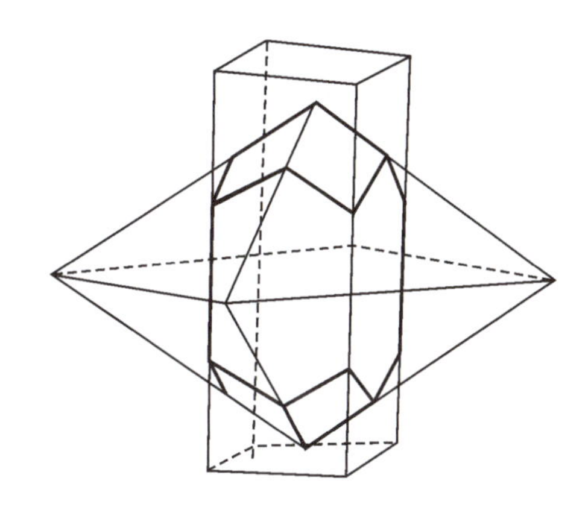

图 1－4－13　四方柱和四方双锥的聚形

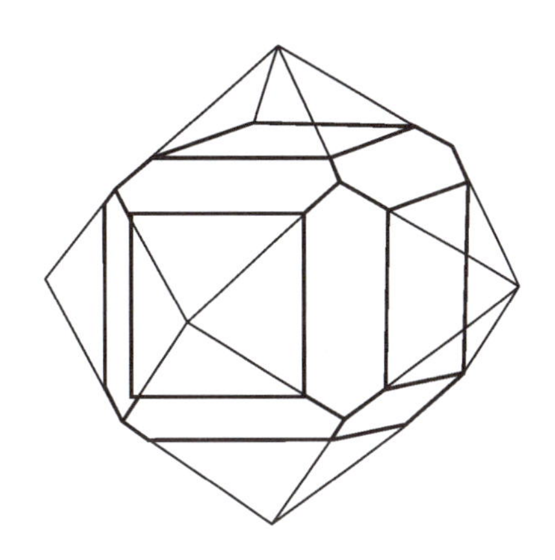

图 1－4－14　立方体和菱形十二面体的聚形

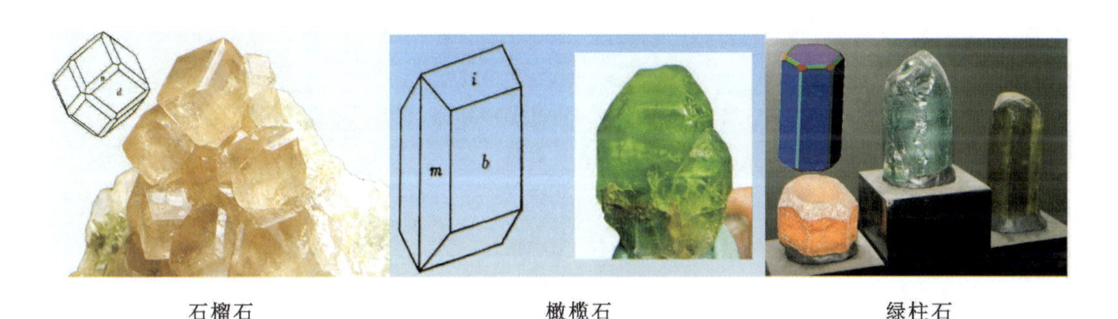

石榴石　　橄榄石　　绿柱石

图 1－4－15　矿物的聚形

从图 1－4－13、图 1－4－14 中可以看出：

(1)聚形上有几种不同的晶面，该聚形就由几个单形相聚而成，即聚形由几个单形组成，就会出现几种不同的晶面。因为理想形态，同一个单形的晶面形状相同，大小相等。

(2)单形相聚后，各单形的晶面数目及晶面间的相对位置、晶面与对称轴间的关系都没有改变，但由于单形彼此相互切割，致使晶面的形状与原来在单形中相比，会有所变化，因此，不能依据聚形中晶面的形状来判定组成该聚形的单形名称。

(3)单形相聚不是任意的，必须是属于同一对称型的单形才能相聚。即聚形也必属于这一对称型。

(4)由于每种对称型所能推导出的单形最多不超过 7 种，所以聚形中的单形种类也是有限的。

(5)同种单形可重复出现在同一个聚形中，但其晶面不可能同形等大。

(二)聚形分析

聚形分析的目的，就是确定组成聚形的单形。

判断一个聚形由哪些单形组成，可依据对称型、单形的晶面数目和晶面间的相对位置、晶面与对称轴间的关系以及假想单形的晶面扩展相交后所组成的形状等进行分析。

聚形分析步骤：

（1）通过对称操作确定聚形的对称型以及晶族、晶系。

（2）确定聚形上不同形状、大小的晶面数目，有几种不同形状、大小的晶面，此聚形就由几个单形聚合而成。

（3）数出每种单形的晶面数目。

（4）根据每种晶面的数目、晶面间的相对位置、晶面与对称轴间的关系，也可采用将晶面扩展相交恢复单形的理想形状的方法，确定单形的名称。

知识链接

聚形分析的知识导图如图 1－4－16 所示。

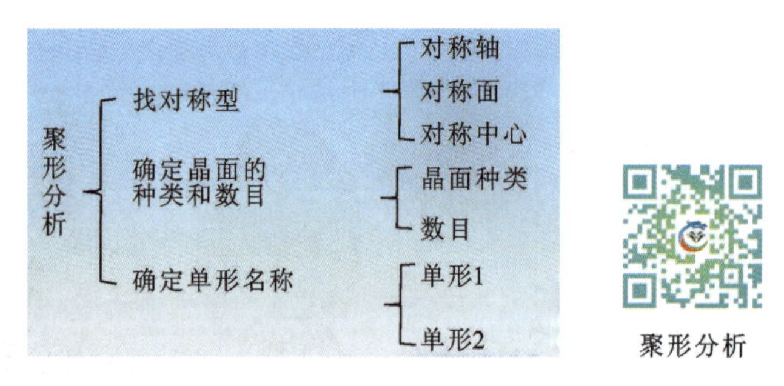

图 1－4－16　聚形分析知识导图

练一练

对以下模型进行聚形分析。

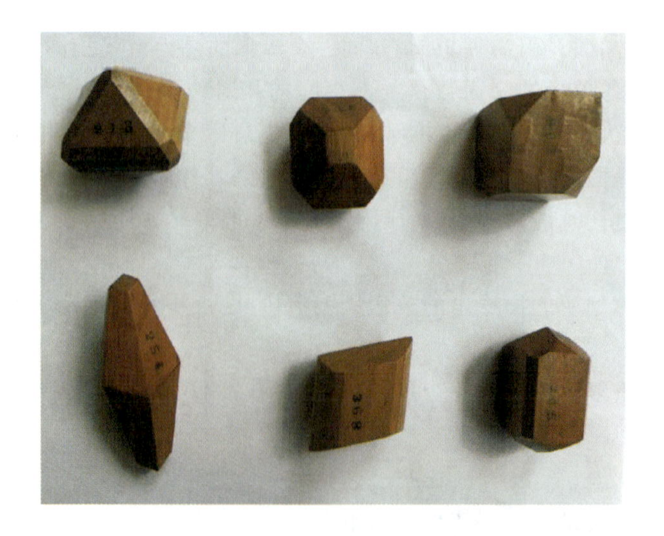

思考题

1.什么是单形和聚形？

2.举例说明什么是开形和闭形、左形和右形。

3.单形相聚的原则是什么？聚形分析的目的是什么？聚形分析中，根据什么来判断组成聚形的单形？

4.简述聚形分析的步骤。下列单形能相聚吗？

八面体与四方柱、六方柱与菱面体、五角十二面体与平行双面、斜方柱与四方柱、三方单锥与单面、立方体与菱形十二面体

5.对比八面体与四方双锥、四方四面体与四面体、六方柱与复三方柱、六方双锥与复三方双锥、菱面体与三方偏方面体、立方体与四方柱的异同。

6.下面的图片显示的是立方体的示意图，请思考：立方体是单形吗？如果是，那么它们的晶面通过什么样的对称操作而彼此重合？

立方体是单形吗？

7.下面的图片显示的是八面体的示意图，请思考：八面体是单形吗？如果是，那么它们的晶面通过什么样的对称操作而彼此重合？

八面体是单形吗？

项目5 认识晶体定向和晶面符号

学习目标

知识目标：记忆晶体定向和晶面符号的基本理论，了解不同晶系中晶体定向的方式和方法，了解各单形的晶面符号，理解晶体定向和晶面符号的意义。

能力目标：能够对7个晶系的晶体进行定向，能够识别不同单形的晶面符号，能标记不同晶体的单形的晶面符号。

思政目标：通过对晶体的定向和晶面符号的理解，从标准操作培养学生标准化意识。在实训操作过程中培养学生的纪律意识、团队意识和互动精神。

晶体具有对称性。晶体的形态、物理性质、结构等都与晶体的方向有关，因此晶体的定向是结晶学中的重要研究内容，学会晶体的定向才能更好地掌握上述性质，也能有效提高肉眼鉴定矿物的能力。

晶体定向就是在晶体中建立一个坐标系，晶体中的各个晶面、晶棱以及对称要素就可以在其中标定方向，这种表示晶面、晶棱以及对称要素等的方位的符号统称为结晶符号，晶面在坐标系中进行标定的符号称为晶面符号。

建立坐标系和确定晶面符号可以帮助学习者了解晶系的定向，简化并统一对某一晶面的描述。

一、晶体定向

晶体定向就是在晶体中以晶体中心为原点建立一个坐标系，这个坐标系一般由3根晶轴 X、Y、Z（也用 a、b、c）组成（图1-5-1）。

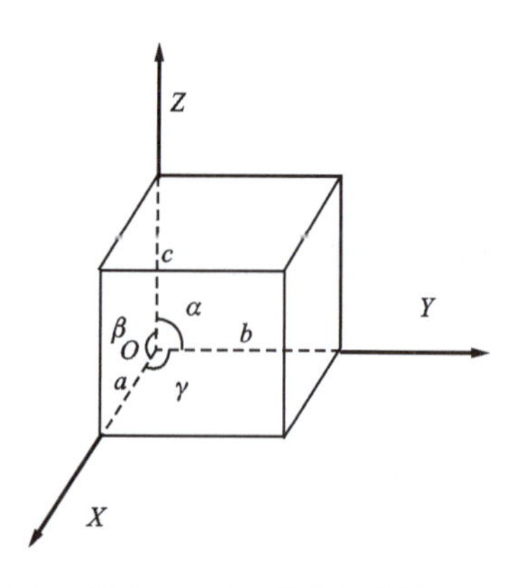

图1-5-1 晶轴示意图

1. 晶体定向参数

1）晶轴

晶轴是用来描述坐标系统假想的、固定的、可无限延长的3条（或4条）直线，相交于原点"O"，即晶体中心。

晶轴分别为 a 轴（或称 X 轴）、b 轴（或称 Y 轴）、c 轴（或称 Z 轴）。以原点"O"为分界，a 轴（X 轴）前为"+"，后为"−"；b 轴（Y 轴）右为"+"，左为"−"；c 轴（Z 轴）上为"+"，下为"−"，其表示方法与数学中的笛卡尔坐标（即 XY 坐标）相似。对于三方、六方晶系，由于其定向的特殊性，3个方向较难实现对其晶体方向的描述，故增加一个 d 轴（或称 U 轴），其前为"−"后为"+"。晶轴相当于格子构造中的行列，并一般应与对称轴或对称面的法线重合。

据说有一天，笛卡尔生病卧床，他还在反复思考一个问题：能不能用几何图形来表示方程呢？他苦苦思索，拼命琢磨，通过什么样的方法，才能把“点”和“数”联系起来。突然，他看见屋顶角上的一只蜘蛛，拉着丝垂了下来。一会工夫，蜘蛛又顺着丝爬上去，在上边左右拉丝。蜘蛛的“表演”使笛卡尔的思路豁然开朗。他想，可以把蜘蛛看作一个点。他在屋子里可以上、下、左、右运动，能不能把蜘蛛的每一个位置用一组数确定下来呢？他又想，屋子里相邻的两面墙与地面交出了3条线，如果把地面上的墙角作为起点，把交出来的3条线作为3根数轴，那么空间中任意一点的位置就可以在这3根数轴上找到有顺序的3个数。反过来，任意给一组3个有顺序的数也可以在空间中找到一点P与之对应，同样道理，用一组数(X,Y)可以表示平面上的一个点，平面上的一个点也可以用一组两个有顺序的数来表示，这就是坐标系的雏形。

2)轴角

晶轴正端之间的夹角称为轴角。各晶轴之间有一定的夹角关系，这些轴角都有相应的名称和代码。

三晶轴系统中，轴角有α、β和γ。α为b轴和c轴的夹角，β为a轴和c轴的夹角，γ为a轴和b轴的夹角。等轴、四方和斜方晶系晶轴为直角坐标，$\alpha=\beta=\gamma=90°$；单斜晶系中，$\alpha=\gamma=90°$，$\beta>90°$；三斜晶系中三晶轴彼此斜交，$\alpha\neq\beta\neq\gamma\neq90°$。

四晶轴系统中，即六方晶系和三方晶系中，轴角依然为α、β和γ。α为b轴和c轴的夹角，β为a轴和c轴的夹角，γ则为a轴和b轴、b轴和d轴、d轴和a轴的夹角。$\alpha=\beta=90°$，$\gamma=120°$；

3)轴长

晶轴系格子构造中的行列。轴长相当于格子构造行列的结点间距，用a_0(x轴)、b_0(y轴)、c_0(z轴)表示。由于结点间距极小，根据晶体外形的宏观研究无法定出轴长，但是在晶体外形上可以确定晶面和晶棱的方向，只要知道轴长的单位比值就可以了，因此引出了轴率这个概念。

4)轴率

用几何结晶学方法求得的轴长比率，用$a:b:c$表示。轴率在具体使用时是将b定为1来计算。

如石膏$a_0=5.68Å$，$b_0=15.18Å$，$c_0=6.29Å$，则$a:b:c=5.68:15.18:6.29$，当$b=1$时，轴率$a:b:c=0.3742:1:0.4144$。

5)晶体常数

轴率$a:b:c$和轴角α、β、γ合称晶体常数。它是表征晶体坐标系统的一组基本常数。与内部结构研究中表征晶胞的晶胞参数(a_0、b_0、c_0，α、β、γ)一致。

2. 晶轴的选择

晶轴的选择与各晶系晶体常数特点相关。晶体定向是为了反映晶体的对称性，故晶轴的选择原则符合晶体固有的对称性，因此晶轴应与对称轴或对称面的法线重合；无对称轴和对称面，则晶轴可平行晶棱选取。

晶轴应尽量垂直或接近垂直；轴长趋近于相等，即尽量满足 $a=b=c$，$\alpha=\beta=\gamma=90°$。

3. 各晶系晶体的定向

（1）等轴晶系的定向：3 个互相垂直的 L^4、L_i^4 或 L^2 为 a、b、c 轴。c 轴直立，b 轴左右水平，a 轴前后水平，晶体常数为：$\alpha=\beta=\gamma=90°$，$a=b=c$（图 1－5－2）。

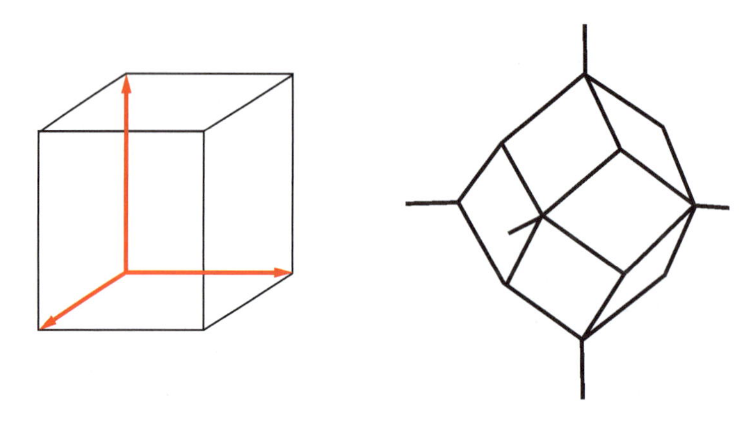

图 1－5－2　等轴晶系晶体常数特点

（2）四方晶系的定向：唯一的 L^4 或 L_i^4 为 c 轴；相互垂直的 L^2，或相互垂直的对称面法线，或适当的晶棱为 a、b 轴。c 轴直立，b 轴左右水平，a 轴前后水平。晶体常数为：$\alpha=\beta=\gamma=90°$，$a=b\neq c$（图 1－5－3）。

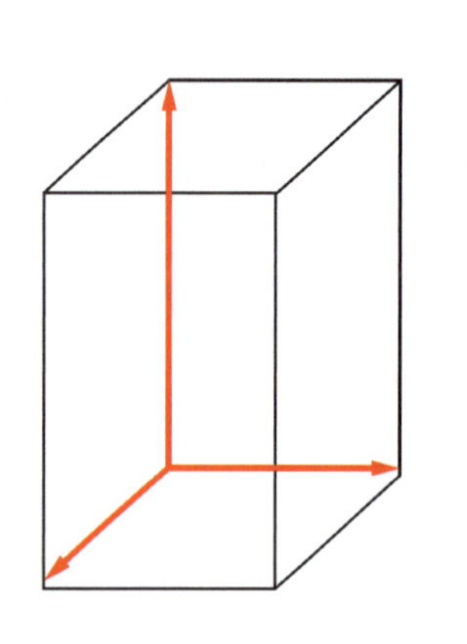

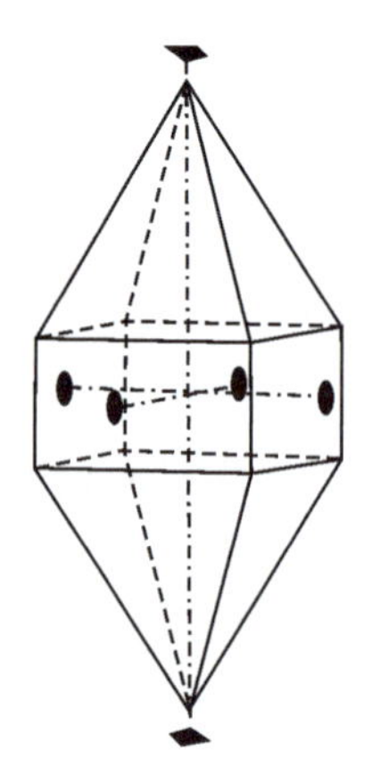

图 1－5－3　四方晶系晶体常数特点

（3）斜方晶系的定向：3 个相互垂直的 L^2 为 c、a、b 轴或 L^2 为 c 轴，相互垂直的对称面法线为 a、b 轴。c 轴直立，b 轴左右水平，a 轴前后水平，晶体常数为：$\alpha=\beta=\gamma=90°$，$a\neq b\neq c$（图 1－5－4）。

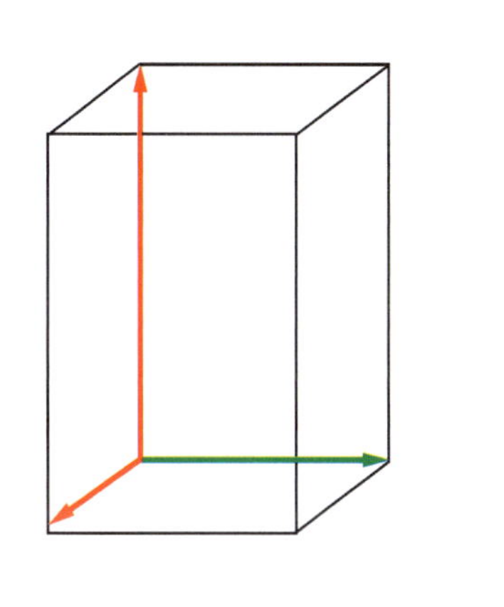
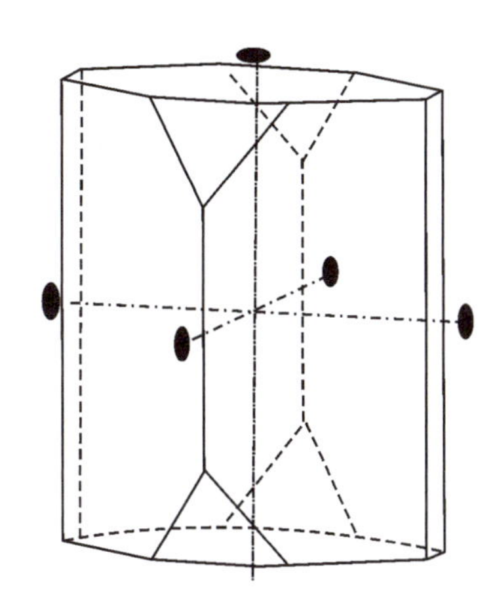

图 1-5-4　斜方晶系晶体常数特点

(4)单斜晶系的定向：L^2 为 b 轴或对称面法线为 b 轴，以垂直 b 轴的主要晶轴方向为 c 轴和 a 轴 c 轴直立，b 轴左右水平，a 轴前后方向并向前下方倾斜，晶体常数为：$\alpha=\gamma=90°$，$\beta>90°$，$a\neq b\neq c$(图 1-5-5)。

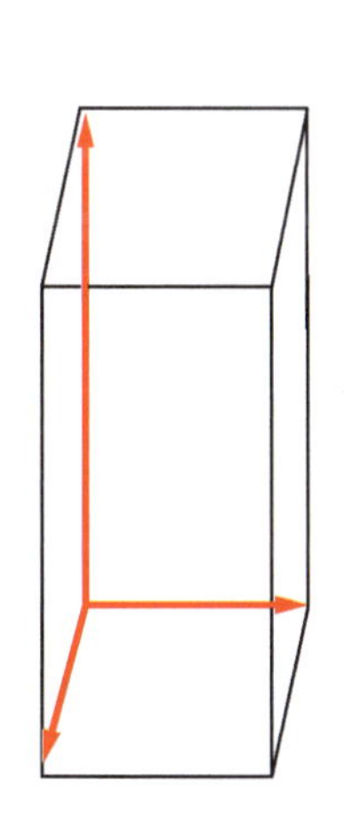
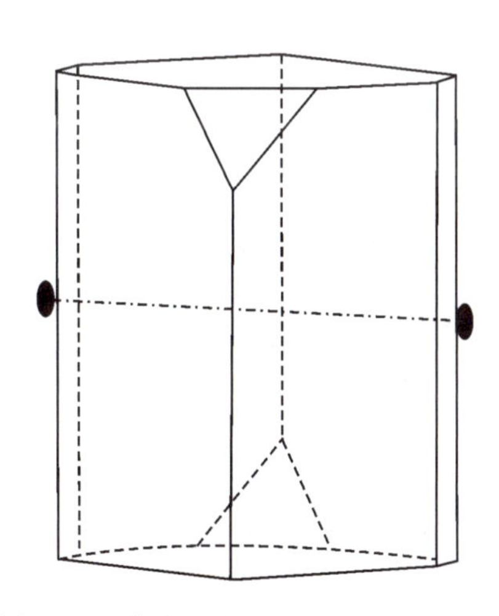

图 1-5-5　单斜晶系晶体常数特点

(5)三斜晶系的定向：适当的晶棱为 a、b、c 轴，大致上 c 轴直立，b 轴左右方向，a 轴前后方向，晶体常数为：$\alpha\neq\beta\neq\gamma\neq 90°$，$a\neq b\neq c$(图 1-5-6)。

(6)三方和六方晶系的四轴定向：选择唯一的高次轴作为直立结晶轴 c 轴，在垂直 c 轴的平面内选择 3 个相同的，即互成 60°交角的 L^2 或 P 的法线，或适当的显著晶棱方向作为水平结晶轴，即 a 轴、b 轴以及 d 轴。c 轴直立，b 轴左右水平，a 轴前后水平偏左 30°，晶体常数为：$\alpha=\beta=90°$，$\gamma>90°$，$a=b\neq c$(图 1-5-7)。

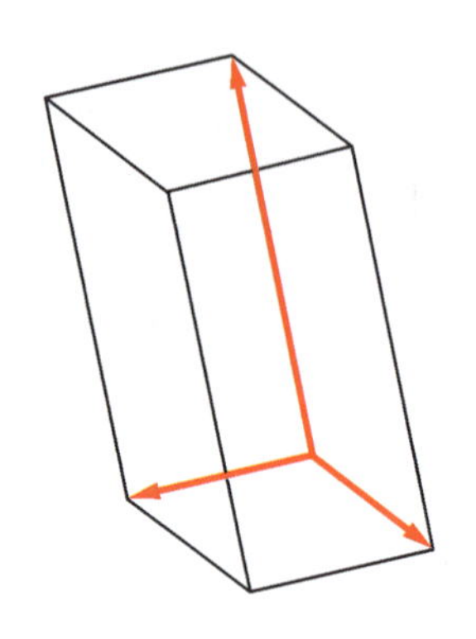

图 1-5-6　三斜晶系晶体常数特点

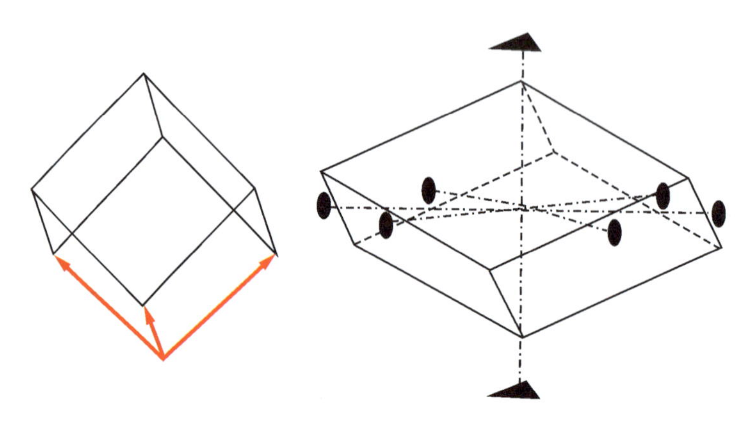

图 1-5-7　三方晶系晶体常数特点

二、晶面符号

1. 晶面符号与单形符号认知

(1)整数定理:晶体上任何晶面在各晶轴上所截截距系数之比,恒为简单的整数比。这个定律称为整数定律。

截距系数:晶面截距的整倍数称为截距系数。例如:截距=$3a$,截距系数=截距/轴单位=3。

整数定律是由于晶体内部质点的格子构造所决定的,可以从两个方面得到解释:

a. 晶面是格子构造最外面的面网,晶轴是行列,晶面截晶轴于结点,或者晶面平移(在各晶轴上的截距之比不变,晶面符号不变)后截晶轴于结点。因此,若以晶轴上的结点间距 a、b、c 作为度量单位,则晶面在晶轴上截距系数之比必为整数比。

b. 根据晶体生长原理,晶面是由面网密度较大的面网所组成。面网密度越大的晶面,它在各晶轴上的截距系数就越简单。

(2)晶面符号(面号)。

晶体定向后,晶面在空间的相对位置可根据它与晶轴的关系来确定。这种相对位置可以用一定的符号表征，即晶面符号。晶面符号是表征晶面空间方位的符号，有多种形式，通常采用米氏符号。

米氏符号于1839年由英国人Miller提出，因此得名。米氏符号用晶面在3个晶轴上的截距系数的倒数比来表示，将截距系数倒数比去掉比例符号，用小括号括之。小括号里的数字按照X、Y、Z轴顺序排列，一般式为(hkl)。对于三方、六方晶系晶面指数按X、Y、U、Z轴顺序排列，一般式写为($hk\bar{i}l$)，括号中的各数字称为晶面指数。

米氏符号的表示方法如下：

a. 取截距系数的倒数比$(1/p):(1/q):(1/r)$。

b. 乘以分母的最小公倍数，化为简单的整数比，即为$h:k:l$。

c. 去掉比号并以小括号括起来，写为(hkl)。

d. 在四晶轴中晶面指数有4个数字，一般形式为($hk\bar{i}l$)，其中的晶面指数是按a轴、b轴、d轴和c轴的顺序排列的。

现举例说明如下：

如图1-5-8所示晶面(hkl)，在X、Y、Z轴上的截距分别为$2a_0$、$3b_0$、$6c_0$，截距系数为2、3、6，其倒数比$(1/2):(1/3):(1/6)$，化整得$3:2:1$，去掉比号并以小括号括起来，(321)即为所求米氏符号。

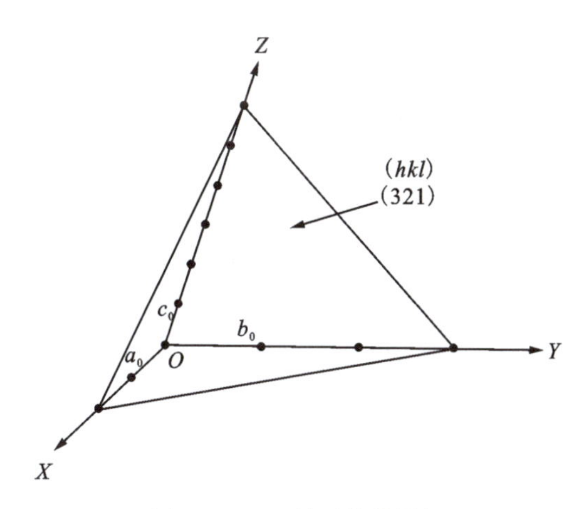

图1-5-8　晶面符号图解

晶面符号(米氏符号)的特点如下：

a. 若晶面平行于某晶轴，则该晶轴上的截距系数为∞，其倒数1/∞为0，即晶面在该晶轴上的指数为0。

b. 晶面指数的先后顺序不得颠倒，读时按晶面各指数的顺序读，如(321)，读作三、二、一，不能读成三百二十一。

c. 如果晶面与晶轴相交于负端，则在指数上部标“-”号，如($32\bar{1}$)。

d. 同一晶体上，任何两个平行晶面的指数的绝对值相同，但符号相反。

e. 四晶轴晶体中，晶面在3个水平轴的晶面指数代数和为0，即$h+k+i=0$。

确定晶体的晶面符号时要注意的几种情况：

a.如果只知道某晶面与晶轴是交截的，但无法确定其截距系数比值时，这类晶面的晶面符号可用字母(hkl)表示，如(hkl)、($h\bar{k}l$)、(hhl)等。若晶面又与某一晶轴平行，则该晶面指数为0，晶面符号如($hk0$)、($h0l$)、($0kl$)等。

b.等轴晶系的晶体，其轴长相等，故欲确定各晶面与三晶轴的截距系数，只需据该晶面与三晶轴相截长度即可判断。

c.中、低级晶族各晶系的晶体，由于轴单位不等，在确定其晶面符号时，常借助于选择单位面来求得。

(3)单形符号(形号)。

单形的晶面数不止一个，如立方体的6个晶面，其晶面符号分别为(100)、($\bar{1}00$)、(010)、($0\bar{1}0$)、(001)、($00\bar{1}$)。用这种方法表示单形各晶面的方向是不唯一的，也是繁琐的。因此，要引用单形符号。

单形符号：代表单形中一组晶面在空间位置的符号。

表示法：在单形中选择一个代表晶面，把该晶面符号改用大括号表示。单形符号一般形式是$\{hkl\}$或$\{hk\bar{i}l\}$。代表晶面选择原则：

a.选择正指数最多的晶面(三方、六方晶系不考虑i)。

b.有负号时优先为正的顺序：$l \to h \to k$。

c.指数绝对值递减的顺序：$|h| \to |k| \to |l|$。

一些常见单形符号见图1-5-9。

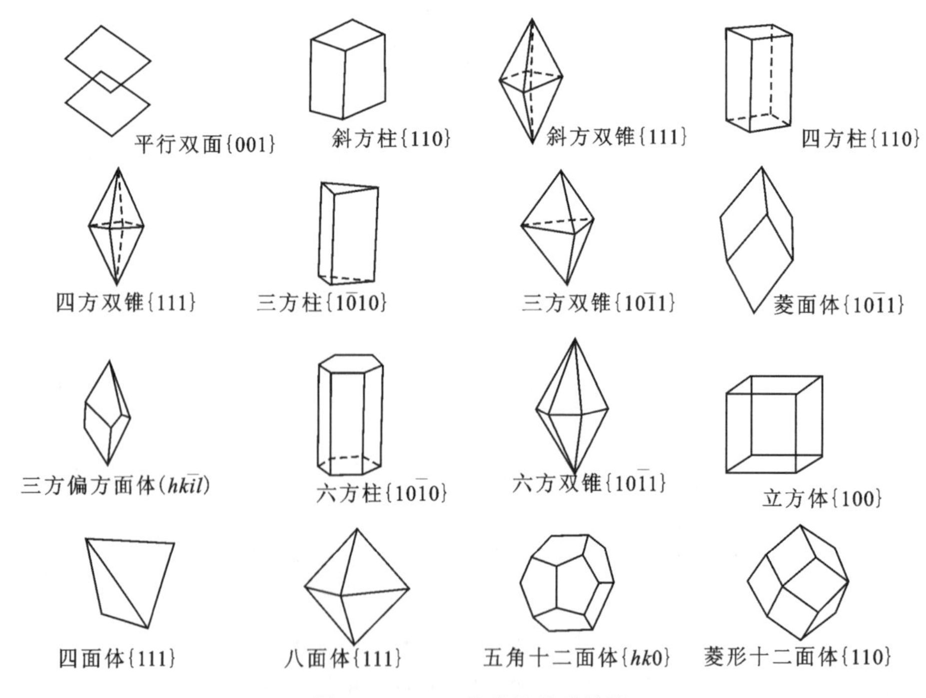

图1-5-9　一些常见单形符号

(4)晶带及晶带符号认知。

晶带:晶体上彼此间相交且交棱相互平行的一组晶面的集合。

晶带轴:每个晶带的交棱方向称晶带轴。这组晶棱的符号就是此晶带轴的符号。

在图 1-5-10 中的(001)、(101)、(100)、($10\bar{1}$)等晶面的相交棱彼此平行,是一个晶带。同理(010)、(110)、(100)、($1\bar{1}0$)是一个晶带;(001)、(111)、(110)、($11\bar{1}$)是一个晶带。

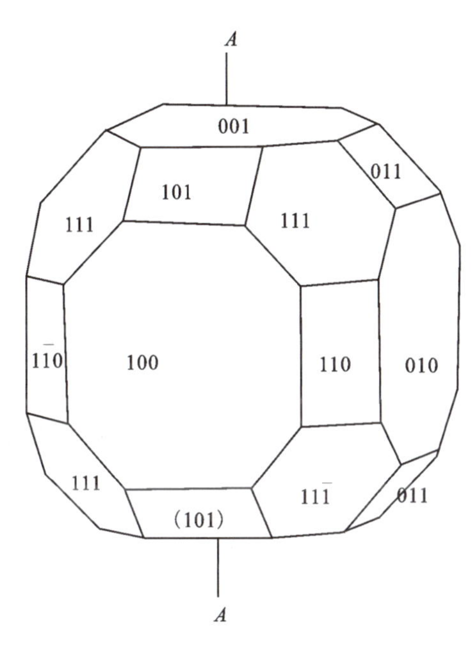

图 1-5-10　晶面的带状分布

晶带符号:用晶带轴方向的晶向指数表示晶带在空间的位置。

晶带轴符号用数字符号表示,并且用[　]括起来。其数字指数由晶带轴在晶体中的空间方位来确定,即以晶带轴与晶面垂直相交的点,向 X、Y、Z 轴作垂线,晶体中心到垂足的长度除以轴单位,得 X、Y、Z 轴上的截距系数,再化成简单的整数,则为晶带符号中的指数。

练一练

一、填空题

1. 晶面符号数值越大,表示________与________的截距系数越小。

2. 某晶面与 X、Y、Z 轴的截距分别为 2.5、5、∞,写出晶面符号______、______、________。

3. 与立方体(010)交棱相邻的同晶带的晶面符号为________、________、________、________。

二、名词解释

1. 截距　2. 截距系数　3. 轴单位　4. 晶带　5. 整数定律　6. 晶体常数

三、问答题

1. 在选定坐标轴的时候，坐标系的原点可以不经过晶体的中心吗？为什么？

2. 设某一单斜晶系晶体上的一个晶面，它在3个结晶轴上的截距之比为1∶1∶1。问此晶面的米氏符号是否为(111)？如果此种情况分别出现于斜方、四方和等轴晶系的晶体中，它们的晶面米氏符号应分别写成什么？

3. 为什么对于三方晶系、六方晶系的晶体要四轴定向？

4. 在晶体中(100)、{hkl}、[010]3种符号分别表示什么意义？

5. 表述晶带定律，判断下列几组晶面所处的晶带：(123)与(011)，(203)与(111)，(112)与(001)。

6. 轴长与轴率有哪些异同？

7. 各晶系晶体定向的方法及晶体常数特点各有哪些？

8. 何谓晶面的米氏符号？某晶面与X、Y、Z上的截距系数分别为2、2、4，请写出此晶面的米氏符号。

9. 在某等轴晶系的晶体上，某晶面与X、Y、Z上的截距系数分别为2.5、5、∞，试写出此晶面的米氏符号。

10. 如何利用单位面来确定中、低级晶族各晶系中晶体的晶面符号？

11. {100}、{110}、{111}在等轴、四方、斜方晶系中，$\{10\bar{1}1\}$、$\{11\bar{1}0\}$、$\{11\bar{1}1\}$在三方、六方晶系中各代表哪些单形？

12. 下列晶面哪些属于[001]晶带，哪些属于[010]晶带，哪些晶面为[001]与[010]两晶面共有？

(100)，(010)，(001)，$(00\bar{1})$，$(\bar{1}00)$，$(0\bar{1}0)$，(110)，$(\bar{1}\bar{1}0)$，(011)，$(0\bar{1}\bar{1})$，(101)，$(\bar{1}0\bar{1})$，$(1\bar{1}0)$，$(\bar{1}10)$，$(10\bar{1})$，$(\bar{1}01)$，$(01\bar{1})$，$(0\bar{1}1)$

项目6　认识平行连生和双晶

学习目标

知识目标： 掌握平行连生和双晶的基本理论，了解平行连生的成因，了解双晶的表示方法、类型、成因，理解研究平行连生和双晶的意义。

能力目标： 能够识别平行连生和双晶，能识别不同晶体中的双晶类型，并正确描述。

思政目标： 通过对晶体平行连生和双晶的认知，教会学生耐心仔细，启发学生主动思考，举一反三，达到融会贯通的目的。

自然界中，受外界环境影响，晶体会发生连生现象，即多个晶体生长在一起，其中晶体的连生分为不规则连生和规则连生两类。前者在自然界出现得更为广泛，但从认识的角度，只讨论晶体的规则连生，包括平行连生和双晶。

一、平行连生

平行连生指同种晶体的个体彼此平行地连生在一起，连生着的两个晶体相对应的晶面和晶棱都相互平行，单体之间有相等的凹入角。平行连生从外形来看是多晶体的连生，但它们内部的格子构造都是平行而连续的，从这点来看它与单晶是相同的(图1-6-1、图1-6-2)。

图1-6-1　平行连生

图1-6-2　萤石晶体的平行连生

二、双晶

双晶是两个或两个以上的同种晶体按一定的对称规律形成的规则连生，相邻的两个个体相应的面、棱并非平行，其中一个晶体是另一个晶体的镜像反映，或者是其中一个晶体旋转180°后与另一晶体重合或平行。进行对称操作时所借助的辅助几何要素称为双晶要素，包括双晶面、双晶轴和双晶中心。

理解和识别双晶要靠双晶要素。设想使双晶的相邻的两个个体重合、平行而进行操作时所凭借的辅助几何图形(点、线、面)称为双晶要素。分别有：

(1)双晶面是个假想的平面，通过它的反映可使双晶的两个个体重合或平行。双晶面一般平行于晶体实际晶面或可能晶面，或者垂直于实际晶棱或可能晶棱，用平行于单晶体中的某种晶面或垂直某晶带轴来表示。

(2)双晶轴是一假想的直线，假设双晶中的一个个体不动，另一个个体围绕此直线旋转180°后可与另一个个体重合、平行或连成一个完整的单晶体。双晶轴平行于晶体的实际晶棱或可能晶棱，或者垂直于实际晶面或可能晶面，用晶棱符号或以垂直某一晶面的形式表示。

(3)双晶中心是一假想的点，双晶的一个个体通过它的反伸可与另一个个体重合。双晶中心只有在没有对称中心的晶体中出现。

如果构成双晶的单晶体具有对称中心，则双晶轴和双晶面同时存在，并相互垂直。

若单晶体没有对称中心，则双晶轴或双晶面往往单独存在，即使同时存在，双晶轴和双晶面也不垂直。

一种双晶可以同时有若干个双晶轴或双晶面。

三、双晶的表示方法

双晶使用双晶接合面的平行晶面符号进行表示，所谓接合面指双晶相邻个体间相接触的面，属于两个个体的共用网面。

双晶接合面可与双晶面重合，如石膏的双晶中两者都平行(100)；也可不重合，如正长石的卡斯巴晶，双晶面平行(100)，接合面平行(010)。

单体构成双晶的对称规律和结合规律称为双晶率。一般用双晶要素和双晶接合面的方位来表征，如正长石的底面双晶，也有按如下所示的方法表示。

(1)矿物名命名：尖晶石律、钠长石律，见图1-6-3、图1-6-4。

图1-6-3　尖晶石双晶

图1-6-4　钠长石双晶

(2)首发现地命名：卡斯巴律、道芬律，见图1-6-5、图1-6-6。

图1-6-5　卡斯巴双晶

图1-6-6　水晶的道芬双晶

(3)形态命名:燕尾双晶、膝状双晶、轮状双晶,见图1-6-7~图1-6-9。

图1-6-7 燕尾双晶

图1-6-8 锡石的膝状双晶

图1-6-9 轮状双晶

(4)根据双晶轴和接合面的关系命名:面律双晶、轴律双晶。

四、双晶类型

根据双晶个体连生的方式,可将双晶分为接触双晶和穿插双晶。

接触双晶由双晶个体以简单的平面相接触而连生。细分为简单的接触双晶、聚片双晶和环状双晶。

简单的接触双晶:由两个个体组成,如尖晶石双晶、水晶膝状双晶(图1-6-10)。

聚片双晶:即一系列接触双晶,由多个个体以同一双晶律连生,接合面相互平行,常以薄板状产出,每个薄板与其直接相邻的薄板呈相反方向排列,而相间的薄板则有相同的结构取向。聚片双晶常可在某些晶面或解理面上显示聚片双晶纹,如钠长石的聚片双晶(图1-6-11)。

图1-6-10 水晶的接触双晶(日本律双晶)

图1-6-11 钠长石的聚片双晶

认识双晶

知识链接

拉长石拥有非常漂亮的晕彩效应，从不同的方向观察拉长石可以看到不同的颜色浮在其表面。这种神奇的现象源于拉长石聚片双晶薄层（或由于拉长石内部包含的细微片状赤铁矿包体及一些针状包体）使拉长石内部的光产生反射或衍射而发生干涉作用，致使某些光减弱或消失，某些光加强，从而产生晕彩效应（图1－6－12）。

图1－6－12　拉长石

环状双晶：多个双晶个体彼此以同样的双晶律连生，但接合面互不平行，而是依次以等角相交。如锡石的环状双晶，它的双晶面平行于(101)。金绿宝石的三连晶见图1－6－13、图1－6－14。

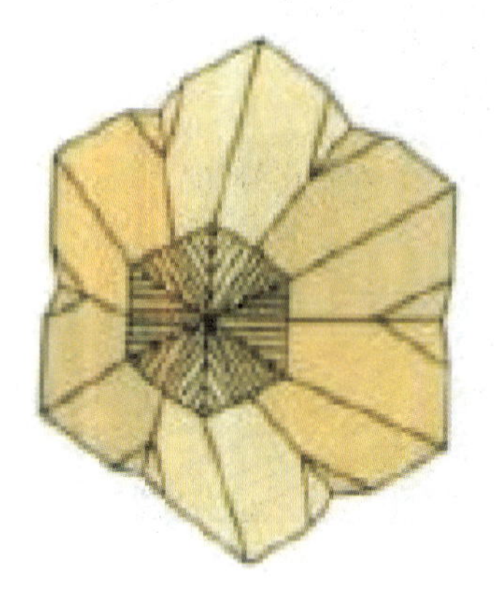

图1－6－13　金绿宝石的环状双晶示意图

图1－6－14　金绿宝石的三连晶

穿插双晶(贯穿双晶)由两个个体相互穿插而形成，如萤石的立方体穿插双晶、长石卡氏双晶和十字石的穿插双晶(图1-6-15)。穿插双晶的接合面往往不是一个连续的平面。穿插双晶可以由多个个体组成，如文石的三连晶，它们的双晶面平行于(110)。

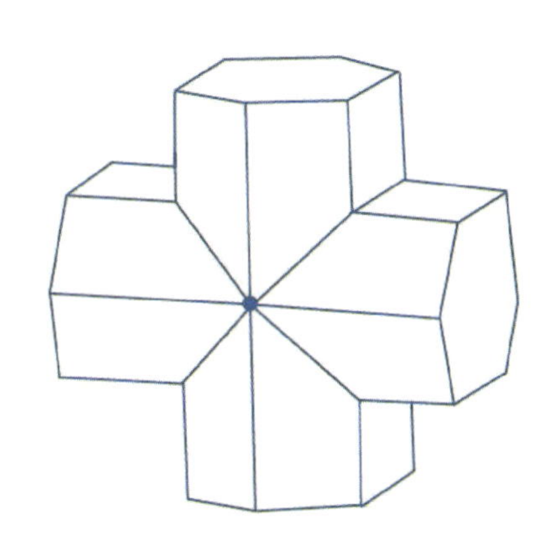

图1-6-15　十字石的穿插双晶

五、双晶的形成方式和形成条件

双晶的形成方式主要有以下几种。

(1)在晶体生长过程中形成，它可以由双晶晶芽发育而成，也可以由小晶体按双晶的位置相互接触连生而成。

(2)在同质多象转变过程中形成，如化学成分同为 SiO_2 的高温变体 β-石英(六方晶系)的单晶转变成低温变体 α-石英(三方晶系)时，经常可以形成双晶。

(3)由机械作用形成，在机械作用的影响下，晶体的一部分沿着一定方向的面网滑动可以形成“机械双晶”，如方解石晶体可在机械作用下沿(0112)面网滑动而形成双晶。

双晶的形成条件很复杂，晶体内部结构是形成双晶的内因，但并不是每一种矿物晶体都可以呈双晶出现，所以从这个角度讲，双晶可能是宝石矿物的一个鉴别标志，如钾长石的卡氏双晶、钠长石的聚片双晶、金绿宝石的三连晶、尖晶石的接触双晶等。晶体生长时的外界条件对双晶的形成也起重要作用，理想的生长条件是不利于双晶形成的。所以相比之下，人工宝石的双晶比天然宝石少得多。

六、研究双晶的意义

(1)在矿物鉴定和某些矿物(如长石)的研究中，有重要的意义。

(2)在地质上，自然界矿物的机械双晶的出现可以作为地质构造变动的一个标志。

(3)在矿物工业利用的研究上，某些矿物的双晶必须加以研究和消除才能被利用，如 α-石英具有双晶不能作为压电材料。

练一练

一、填空题

1.双晶要素是指________与________。

2.规则连生包括________、________与________ 3 种类别。

3.常见的穿插双晶有________、________，接触双晶有________、________。

4.正长石、斜长石、石膏的双晶分别为：________、________、________。

二、名词解释

1.双晶　2.浮生　3.双晶面　4.双晶轴　5.接合面

三、问答题

1.双晶与平行连生、聚形、单形如何区别？

2.双晶面、双晶轴、接合面的位置如何表示？

3.双晶有哪些类型？

4.请解释：

(1)双晶面为什么不能平行于晶体的对称面？

(2)双晶轴为何不能平行于晶体的偶次对称轴？

(3)双晶中心能与单晶体的对称中心并存吗？

5.判断双晶的重要外观特征依据有哪些。

6.研究双晶具有哪些实际意义。

7.双晶符号与晶面符号有什么关系？

8.接触双晶与穿插双晶的根本区别是什么？

9.什么是双晶要素？双晶要素与对称要素的区别是什么？

10.双晶要素有哪些？双晶面与双晶接合面有什么异同？

11.平行连生与双晶有什么异同？

12.双晶面与晶体中的对称面有什么区别？为什么说双晶面不可能平行于单晶体中的对称面？

13.对于构成双晶的两个单体来说，双晶面有无可能在两个单体中分别为两种不同性质的面网？为什么？

项目 7　认识矿物的化学成分

学习目标

知识目标：通过对矿物的化学成分的学习，能较为深刻地认识并理解矿物的化学成分。

能力目标：能够根据矿物的化学成分联想到矿物具备哪些物理化学特征，以及该矿物的具体的矿物学习性。

思政目标：通过对矿物化学成分的认识，激发学生留心观察生活，去捕捉、思考、把握自然界背后的规律性，引导学生树立正确的价值观、世界观和人生观。

矿物的化学成分是组成矿物的物质基础，是决定矿物各项性质的最基本因素之一。任何矿物均具有一定的化学组成。因此，它不但是区别不同矿物的重要标志，而且也是人们利用矿物作为工业原料的一个重要方面。此外，由于矿物是岩石的构成单位，它的化学性质在一定程度上常是影响岩石强度及其抗风化能力等的重要因素，所以它也是对各种工程建筑产生影响的一个不可忽视的条件。因此，矿物的化学成分和化学性质是矿物学研究的重要课题之一。

自然界的矿物，就其化学组成来说，大体可分为两类：一类是单质，即由同一种元素构成的矿物，如自然金 Au、金刚石 C 等；另一类是化合物，即由多种离子或离子团构成的矿物。在此类化合物中有：由一种阳离子和一种阴离子组成的简单化合物，如石盐 NaCl、方铅矿 PbS 和赤铁矿 Fe_2O_3 等；由一种阳离子同一种络阴离子（酸根）组成的单盐化合物，如方解石 $Ca[CO_3]$、镁橄榄石 $Mg_2[SiO_4]$、重晶石 $Ba[SO_4]$等；由两种以上的阳离子与同种阴离子或络阴离子组成的复化合物，如黄铜矿 $CuFeS_2$、白云石 $CaMg[CO_3]_2$ 及大部分硅酸盐类矿物等，其中含络阴离子的复化合物称为复盐。复化合物的组成可以看成由两种或两种以上的简单化合物或单盐以简单的比例组合而成，如黄铜矿 $CuFeS_2$ 可看成是 CuS 和 FeS 的组合；白云石为 $Ca[CO_3]$和 $Mg[CO_3]$的组合。白云石也可以用最简单氧化物形式表示成 CaO、MgO、CO_2 的组合。实际上，矿物组成的化学分析结果，通常是以简单的氧化物形式表示的。

矿物都有一定的化学组成，但是自然界的矿物其组成绝对固定者极少，大多数矿物的化学组成可在一定范围内发生变化。组成可变的矿物，按引起成分变化的原因可归为 4 类：一是类质同象矿物；二是含沸石水或层间水的矿物；三是胶体矿物；四是非化学计量的矿物。关于类质同象矿物中成分的变化，显然应遵守类质同象代替的规律，如果把构成类质同象代替关系的诸元素作为一个统一的部分来看待的话，该类矿物的化学组成仍然遵守定比定律和倍比定律，并可由一定形式的化学式来表示，如橄榄石$(Mg,Fe)_2[SiO_4]$、闪锌矿$(Zn,Fe)S$ 等，至于胶体矿物和含沸石水或层间水等含水矿物在化学成分上的特点，将在后文叙述。关于非化学计量的矿物，它是一类化学组成不符合定比定律和倍比定律的一些结晶质矿物，例如磁黄铁矿$(Fe_{1-x}S)$就是这类矿物的一个典型代表。在这个矿物中 Fe 原子数常少于 S 原子数，而且两者的原子数不符合化合比。这种现象的产生，通常是由于这类矿物的晶体结构中存在 Fe^{2+} 缺位造成的。

认识矿物的化学成分

练一练

完成下列填空题

1. 矿物是地壳中各种地质作用形成的和，它们具有一定的________和________，并在一定的物理化学条件下稳定，是组成________和________的基本单元。

2. 黄铁矿的化学式是________，黄铜矿的化学式是________。

项目 8　认识元素离子类型

学习目标

知识目标：通过对元素离子类型的学习，能较为深刻地认识并理解 3 种离子类型及其性质特点。

能力目标：具备分析某个元素属于某个离子类型的能力，能够辨别不同的离子类型。

思政目标：通过对矿物离子类型的认识，让学生认识矿物就是一个漫长复杂的地球演化史，也可以了解人与自然之间的关系。

矿物晶体结构的具体形式，主要是由组成它的原子或离子的性质决定的，其中起主导作用的因素是原子或离子的最外层电子的构型。

天然矿物除少数为元素的单质外，绝大部分是离子(或离子团)、原子或分子构成的化合物。在离子化合物中，阴、阳离子间的结合，主要取决于由它们的外电子层构型所决定的化学性质。从化学中我们知道，离子和原子的化学行为主要与它们的最外层电子构型有关。因而，由下述离子类型不同的 3 类离子分别组成的矿物，不仅在物理性质上有明显的差异，而且在形成条件等方面也有很大的不同。

根据离子的最外层电子的构型，可将离子划分为 3 种基本类型(表 1-8-1)。

表 1-8-1　元素周期表

He	Li	Be											B	C	N	O	F
Ne	Na	Mg											Al	Si	P	S	Cl
Ar	K	Ca	Sc	Ti	V	Cr	Mn	Fe	Co	Ni	Cu	Zn	Ga	Ge	Ag	Se	Br
Kr	Rb	Sr	Y	Zr	Nb	Mo	Tc	Ru	Rh	Pd	Ag	Cd	In	Sn	Sb	Te	I
Xe	Cs	Ba	TR	Hf	Ta	W	Re	Os	Ir	Pt	Au	Hg	Tl	Pb	Bi	Po	At
Rn	Fr	Ra	Ac	3a				3b						4			
1		2															

一、惰性气体型离子(亲氧元素、造岩元素)

该离子系指最外层具有 8 个或 2 个电子的离子。与惰性气体原子的最外层电子构型相同。主要包括碱金属、碱土金属以及位于周期表右边的一些非金属元素(表 1-8-1 中的 2)。

主要特征：①电子层稳定，一般不变价。②大部分具有比较低的电离势，倾向于与电离势高而电子亲和能力大的卤族元素及氧以离子键结合，形成分布广的卤化物、氧化物及含氧盐类矿物。其中含氧盐矿物是构成各类岩石的最重要的造岩矿物，所以通常将这些元素称为“亲氧元素”或“造岩元素”。

二、铜型离子(亲硫元素、造矿元素)

该离子系指最外层具有 18 个电子的离子，与 Cu 的最外层电子构型相同。主要包括位

于周期表长周期右半部的有色金属和半金属元素(表 1-8-1 中的 4)。

主要特征:①除个别离子(Cu)外,一般不变价。②具有较高的电离势和较强的极化能力。主要倾向于与极化变形较强的 S 等元素相结合,形成具明显共价键成分的硫化物及其类似化合物。是构成金属硫化物矿床的主要矿石矿物,所以也将它们称为“亲硫元素”或“造矿元素”。

三、过渡型离子(亲铁元素、色素离子)

该离子系指最外层电子数介于 8～18 之间的离子。处于前两者之间的过渡位置,主要包括周期表中Ⅲ～Ⅷ族的副族元素(表 1-8-1 中的 3)。

主要特征:①结构不稳定,较易变价。②其性质介于“亲氧元素”和“亲硫元素”之间,最外层电子数接近 8 的,易与氧结合,形成氧化物及含氧盐矿物;最外层电子数接近 18 的,易与硫结合,形成硫化物;最外层电子数居中者,如 Fe、Mn 等,则依所处介质条件的不同,既可形成氧化物,也可形成硫化物。③其化合物常呈现深浅不同的颜色——色素离子。④这一类元素,在地质作用中经常与铁共生,故也称之为“亲铁元素”。

认识离子的元素类型

练一练

请完成下列名词解释。

1. 惰性气体型离子。
2. 铜型离子。
3. 过渡型离子。

项目 9　认识化学键和晶格类型

学习目标

知识目标:能够掌握 4 种晶格类型和化学键的具体定义,并且能够举例说明。

能力目标:能较为深刻地认识并理解 4 种化学键及其组成晶格的性质。

思政目标:通过矿物化学键和晶格的类型的学习,让学生更深入马克思哲学理论中理解“量变质变的规律”。

一、矿物中的键型

晶体结构中的各个原子、离子(离子团)或分子相互之间必须以一定的作用力相维系,才能使它们处于平衡位置,而形成稳定的格子构造。质点之间的这种维系力,称为键。当原子和原子之间通过化学结合力相维系时,一般就称为形成了化学键。化学键的形成,主要是由于相互作用的原子,它们的价电子在原子核之间进行重新分配,以达到稳定的电子构型的结果。不同的原子,由于它们得失电子的能力(电负性)不同,因而在相互作用时,可以形成不同的化学键。典型的化学键有3种:离子键、共价键和金属键。另外,在分子之间还普遍存在着范德华力,这是一种非化学性的,而且是较弱的相互吸引作用,故不能称为化学键,通常叫范德华键或分子键。3种化学键连同分子键一起总称为键的4种基本形式。另外,在某些化合物中,氢原子还能与分子内或其他分子中的某些原子之间形成氢键。这是由氢原子的独特性质(体积小,只有一个核外电子)而产生的一种特殊作用。

实际上在典型的3种化学键之间常存在着相互过渡的关系,即有过渡型键的存在。这是由于在实际晶体结构中,价电子所处的状态是可以改变的。例如,一个共价键中的电子,通常它只能在某一共价键的电子运行轨道上运动,表现为共价键性,但也可能在某一瞬间变为只在某一个原子的外层轨道上运行,从而又表现出离子键性。对于这样的化合物来讲,就认为是具有过渡型键性。事实上,晶体中的化学键往往都或多或少具有过渡性,即使像在通常被认为是具典型离子键的NaCl晶体中,据测定仍含有少量的共价键成分。在离子化合物中,通常可以根据相互结合的质点的电负性差值之大小来确定键型的过渡情况,即离子键和共价键各占的百分比。

二、矿物的晶格类型

晶体的键性不仅是决定晶体结构的重要因素,而且也直接影响着晶体的物理性质。具有不同化学键的晶体,在晶体结构和物理性质上都有很大的差异。反之,各种晶体,其内点间的键性相同时,在结构特征和物理性质方面常常表现出一系列的共同性。因此,通常根据晶体中占主导地位的键的类型,将晶体结构划分为不同的晶格类型。对应于上述基本键型,可将晶体结构划分为4种晶格类型。

(一)离子晶格

在这类晶格中,结构单位为得到和失去电子的阴、阳离子,它们之间靠静电引力相互联系起来,从而形成离子键。它们的电子云一般不发生显著变形而具有球形的对称,即离子键不具有方向性和饱和性。因此,结构中离子间的相互配置方式,一方面取决于阴、阳离子的电价是否相等,另一方面取决于阳、阴离子的半径比值。通常阴离子呈最紧密或近于最紧密堆积,阳离子充填于其中的空隙并具有较高的配位数。

离子晶格中,由于电子都属于一定的离子,质点间的电子密度很小,对光的吸收较少,易使光通过,从而导致晶体在物理性质上表现为低的折射率和反射率,透明或半透明,具非金属光泽和不导电(但熔融或溶解后可以导电)等特征。晶体的机械性能、硬度与熔点等则随

组成晶体的阴、阳离子电价的高低和半径的大小有较宽的变化范围。

（二）原子晶格

在这种晶格中，结构单位为原子，在原子之间以共用电子对的方式达到稳定的电子构型的同时电子云发生重叠，并把它们相互联系起来，形成共价键。矿物中的共价键还有分子轨道、杂化轨道以及配位场等模式。由于一个原子形成共价键的数目取决于它的价电子中未配对的电子数，且共用电子对只能在适当的一定方向上联结（即键力具有方向性和饱和性），因此在结构中，原子之间的配置视键的数目和取向而定。晶体结构的紧密程度远比离子晶格低，配位数也偏小。具有这类晶格的晶体，在物理性质上的特点为不导电（即使熔化后也不导电），透明或半透明，非金属光泽，一般具有较高的熔点和较大的硬度。

（三）金属晶格

在这种晶格中，作为结构单位的是失去外层电子的金属阳离子和一部分中性的金属原子，从金属原子上释放出来的价电子，作为自由电子弥散在整个晶体结构中，把金属阳离子相互联系起来，形成金属键。结构中每个原子的结合力都是按球形对称分布的（即不具方向性和饱和性），同时各个原子又具有相同或近于相同的半径，因此整个结构可看成是等大球体的堆积，并且通常都是呈最紧密堆积，具最高或很高的配位数。

具有金属晶格的晶体，在物理性质上的最突出特点是它们都为电和热的良导体，不透明，具金属光泽，有延展性，硬度一般较小。

（四）分子晶格

与其他晶格的根本区别在于其结构中存在着真实的分子。分子内部的原子基础之间通常以共价键相联系，而分子与分子之间则以分子键相结合。由于分子键不具有方向性和饱和性，所以分子之间有可能实现最紧密堆积。但是，因分子不是球形的，故最紧密堆积的形式就极其复杂多样。

分子晶体的物理性质，一方面取决于分子间的键性，如低的熔点、可压缩性和热膨胀率大、硬度小等；另一方面也与分子内部的键性有关，如大部分分子晶体不导电、透明、具非金属光泽。此外，在一系列有机化合物和某些矿物中常有氢键存在，如冰、氢氧化物及含水化合物等。由于 H^+ 的体积很小，它只能位于两个原子之间，所以配位数不超过 2。值得注意的是，晶体结构中氢键的存在，对晶体的物理性质（如折射率、硬度及解理等）也有一定的影响。

最后还需要指出的是，在一些矿物的晶体结构中，基本上只存在某一种单一的键力，如自然金的晶体结构中只存在金属键，金刚石只有共价键等。这样的晶体被称为单键型晶体。对具有过渡型键的晶体，两种键性融合在一起不能明显分开的，从键本身来说仍然只是单一的一种过渡型键，也属于单键型晶体。其晶格类型的归属，占主导地位的键为准，例如金红石中，Ti—O 间的键性就是一种以离子键为主向共价键过渡的过渡型键，归属于离子晶格。但是还有许多晶体结构，如方解石 $CaCO_3$ 的晶体结构中，在 C—O 之间存在着以共价键为主的键性，而 Ca—O 之间则为以离子键为主的键性，并且这两种键性在结构中是明显地彼此分开的。像这类晶体，则属于多键型晶体。它们的晶格类型的归属，以晶体的主要性质系取决于哪一种键性为划分依据。类似于方解石的其他含氧盐晶体矿物，其物理性质大多由 O^{2-} 与络阴离子之外的金属阳离子之间的键性所决定，因而在划分晶格类型时，应归属于离子晶格。但在对晶体结构及各种物理性质作全面考察和分析时，则不能忽视结构的多键型特征。从表 1－9－1 可以看出晶格类型对矿物性质的影响。

表 1－9－1　晶格类型对矿物性质的影响

物理性质	离子晶格（离子键）	原子晶格（共价键）	金属晶格（金属键）	分子晶格（分子键）
力学性质	硬度变化大，可有脆性	硬度大，具有脆性	硬度变化大，可延展性	硬度小
熔点	较高—很高	很高	变化大	低
导电性	中等绝缘体	良好绝缘体	导电体	绝缘体
透明度	透明	透明	不透明	一般透明
光泽	玻璃光泽	金刚光泽	金属光泽	玻璃光泽—金刚光泽

认识化学键和晶格类型

举例说明不同晶体结构类型与矿物形态和物性的关系。

项目 10　认识类质同象和同质多象

知识目标：通过对类质同象和同质多象概念的了解，理解矿物岩石化学成分的变化对其晶体结构变化的影响。

能力目标：应用类质同象和同质多象的理论，解释矿物类质同象和同质多象对于矿物化学性质以及物理性质的影响，并运用于矿物的肉眼鉴定中。

思政目标：通过对同质多象和类质同象的学习，让学生理解大自然造物的精妙，更加理解宝石资源的稀缺性，建立合理利用不可再生资源的价值观。

一、类质同象

(一)类质同象的概念

物质结晶时,结构中某种质点(原子、离子、络阴离子或分子)的位置被性质相似的质点所占据,随着这些质点间相对量的改变只引起晶格参数及物理、化学性质的规律变化,例如闪锌矿(ZnS)中的 Zn^{2+} 被 Fe^{2+} 代替后,物理性质也随之改变(表 1-10-1),但不引起晶格类型(键性及晶体结构形式)发生质变的现象,叫作类质同象,质点间的类质同象关系习惯上称为“代替”或“置换”。

表 1-10-1　闪锌矿组分与其物理性质的关系

FeS 含量	0.28%	11.6%	16%	26%	低——高
颜色	无色	棕黑色	黑色	铁黑色	浅——深
条痕	白	黄褐色	褐色	黑褐色	浅——深
透明度	透明	半透明	不透明	不透明	透明——不透明
光泽	金刚光泽	金刚光泽	半金属光泽	半金属光泽	金刚光泽——半金属光泽
晶胞常数 a_0	5.409 6	5.429 3	5.429 6	5.450	

例如菱铁矿 Fe[CO_3]和菱镁矿 Mg[CO_3]之间(图 1-10-1、图 1-10-2),由于 Fe^{2+} 和 Mg^{2+} 具有相似的性质,彼此可以相互代替,从而形成一系列 Mg、Fe 含量不同的混合晶体:菱镁矿 Mg[CO_3]—铁菱镁矿(Mg,Fe)[CO_3]—镁菱铁矿(Fe,Mg)[CO_3]—菱铁矿 Fe[CO_3]等,它们具有相同的晶格类型,仅晶格参数及性质随 Mg^{2+} 被 Fe^{2+} 代替量的增加作规律的变化。

图 1-10-1　菱铁矿

图 1-10-2　菱镁矿

认识同质多象

上述混合晶体中,代替某一元素的另外一些元素称为类质同象混入物,如铁菱镁矿中的 Fe。含有类质同象混入物的晶体称为混合晶体,简称“混晶”。

（二）类质同象的类型

从不同的角度出发，可将类质同象划分为不同的类型。经常涉及的有以下两种。

（1）根据两种组分能否在晶格中以任意量互相代替，将类质同象分为完全类质同象和不完全类质同象（或连续与不连续类质同象）。

如果相互替代的质点可以任意比例替代，即替代是无限的，则称为完全类质同象，此时它们可以形成一个成分连续变化的类质同象系列。例如，橄榄石$(Mg,Fe)_2[SiO_4]$中的$Mg^{2+} \leftrightarrow Fe^{2+}$之间的替代，当二者都存在时，可统称为橄榄石。当 Mg 全部被 Fe 替代时，便成为铁橄榄石$Fe_2[SiO_4]$，如图 1－10－3 所示；当 Fe 全部被 Mg 替代时，就成为镁橄榄石$Mg_2[SiO_4]$，如图 1－10－4 所示。又如，斜长石（由钙长石分子和钠长石分子组成）中$Na^+ + Si^{4+} \leftrightarrow Ca^{2+} + Al^{3+}$的替代，都可以在一定条件下形成完全类质同象。

图 1－10－3　铁橄榄石

图 1－10－4　镁橄榄石

如果质点替代只局限于一个有限的范围内，则称为不完全类质同象。例如闪锌矿（ZnS）中的Zn^{2+}可部分地（最多 26%）被Fe^{2+}所替代。

（2）根据晶格中相互代替的离子电价是否相等，类质同象可分为等价类质同象和异价类质同象。凡晶格中相互代替的离子电价相同者，称为等价类质同象，如上述的Mg^{2+}与Fe^{2+}，Fe^{2+}与Mg^{2+}间的代替。凡相互代替的两种离子电价不同时，称为异价类质同象，如斜长石中$Ca^{2+} \rightarrow Na^+$，$Al^{3+} \rightarrow Si^{4+}$，它们彼此间的电价都是不相等的。但是在异价类质同象代替时，为了保持晶格中电价平衡，相互替代的离子之总电荷必须相等。

（三）类质同象产生的条件

矿物中类质同象代替是一种很普遍的现象，但质点间类质同象代替的发生不是任意的，它需要有一定的条件，包括离子（原子）本身的性质和形成时的物理化学条件两个方面。

1. 离子（原子）本身的性质

1）原子或离子的半径

前边已经提到质点的相对大小是决定晶体结构的重要因素，要使类质同象代替不导致晶格

类型发生根本变化，从几何角度来看，要求相互代替的质点大小不能相差过大(图 1-10-5)。根据经验，在电价和离子类型相同的条件下，质点在晶格中类质同象代替的能力随半径差别的增大而减小，若以 r_1、r_2 分别代表较大质点和较小质点的半径，则符合以下法则：

a. 当 $(r_1-r_2)/r_2<15\%$ 时，易形成完全类质同象；

b. 当 $(r_1-r_2)/r_2$ 在 15%～30%的范围时，一般只能形成不完全类质同象；

c. 若 $(r_1-r_2)/r_2$ 超过 30%时，一般就难以形成类质同象了。

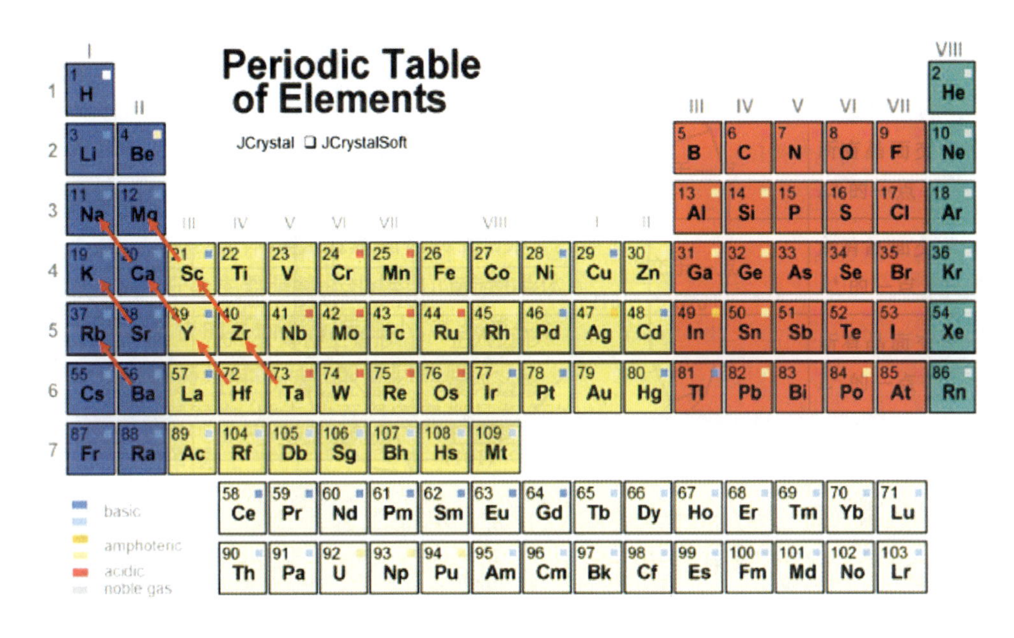

图 1-10-5　箭头指向原子或者离子半径近似的元素

2)离子的电价

类质同象代替必须遵循电价平衡的原则，才能使晶体结构保持稳定。因此，当异价类质同象代替时，电荷的平衡就起主导作用，而离子半径之间的差别却可允许有较大的范围。如云母中 Mg^{2+} 代替 Al^{3+}，两者半径之差高达 30%仍能形成类质同象。

3)离子类型

质点类质同象代替时不能改变晶体的键性，而离子或原子结合时的键性与它们的最外层电子的构型有关。一般说来，惰性气体型离子在化合物中基本以离子键结合，而铜型离子则以共价键为主。显然这两类离子之间是难以发生类质同象代替的。例如 Ca^{2+} 与 Hg^{3+} 当呈六次配位时的离子半径分别为 0.108nm 和 0.110nm，两者非常接近，但因离子类型不同，迄今在矿物中尚未发现它们呈类质同象代替的实例。

2. 影响类质同象产生的外部条件

影响类质同象产生的外部条件最主要的是矿物结晶时所处的温度、压力和溶液或熔体中组分的浓度。

在外部条件中，温度对类质同象的影响最为明显。总的规律是：高温条件下有利于类质同象的形成，温度下降则类质同象不易发生，甚至已经形成的类质同象混晶发生分离。例如K[$AlSi_3O_8$]和Na[$AlSi_3O_8$]，由于K^+和Na^+的离子半径相差很大，只有在高温下两者才可以混溶，形成类质同象混晶，但到低温时，两种组分即发生分离，分别结晶成钾长石和钠长石。在硫化物中也有类似情况，如沿闪锌矿解理分布的乳滴状黄铜矿就是类质同象分离的一种产物。

压力对类质同象的影响尚不十分清楚。一般认为，当温度一定时，压力增大，既可限制类质同象代替的数量，又能促使类质同象混晶发生分离。

关于组分浓度对类质同象的影响，可由定比定律和倍比定律来说明。矿物中各种组分之间有一定数量比，当某种矿物从溶液中或熔体中结晶时，若某种组分不足，介质中性质由与某组分相近的另一组分来“顶替”，从而形成类质同象混晶。例如磷灰石$Ca_6[PO_4]_3(F_2Cl)$在形成时，若介质中Ca^{2+}的数量不足，其不足部分则由性质与Ca^{2+}相似的Ce^{3+}等呈类质同象混入物进入晶格补偿Ca^{2+}的不足。这种类质同象特称为补偿类质同象。

此外，对于一些微量元素来说，当介质中的含量不足以形成独立矿物时，常以类质同象混入物的形式进入性质与之相似的常量元素所形成的晶格中，如辉钼矿中的Re就是这样。

(四)研究类质同象的意义

类质同象是矿物中普遍存在的一种现象，对它的研究，不仅具有理论上的意义，而且也有一定的实际价值。

1. 扩大矿物原料的综合利用

地壳中的稀有元素绝大部分通常不形成独立的矿物，主要以类质同象形式赋存在与它性质相似的常量元素所组成的矿物中，如Cd、In等常存在于闪锌矿中，Re存在于辉钼矿中，Hf存在于锆石中等。所以研究类质同象的规律，对寻找某些矿种和合理地综合利用各种矿产资源有着极为重要的意义。

2. 类质同象可以改变矿物的物理性质，提高矿产资料的综合利用价值

在不同条件下形成的某种矿物，所含类质同象混入物的种类和数量常常有所不同，并因此而引起矿物晶胞参数和物理性质的规律变化。这对矿物形成条件的探讨和有用组分赋存规律的认识也是很有意义的。

如河南南阳的独山，盛产独山玉，形似翡翠，其成分为斜长石（钙长石）等矿物.因晶形不好呈致密块状，且有类质同象混入物而使之成为湖蓝色，被誉为“南阳翡翠”。

3. 指示矿物晶体的形成条件

天然形成的矿物，其组成可在一定范围内变化，成分纯净者极少，搞清了类质同象代替关系，就可以合理地解决矿物成分的变化问题以及由此而引起的矿物物理性质的差异等问题。在实际工作中，又常常可以根据矿物物理性质方面的特征来推断矿物的组成。例如橄榄石，随着成分中Mg^{2+}被Fe^{2+}代替，其相对密度由镁橄榄石的3.30逐渐增至铁橄榄石的4.40。这种相对密度随成分变化的规律可做成成分-相对密度曲线图，在实际工作中，只要

精确测得橄榄石的相对密度，无须化学分析，就能迅速地确定其相应的成分。类似这样的图件是非常有用的。

二、同质多象及多型

前面各节主要讨论的是化学组成与晶体结构之间的关系问题。但是，矿物的晶体结构还受外界环境的影响。在一定的条件下，晶体形成的热力学条件及其他外界因素可以是决定晶体结构的主导因素。同质多象及多型现象等就是形成条件决定或影响晶体结构的有力佐证。

（一）同质多象

化学成分相同的物质，在不同的热力学条件下，结晶成结构不同的几种晶体的现象，称为同质多象，例如碳（C）在不同的地质作用过程中，可结晶成属于等轴晶系的金刚石和属于六方晶系的石墨（一部分属于三方晶系），两者成分相同，但结构各异。这种现象的出现，是由于结晶时的热力学条件不同所致。金刚石的形成条件与石墨不同，它是在较高温度和极大的静压力下结晶的。

一般把成分相同而结构不同的晶体称为某成分的同质多象变体。上述的金刚石和石墨就是碳的两个同质多象变体。若一种物质成分以两种变体出现称为同质二象；以 3 种变体出现，就称为同质三象等。如金红石（图 1－10－6）、板钛矿（图 1－10－7）和锐钛矿（图 1－10－8）就是 TiO_2 的同质三象变体。

图 1－10－6　金红石（包裹体）

图 1－10－7　板钛矿

图 1－10－8　锐钛矿

同一物质成分的每个变体都有自己的内部结构、形态、物理性质以及热力学稳定范围，所以在矿物学中，把同质多象的每一个变体都看作一个独立的矿物种，给予不同的矿物名称，或在名称之前标以希腊字母作前缀以示区别。例如金刚石和石墨、α－石英和 β－石英等。

由于同质多象的各变体是在不同的热力学条件下形成的，即各变体都有自己的热力学稳定范围，因此，当外界条件改变到一定程度时，为在新条件下达到新的平衡，各变体之间就可能在结构上发生转变，即发生同质多象转变。

图 1－10－9 就是应用同质多象的基本理论对石英的各种变体之间的转化进行分析的示意图，其中，α 表示高温型，β 表示低温型。

在常压的情况下，从常温开始加热直至熔融，在各种石英变体中，纵向之间的变化均不

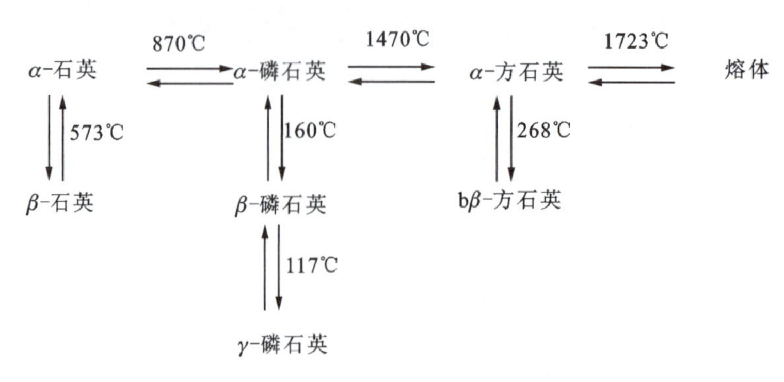

图 1-10-9　石英在不同的热力学条件下有不同的变体

涉及晶体结构中键的破裂和重建，转变过程迅速而可逆，往往是键之间的角度稍做变动而已。横向之间的转变，都涉及键的破裂和重建，其过程相当缓慢。因此，横向转变（重建型、高温型）为一级转变（由表及里缓慢进行，一般不可逆，但在不同的条件下，又为可逆），转化迟钝。纵向转变（位移型、高低温型）为二级转变（表里瞬间同时进行，一般可逆），转化迅速。在 870℃由 α-石英转变为 α-鳞石英时，转化速度慢，体积增加了 16%；在 573℃由 β-石英转变为 α-石英，转化迅速，体积只增加了 0.82%，但后者在单位时间内，体积的增加量远大于前者。所以，快速型转化的体积变化小（易发生），危害大，慢速型转化的体积变化大（不易发生），危害小，这一特征在窑炉使用中应特别注意。石英的同质多象转变在陶瓷工艺、玻璃工艺和材料工艺中已得到了广泛的应用。

需要指出的是，某些物质成分的各个变体，可以在几乎相同的温度与压力条件下形成，而且都是稳定的，如 $Fe[S_2]$的两个变体黄铁矿和白铁矿，它们的成因比较复杂，一般认为与介质的酸碱度有关，$Fe[S_2]$在碱性介质中形成黄铁矿，而在酸性介质中则生成白铁矿。

同质多象现象在矿物中是较为常见的。由于它们的出现与形成时的外界条件有密切关系，因此，借助于它们在某些地质体中的存在，可以帮助我们推测有关该地质体形成时的物理化学条件。另外，在工业上还可利用同质多象变体的转变规律，改造矿物的晶体结构，以获得所需要的矿物材料，满足生产上的要求，如利用石墨制成金刚石等。

（二）多型

多型是指由同种化学成分所构成的晶体，当其晶体结构中的结构单位层相同，而结构、单位层之间的堆积顺序（即重复方式）有所不同时，由此所形成的不同结构的变体，即为多型。显然，多型是同质多象的一种特殊类型，它出现在广义的层状结构晶体中，同种物质的不同多型只是在层的堆积顺序上有所不同，也就是说，多型的各个变体仅以堆积层的重复周期不同相区别。

多型现象在许多人工合成的晶体中和具有层状结构的矿物中都有发现，看来它是具有层状结构晶体的一种普遍特征。因此，对物质多型的研究，在结晶学、矿物学、固体物理学、冶金学和材料科学领域中，无论在理论上还是在实用上都具有重要的意义。

知识链接

类质同象对于宝石矿物的影响是非常重要的，某些宝石具有非常漂亮的颜色，正是由于类质同象所诱发的。比如纯净的刚玉矿物是无色的，其化学成分为 Al_2O_3，当其中 Al^{3+} 被微量 Cr^{3+} 替代（即 $Cr^{3+} \rightarrow Al^{3+}$）时则呈现玫瑰红—红色色调，称红宝石；当其中 Al^{3+} 被微量 Ti^{4+} 和 Fe^{2+} 等替代（即 $Ti^{4+} + Fe^{2+} \rightarrow 2Al^{3+}$）时则呈现漂亮的蓝色，称蓝宝石。$Fe^{2+}$ 和 Ti^{4+} 含量越高则蓝宝石的蓝色越深，反之越浅。我国山东蓝宝石的深蓝色就是其中含有过多的 Fe 所致。当含有不同微量元素时，蓝宝石呈现不同的颜色（图 1-10-10）。

图 1-10-10　各色蓝宝石

类质同象不但使宝石矿物的化学成分发生一定程度的改变，而且也在一定程度上影响它的折射率和相对密度等物理性质。比如，电气石的颜色基本上受类质同象的种类和程度的影响，实际上电气石的相对密度和折射率也与类质同象有密切联系。镁电气石 $NaMg_3Al_6[Si_6O_{18}][BO_3]_3(OH,F)_4$ 中的 Mg^{2+} 和锂电气石 $Na(Li,Al)[Al_6O_{18}][BO_3]_3(OH,F)_4$ 中的 Li^+、Al^{3+} 都有可能被 Mn^{2+} 和 Fe^{2+} 替代。研究表明，随着电气石成分中 Mn、Fe 的增加，电气石的相对密度（3.03～3.25）、折射率（$n_o = 1.635 \sim 1.675$，$n_e = 1.610 \sim 1.650$）和双折射率（0.016～0.033）都随之增大。

练一练

1. 何为类质同象？类质同象有哪些类型？产生的条件是什么？

2. 引起晶质矿物化学成分变化的主要原因是________。

3. 类质同象替代根据质点替代数量，分为________类质同象替代和________类质同象替代。根据相互替代的离子电价是否相等，分为________类质同象替代和________类质同象替代。

4. C 的两种同质多象变体是________和________。

5. 类质同象中，决定对角线法则的最主要因素是（　　）。

A. 离子类型和键型　B. 原子或离子半径　C. 温度　D. 压力

6. 和方解石是同质多象的矿物是（　　）。

A. 文石　B. 白云石　C. 冰洲石　D. 冰晶石

7. 同种物质它们的结构单元层相同，仅叠置方式有所不同，称为（　　）。

A. 类质同象　B. 同质多象　C. 有序-无序　D. 多型

8. 同种化学成分的矿物，在不同的物理化学条件下，形成不同结构晶体的现象，称为（　　）。

A. 类质同象　B. 同质多象　C. 多型　D. 假象

9. 在矿物肉眼鉴定中，应该如何判断类质同象的存在。

10. 请找出宝石中同质多象现象的例子。

项目 11　认识胶体矿物和矿物中的水

学习目标

知识目标：准确掌握矿物中水的类型及其具体定义，并能够举例说明。

能力目标：根据矿物的具体形态明确区分出其内部的水的类型，并根据水的类型指出其涵盖的特征。

思政目标：通过了解矿物中的水和胶体矿物两个概念，了解矿物中的水与矿物岩石耐久性的关系，让学生了解玉石之所以能够作为我国文化内涵的传承载体，也是因为耐久性好能够永久的流传这一原因。

一、胶体矿物的化学组成特点

地壳中的矿物，除了大部分可依靠肉眼或显微镜分辨的显晶质体以外，还有一部分属于超显微的隐晶质体(即在光学显微镜下也不能区别其晶粒的矿物)，即通常所称的胶体矿物。它是一种物质的微粒(粒径 1～100nm)分散于另一种物质中所形成的混合物。由于它们的颗粒太细小，颗粒与颗粒之间又是呈无规则的杂乱排列的，因而在外形上不能自发地形成规则的几何多面体形态，各项宏观性质都具有均一性和各向同性的特点。所以，通常胶体矿物都被作为非晶质体来对待。

胶体矿物是由胶体形成的。我们知道，胶体是由分散相和分散媒所组成的一种不均匀的分散系。分散相和分散媒可以具有各种物态(固态、液态、气态)，同时它们可以有不同的组合。其中分散媒远多于分散相的胶体称为胶溶体；若分散相为固体且数量很多，以至各个分散相质点好像彼此黏着，而分散媒仿佛只占有分散相质点的剩余空间一样，整个胶体呈肉冻状、胶状或玻璃状的凝固态者，则称为胶凝体。

固态的胶体矿物基本上只有水胶凝体和结晶胶凝体两种。前者其分散媒为水，分散相是固体，即胶体粒子，如蛋白石(二氧化硅的胶凝体)、褐铁矿(氢氧化铁的胶凝体)等；而后者的分散媒为结晶质，分散相则为气体、液体、固体均可，最常见者是那些各种通常是无色不透明而被染成各种颜色或浑浊的矿物，如红色的重晶石(含氧化铁分散相)、黑色方解石(含硫化物或有机质分散相)、乳石英(含气体分散相)等。对于结晶胶溶体，通常都把它作为结晶体对待，而把分散于其中的分散相看成是包含于晶体中的杂质。因此，在矿物学中通常所说的胶体矿物，实际上都是指以水作为分散媒，以固相作为分散相的水胶凝体。胶体矿物由于其中的胶体粒子具有非常小的粒径，比表面积(总表面积与其体积之比)极大，从而具有很大的表面能。为了降低表面能，一种途径是使胶粒合并，以减小其表面积；另一种途径就是吸

附其他的物质。在前一种作用过程中，伴随着胶粒的合并并排除其间的水分，最终导致胶体矿物的晶质化，这种作用称为胶体的老化或晶化；后一种作用的结果是使在胶体粒子核的周围形成一个双离子层。

胶体粒子可以吸附介质中的离子，同时被吸附的离子在种类和数量上变化的范围比较大，加之构成胶体的分散相和分散媒的含量比也不固定，这就造成胶体矿物化学组成的复杂化和不固定性。不过，许多胶体的吸附作用常常是有选择性的，不同的胶体只吸附一定的物质，而对其他物质吸附很少或完全不吸附。根据胶体质点带有正、负电荷的不同，将胶体分为正胶体和负胶体两种，负胶体吸附介质中的阳离子，如 MnO_2 负胶体可以吸附 Cu^{2+}、Pb^{2+}、Zn^{2+}、Co^{2+}、Ni^{2+}、K^+、Li^+ 等 40 余种阳离子；正胶体吸附介质中的阴离子，如 $Fe(OH)_3$，正胶体还能吸附 V、P、As、Cr（呈络阴离子形式）等元素。因此，胶体矿物化学成分的变化还有某些规律可循。值得注意的是，胶体的选择性吸附常常对某些有用元素的富集具有重要意义，如上述的 MnO_2 胶体吸附 Ni^{2+}、CO^{2+} 等，当其达到一定量的富集时，便具有工业价值。

在自然界中，胶体矿物除少数形成于热液作用及火山作用外，绝大部分形成于表生作用中。表生作用中胶体矿物的形成，大体经历了两个阶段。首先是出露地表的矿物或矿物集合体，在风化过程中由于机械破碎和磨蚀而形成胶粒大小的质点（主要是结晶质的），当它们分散于水中即成为胶体溶液（水胶溶体）；然后胶体溶液在迁移过程中或汇聚于水盆地后，或因与带有相反电荷的质点发生电性中和而沉淀，或因水分蒸发而凝聚，从而形成各种胶体矿物（水胶凝体）。这个作用过程称为胶体溶液的凝结或胶凝。

已经形成的胶体矿物，随着时间的推移或热力学因素的改变，进一步发生脱水作用，颗粒逐渐增大而成为隐晶质，最终可转变成为显晶质矿物，由胶体晶化而形成的晶质矿物特称为变胶体矿物。变胶体矿物往往可以保留原胶体矿物的外貌，根据外貌特征，人们可以推测它原先是胶体矿物。此外，胶体矿物在晶化的过程中，伴随脱水作用发生体积的收缩，并使矿物的硬度及承压能力增大。这种特性是值得水文地质和工程地质工作者注意的。

二、矿物中的“水”

在很多矿物中，水是很重要的化学组成之一，并且它对矿物的许多性质有极重要的影响。但是，水在矿物中的存在形式却是很不相同的。在一些矿物中，水是以中性水（H_2O）分子形式存在的，它们之中有的在矿物晶体结构中起着结构单位的作用，其数量一定，如石膏 $Ca(H_2O)_2[SO_4]$中的水；而有的仅仅是被吸附在矿物颗粒的表面或缝隙中，其数量不定，与矿物的晶体结构关系不太密切甚至根本没有关系。另外一些矿物，如白云母 $K\{Al_2[AlSi_3O_{10}](OH)_2)\}$、水云母$(K,H_3O^+)\{Al_2[AlSi_3O_{10}](OH)_2\}$等，它们通常也被称为含水矿物，但这里并不存在真正的水分子——H_2O，而是以 OH^- 和 H_3O^+ 的形式像普通的离子一样存在于矿物的晶体结构中，除非矿物晶体结构破坏，否则它是不会以中性水分子形式出现的。因此，根据水在矿物中的存在形式和它与晶体结构的关系，可将矿物中的“水”分为吸附水、结晶水、结构水 3 种基本类型，以及性质介于吸附水与结晶水之间的层间水和沸石水两种过渡类型。

（一）吸附水

纯粹是由表面能而吸附存在于矿物表面或缝隙中的普通水，称为吸附水。其中附着于矿物颗粒表面的称为薄膜水；充填在矿物个体或集合体间细微裂隙中的称为毛细管水；作为分散媒吸附在胶粒表面上的称为胶体水。

在矿物中吸附水的含量一般随温度的不同而变化，它与矿物的晶体结构没有关系，仅以微弱的力与矿物联系着，在常压下，当加热到100～110℃时，可全部从矿物中逸出。在单矿物化学全分析资料中，这种水以 H_2O 表示，它不计入矿物的化学成分，一般在矿物化学式中都不予列出。但由于胶体水是水胶凝体矿物本身的固有特征，所以应当作为一种重要的组分列入矿物的化学成分，如蛋白石 $SiO_2 \cdot nH_2O$ 中的水就属于这种类型，其吸附水 nH_2O 写入化学式中，但与 SiO_2 没有一定的比例关系。其失水温度比较高，可达100～250℃。矿物中吸附水的存在，对矿物的风化起着很重要的作用。

（二）结晶水

结晶水是以中性水分子（H_2O）的形式存在于矿物晶格的一定位置上的水。这种水常常以一定的配位形式环绕着阳离子，而且其数量与矿物的其他组分的含量成简单的比例关系，如石膏 $Ca(H_2O)_2[SO_4]$、苏打 $Na_2(H_2O)_{10}[CO_3]$ 等中的水，即属这种类型。

结晶水大都出现在具有大半径络阴离子的含氧盐矿物中。这种现象，利用阴、阳离子呈稳定结构时其半径大小必须相互适应的晶体化学原理是不难加以解释的。因为，与大半径络阴离子相适应的势必也是大半径的阳离子，倘若成矿介质缺乏这种阳离子，而大量存在的却是与络阴离子的电价适应但半径较小的阳离子时，在这种情况下，小半径的阳离子在不改变电价的同时借助水化使自身体积加大，从而与大的络阴离子组成稳定的化合物。

结晶水，由于它扮演着结构单位的角色，因而受晶格的约束力比吸附水要大得多。欲使这样的水从晶格中释放出来，就需要有比较高的温度，一般都在200～500℃之间，个别矿物（如透视石）甚至可高达600℃。一些含结晶水的矿物，由于其中结晶水与晶格联系的紧密程度不同，因此，在加热过程中，从晶格中析出结晶水时的温度也不相同。如有的矿物当加热到某一温度时，晶格中的结晶水一次全部释放出来，而有的则不然，失水过程可表现出分期性。前者如芒硝 $Na_2(H_2O)_{10}[SO_4]$，当温度在33℃以上时，其中的10个结晶水全部脱离晶格，此时芒硝便变为无水芒硝 $Na_2[SO_4]$；后者如石膏 $Ca(H_2O)_2[SO_4]$，从80℃开始脱水，到120℃时，脱去原结晶水的3/4，形成半水石膏，当温度继续升高到130℃时，半水石膏中的水全部脱去成为硬石膏 $Ca[SO_4]$。由上述二例可见，伴随着结晶水的脱失，原矿物的晶体结构都要发生破坏或被改造，从而重建新的晶格成为另一种矿物。

（三）结构水

结构水也称化合水，是以 OH^-、H_3O^+ 离子的形式存在于矿物晶格中的“水”，其中尤以 OH^- 最为常见。如高岭石 $Al_4[Si_4O_{10}](OH)_8$、水云母 $(K,H_3O^+)\{Al_2[AlSi_3O_{10}](OH)_2\}$ 等中的“水”，就属这种类型。

结构水在晶格中占据严格的位置并有确定的含量比，与其他离子的联结基础也相当牢固(但 H_3O^+ 离子除外)。因此，除非在高温(一般均在 600～1000℃之间)结构遭到破坏的情况下，是不会结合成 H_2O 分子自晶格中逸出的。

和结晶水一样，结构水的失水温度也依矿物的种类不同而异。例如，高岭石的失水温度为 580℃，而滑石则为 950℃。有些矿物的结构水，只一次即可全部析出，有的则分几次，每次都有一个确定的温度与之对应。例如镁蠕绿泥石在 610℃时，析出“水镁石层”中的 OH^-；而后在 820℃时，再析出八面体层中的 OH^-。由于结构水是占据晶格位置的，所以脱水后晶格破坏是必然的。

据上所述，含结晶水和结构水的矿物，由于它们在受热过程中都有一个或几个固定的脱水温度，因此，运用热重分析法测定它们各自的脱水温度和相应的脱水量(质量百分比)即可准确地鉴定这类矿物。

(四)层间水

层间水是以中性水分子形式存在于某些具有层状结构的硅酸盐矿物中的水。在这里水分子呈层状分布于矿物晶体的结构层之间，并参与矿物晶格的构成，但数量可在相当大的范围内变动。这是因为某些层状硅酸盐矿物(如蒙脱石等)，其结构层本身的电价未达到平衡，在结构层的表面还有过剩的负电荷，这部分过剩的负电荷还要吸附其他金属阳离子，而后者又再吸附水分子，从而在相邻的结构层之间形成水分子层，即层间水。显然这种水的多少与吸附阳离子的种类有关，如在蒙脱石中，当吸附阳离子为 Na^+ 时在结构层之间常形成一个水分子层；若为 Ca^{2+} 时则经常形成两个水分子厚的水层。除此之外，层间水和吸附水类似，它的含量还随外界温度、湿度的变化而变化，即随温度与湿度的变化，水可以被吸入或排出。因此，层间水的性质介于结晶水与吸附水之间。

含有层间水的矿物，结构层之间的距离常随含水量的变化而改变，如蒙脱石吸水后晶胞的 c 值可由 0.96nm 剧增到 2.84nm，因而具有吸水膨胀的特性。而有的含层间水的矿物，由于层间水的存在，在加热时因水的气化压力可使层间距离扩大，从而表现出热膨胀性，如蛭石。层间水的脱水温度一般在 100～250℃之间。层间水脱失后，矿物原有的层状结构并不因之而破坏，但却可使它的层间距离缩小，相对密度和折射率增高。

最后还应当指出，某些矿物中的层间水，常可被一些极性有机分子溶液所置换。层间水的这一特性对石油等的形成以及对某些含层间水矿物的应用都具有重要的意义。

(五)沸石水

以中性水分子存在于沸石族矿物晶格中的水，故称为沸石水。这种水就其性质来说和层间水类似，也是介于结晶水与吸附水之间的一种特殊类型。沸石族矿物晶体结构的特点之一是都存在有大小不等的孔道，水分子就存在于这些孔道之中。分子则经常集结在占据晶格一定位置的阴离子周围，并与之发生配位，其含量有一个最高的上限值。此数值与矿物其他组分的含量有简单的比例关系，然而，沸石晶格中的各种孔道都是与外界相通的，因此随外界温度和湿度的改变，水可以通过孔道逸出或进入，即沸石水的含量也可在一定范围内变化。

沸石族矿物一般从 80℃开始失水，至 400℃时水全部析出，其析出过程是连续的。失水后原矿物的晶格不发生变化，只是它的一些物理性质（如透明度、折射率和相对密度）随失水量的增加而降低。失水后的沸石仍能重新吸水，并恢复到原来的含水限度，从而再现矿物原来的物理性质。

含有层间水和沸石水的矿物，大部分具有吸附性阳离子，而这些吸附性阳离子又可伴随着水分子的逸出或进入与介质中的阳离子发生交换，所以通常把这种吸附性阳离子又称为可交换阳离子，此类矿物的这种特性称为阳离子交换性质。

综上所述，除吸附水外，其他形式的水都是矿物的重要组成，并随其在矿物中的存在形式和性质不同，对矿物的晶体结构和物理性质产生不同的影响，含层间水及沸石水的矿物的阳离子交换性质又是引起此类矿物化学成分变化的重要原因，从而具有某种实用价值，所以详细研究水在矿物中的特性是很重要的，尤其对于从事石油、水文及工程地质的工作者来说，掌握上述各种水的特性将更具有特殊的意义。

认识矿物中的水

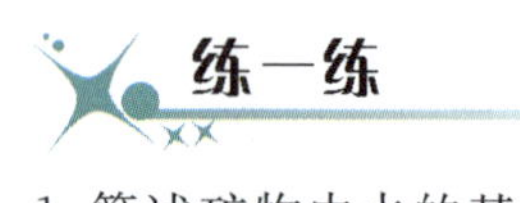

练一练

1、简述矿物中水的基本类型及其赋存方式。

2、蛋白石（$SiO_2 \cdot nH_2O$）中的水为________，石膏（$Ca(H_2O)_2[SO_4]$）中的水为________，高岭石（$Al_4[Si_4O_{10}](OH)_8$）中的水为________。

3、在以下矿物中的“水”中，哪一种“水”是没有参加晶格的（　　）

A. 结晶水　　B. 结构水　　C. 层间水　　D. 吸附水

项目 12　认识矿物的单体形态和集合体形态

学习目标

知识目标：通过对矿物晶体结晶习性、晶面特征的学习，认识并理解矿物的单体形态；通过对双晶、矿物集合体的学习，能理解和认识矿物的显晶、隐晶、胶态集合体形态。

能力目标：能结合实际晶体矿物的形态和特征，准确地观察和描述矿物的单体形态和集合体形态，并运用于矿物的肉眼鉴定。

思政目标：通过了解矿物中的单体形态和集体形态，了解在不同形态下的性质差异，在

实训操作中培养学生的纪律意识、团队意识和协作意识。

矿物的形态，包括矿物单体、连生体及集合体的形态，其中单体形态是研究的基础。一方面，不同的矿物常具有不同的晶形和形态特征，这是依据晶形和形态特征识别矿物的一个基本准则。另一方面，同一种矿物于不同的地质条件下，在其自身晶体结构限定的范围内又常常出现不同的结晶习性。因此，矿物的形态不仅是识别矿物的依据之一，同时也是探索矿物形成时所处地质条件的"向导"。

一、矿物单体的形态

在晶体生长过程中或在晶体长成后，总是不可避免地要受到外界复杂因素的影响，致使晶体不能按理想形态发育，从而不表现出理想晶体所应具有的全部特征。图1-12-1中水晶、橄榄石、电气石、绿柱石的理想形相同晶面大小相同，但实际晶面会受到温度、压力、生长空间等外界因素的影响，其形态不同于理想形态。对矿物单体的形态除按单形和聚形描述外，还应考察矿物单体的结晶习性和晶面特征。我们从晶体的对称出发，叙述了单形和聚形的问题，即一切晶体所可能具有的理想几何形态的问题。但在具体的每一种晶体上，其晶形除了不能超越这一可能性之外，各自还具有各自的特殊性。例如萤石的形态具有标型特征，它随着介质的pH值和离子浓度的变化而变化。在碱性溶液中结晶时，发育成立方体；在中性溶液中时，发育成菱形十二面体；在酸性介质中，发育成八面体。在不同的温度条件下，萤石依形成温度的不同，其晶体可以呈现出不同的晶体形态，如图1-12-2所示，在岩浆作用下发育成八面体，在高温热液条件下发育成菱形十二面体，在低温热液条件下发育成立方体，在沉积作用下晶形发育不好。

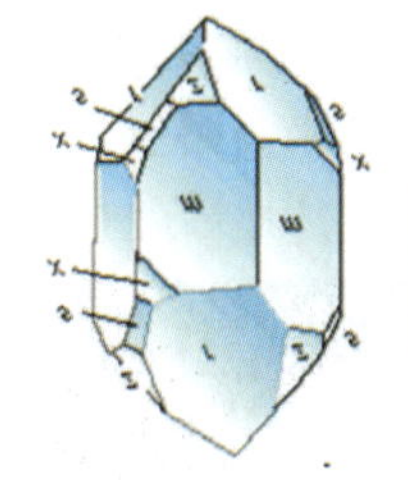
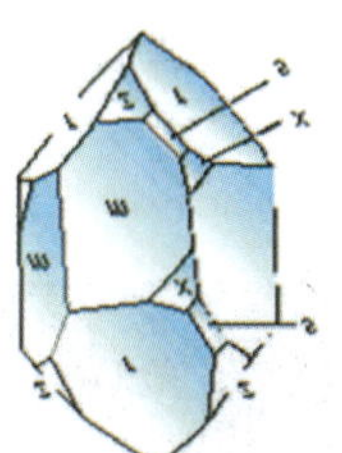

(a)水晶的理想形态

(b)水晶实际晶体形态

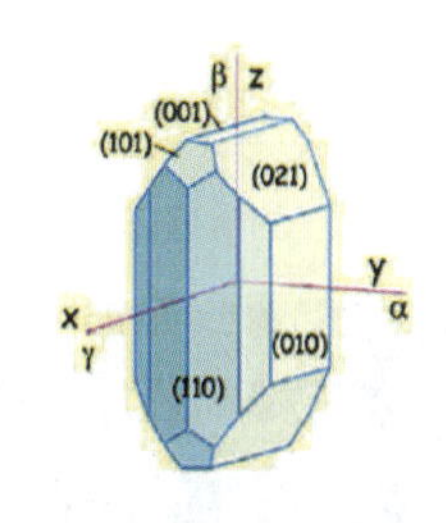

(c)橄榄石的理想形态

(d)橄榄石实际晶体形态

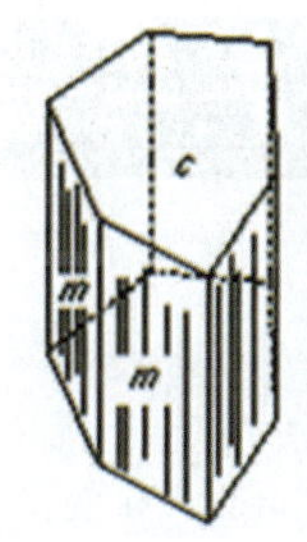

(e)电气石的理想形态

(f)电气石实际晶体形态

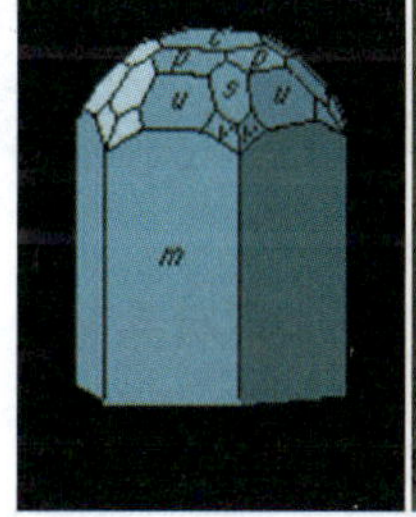

(g)绿柱石的理想形态

(h)绿柱石实际晶体形态

图1-12-1　晶体的理想形态和实际形态

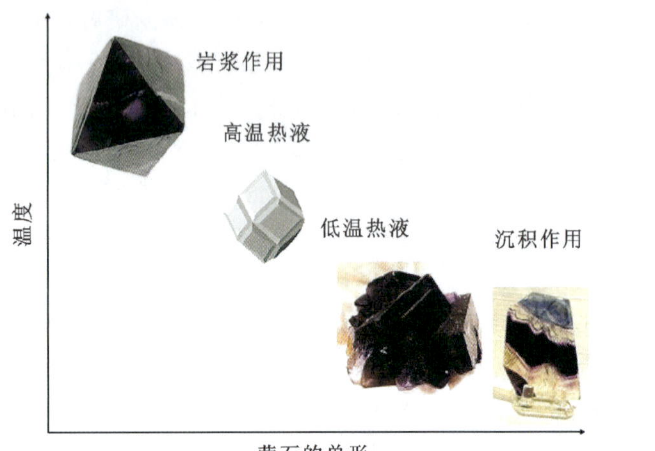

图 1-12-2　不同温度条件下形成的萤石晶体形态

认识理想晶体和实际晶体

(一)结晶习性

在相同的生长条件下，一定成分的同种矿物，总是有它自己的结晶形态。矿物晶体的这种性质，就叫作该矿物的结晶习性(简称晶习)。对矿物的结晶习性进行描述时，首先根据晶体的总的形态特征，即晶体在空间 3 个互相垂直的方向上发育的程度，将晶体归入 3 种基本类型中的某一种。然后再描述其发育的单形或晶体的总体形状。结晶习性的 3 种基本类型如下。

(1)一向延长：晶体沿一个方向特别发育，包括柱状、针状等。如柱状石英、针状水锰矿、金红石等(图 1-12-3)。

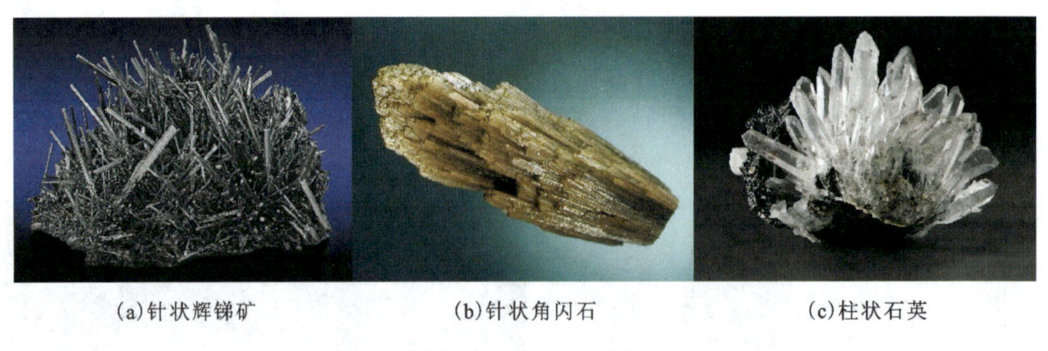

(a)针状辉锑矿　(b)针状角闪石　(c)柱状石英

图 1-12-3　一向延长

(2)二向延展：晶体沿两个方向特别发育，包括板状、片状等。前者如重晶石，后者如云母、石墨等(图 1-12-4)。

(a)板状重晶石

(b)片状云母

(c)片状石墨

图 1-12-4　二向延展

(3)三向等长：晶体沿 3 个方向大致相等发育，呈等轴状或粒状。如石榴石、黄铁矿、橄榄石等(图 1-12-5)。

(a)等轴粒状黄铁矿

(b)等轴粒状石榴石

(c)粒状橄榄石

图 1-12-5　三向等长

矿物晶体之所以具有结晶习性，主要是由它的内部结构和形成条件所决定的。例如角闪石、辉石这类结构中具有链状络阴离子团的矿物，常沿着链的联结方向发育成柱状或针状，云母、绿泥石这类结构中具有层状络阴离子团的矿物，常常平行结构层的方向形成片状或板状。此外，按布拉维法则，晶体上最发育的单形晶面都是对应于结构中质点密度较大的面网或行列的，前者如石盐的立方体{100}，后者如石榴石的菱形十二面体{110}。

关于结晶形态与形成条件的关系问题比较复杂，其中许多问题至今还不能得出满意的解释。这里仅以石盐为例概略地说明这方面的一些研究情况。在石盐结晶过程中，溶液中各组分的相对浓度对它的形态有着很大的影响。当溶液中正、负离子的浓度基本平衡时，由这两种离子共同组成的质点密度最大的(100)晶面发育，形成立方体晶体，但当溶液中正、负离子不均衡时，则由同种离子所组成的质点密度最大的(111)晶面发育，从而形成八面体晶体。

决定结晶习性的外部条件，除上述的组分浓度外，还有温度、压力及介质的酸碱度等。

总之，矿物晶体的实际外形是以晶体的内部结构为依据，以形成时的外部环境为条件的综合反映。晶体的内部结构决定着在晶体上可能出现的或出现几率最大的单形种类，形成条件则十分具体地确定了在可能出现的单形种类中实际形成的单形应是哪些。

（二）晶面特征

实际矿物晶体的晶面，都不是理想的平面。晶体由于生长和溶蚀，在晶体表面常常出现这样或那样的花纹，有的花纹用肉眼或低倍放大镜可直接观察到，即晶面花纹。但是，晶面中有些极精细的花纹不为肉眼所见。所以，长期以来，人们认为大量的晶面是光亮平滑的。但由于高分辨率的扫描电子显微镜、相衬显微镜、微分干涉显微镜和多光束干涉仪等现代光学仪器的出现，使得晶体表面微观现象的观察达到了以纳米为数量级的分子层厚度，晶体花纹的研究深入到晶体表面微形貌与生长机制的新领域。晶面花纹对不同的矿物来说都有着各自的特色，因此，它可作为矿物的鉴定标志。

晶体表面微形貌包括：晶体条纹、生长纹、螺丝纹、生长丘和蚀象等。

(1)晶面条纹：是指晶面上由一系列所谓的邻接面构成的直线状条纹。它是在晶体生长过程中，由相互邻接的两个单形的狭长晶面交替发育而形成的。例如石英柱面上的横纹，就是六方柱与菱面体晶面交替发育的结果；黄铁矿的晶面条纹则是由立方体与五角十二面体两种单形的晶面交替发育形成的。所以晶面条纹也称生长条纹或聚形条纹。

在一个晶体上，同一单形的各晶面，只要有条纹出现，它的样式和分布状况总是相同的。因此，利用晶面条纹的特征，不仅可以鉴定矿物，而且还有助于作单形分析和对称分析。图1-12-6为几种常见矿物的晶面条纹。

(a)水晶的横纹　(b)方柱石的纵纹　(c)黄铁矿的三组相互垂直的条纹

图1-12-6　几种常见矿物的晶面条纹

在观察晶面的表面特征时，应该注意区分聚形条纹与双晶条纹。双晶条纹实际上是一系列聚片双晶的接合面与晶面或解理面的交线，因此，它不仅在某种晶面上可以见到，而且在某些方向的解理面上也清晰可见。然而，聚形条纹只出现在某种晶面上，在解理面上是看不到的。此外，双晶条纹粗细均匀，而聚形条纹一般粗细不均匀。

(2)蚀象：蚀象是晶面因受溶蚀而遗留下来的一种具一定形状的小凹坑，分布主要受晶面内质点排列方式的控制，所以，不仅不同种类的晶体，其蚀象的形状和位向一般不同，就是同一晶体不同单形的晶面上，蚀象的形状和位向一般也是不相同的；反之，晶体上性质相同的

晶面上的蚀象相同，而且同一晶体上属于一种单形的晶面其蚀象也必然相同。因此，蚀象也可用来鉴定矿物、分析单形和确定对称性。图 1-12-7 表示石英晶体上的蚀象。根据蚀象可以判断出，α-石英的对称为 $L^3 3L^2$，并且 α-石英晶体上的蚀象还显示出石英的左形和右形。

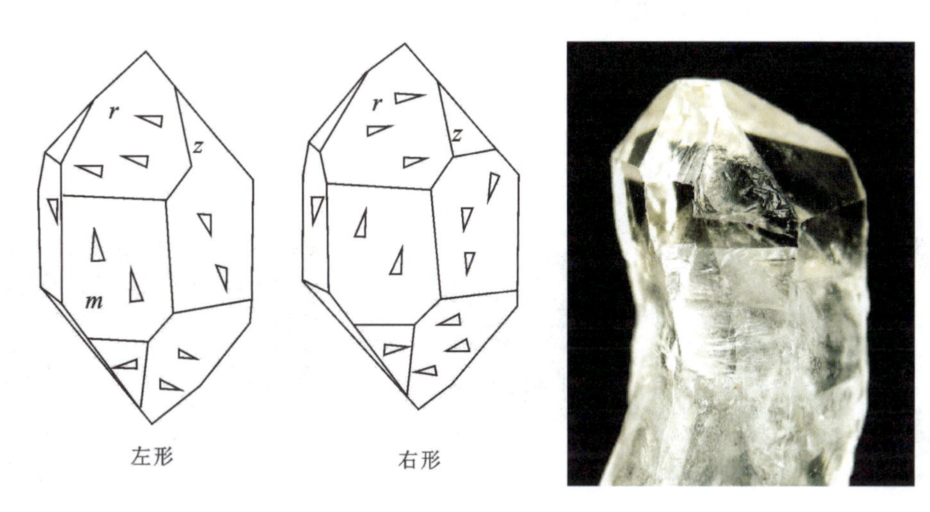

(a)理想形态　　(b)实际晶体

图 1-12-7　石英晶面上的蚀象

二、矿物集合体的形态

同种矿物的许多个体聚集在一起的群体叫作矿物集合体。自然界的矿物大多是以集合体的形式出现的，对于结晶质矿物来说，其集合体形态主要取决于单体的形态和它们集合的方式；而对于胶体矿物来说，其集合体形态则依形成条件而定。

对矿物集合体作描述时，可分以下两种情况。

认识矿物单体和集合体形态

（一）显晶集合体

用肉眼或放大镜可以分辨出各个矿物颗粒界限的集合体叫显晶集合体。在描述这类集合体时应注意矿物单体的形状、大小和集合方式。显晶集合体大体有以下几种。

(1)粒状集合体：由各方向发育大致相等的颗粒组成的集合体，叫作粒状集合体[图 1-12-8(a)]。按颗粒大小，又可分为粗粒状集合体(直径>5mm)、中粒状集合体(直径 1～5mm)和细粒状

(直径<1mm)集合体。

(2)片状或鳞片状集合体：如果单体呈片状，则按片状的大小，分别叫作片状集合体[图1-12-8(b)]或鳞片状集合体。

(3)柱状、针状集合体：如果单体为一向延长的，则按其粗细及排列情况，分别叫作柱状集合体、针状集合体[图1-12-8(c)]、纤维状集合体[图1-12-8(d)]及放射状集合体[图1-12-8(e)]等。

如果一群发育完好的晶体，丛生于同一基底，而另一端向自由空间发育，则叫作晶簇[图1-12-8(f)]。此外，有些用放大镜也难区分矿物颗粒界限的集合体，统称为块状集合体。

(a)大理岩粒状集合体　(b)云母片状集合体　(c)辉锑矿针状集合体

(d)石棉纤维状集合体　(e)菊花石放射状集合体　(f)水晶晶簇状集合体

图1-12-8　矿物集合体形态

(二)隐晶及胶态集合体

隐晶质集合体只能在显微镜的高倍镜下才能分辨出它的单体，而胶态集合体因不存在单体，故笼统地称之为集合体。

隐晶质集合体，可以由溶(熔)液直接凝结而成，也可以由胶体矿物老化而成。胶体由于表面张力的作用，常使集合体趋向于形成球状外貌，胶体老化后，常变成隐晶质或显晶质，其内部形成放射状或纤维状构造，按其外形和成因可分为以下几种类型。

(1)分泌体：岩石中的球状或不规则形状的空洞，被胶体溶液从洞壁开始逐层地向中心渗透沉淀充填而成，中心经常留有空腔，有时其中还长有晶簇。由于溶液的周期性沉淀，常出现环带构造，大的叫晶腺(大于1cm)，小的叫杏仁体(一般小于1cm)，前者如玛瑙[图1-12-9(a)]，后者如火山岩中的杏仁体。

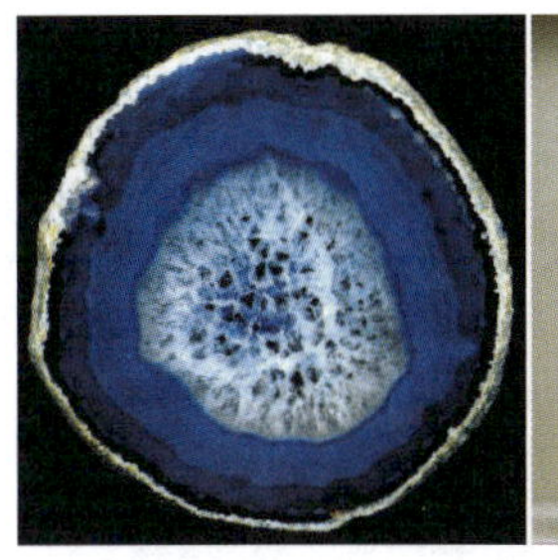

(a)玛瑙分泌体

(b)铁胆石结核体

(c)赤铁矿鲕状集合体

(d)葡萄石葡萄状集合体

(e)钟乳石钟乳状体

(f)软锰矿树枝状集合体

图 1-12-9　隐晶质集合体

(2)结核体：按其形成过程来说，结核体与分泌体不同，它是围绕某一核心由内向外发育而成的球体、凸镜状或瘤状的矿物集合体。结核的大小通常直径在 1cm 以上，多存在于沉积岩中，系胶体作用而成。内部常具同心层状构造，当胶体老化后，往往可以看到有细长的晶体从中心向外呈放射状排列，而具放射状构造，如黄铁矿结核[图 1-12-9(b)]等。结核也可出现在疏松的沉积物中，如我国北方黄土中的钙质结核。

(3)鲕状及豆状体：由许多形状如同鱼卵大小的球粒所组成的集合体，称为鲕状集合体[图 1-12-9(c)]，形状、大小如豆的称豆状集合体。它们通常为胶体溶液沉淀而成。胶体物质开始围绕悬浮状态的细沙、有机质碎屑或气泡等凝聚，当到一定大小时，便沉于水底，由于水体的流动，鲕粒还可在水下不断滚动而继续增大。两者都具有明显的同心层状构造。

(4)钟乳状体：由溶液或胶体失水而逐渐凝聚形成的集合体。将其形状与常见物体类比而给予不同的名称，如葡萄状[图 1-12-9(d)]、肾状、钟乳状[图 1-12-13(e)]等。附着于洞穴顶部形成下垂的钟乳体称为石钟乳；而溶液滴到洞穴底部自下而上生长的称为石笋；石钟乳和石笋连接起来则称为石柱。它们均沿铅直方向生长，如若倾斜，则可据以推断地壳变动及其方向。钟乳状体常具同心层状、放射状、致密状或结晶粒状构造，这是凝胶再结晶的结果。此外，在描述矿物集合体时，还经常用到其他一些术语，例如，粉末状矿物集合体、土状集合体、树枝状集合体(图 1-12-9f)以及沉积在矿物或岩石表面的矿物薄膜称之为被膜状集合体。被膜较厚者又叫作皮壳，而由可溶性盐类形成的被膜特称为盐华等。

一定的矿物常呈现某种集合体形态，同时，某些集合体形态还常与一定的成因相联系。所以，矿物集合体的形态，一方面可作为鉴定矿物的依据之一，另一方面也可作为矿物的成因标志之一。

小结

矿物的形态

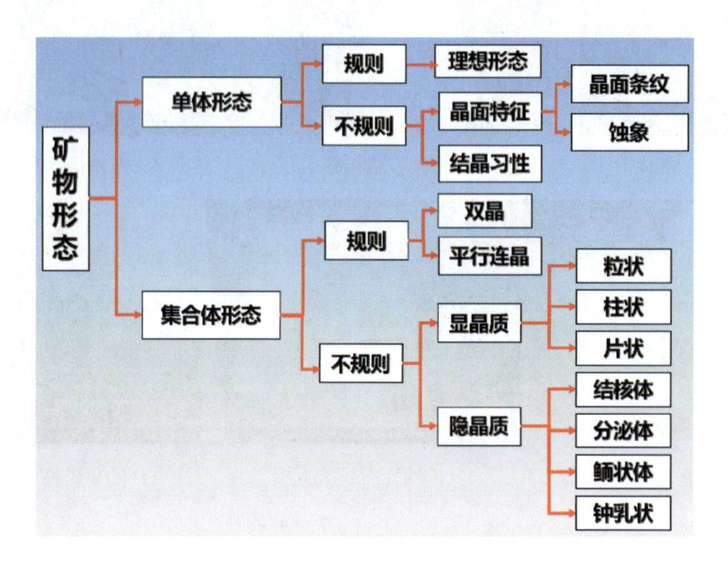

知识链接

形态是矿物的重要外表特征之一。它决定于矿物的化学成分和内部结构，因此可以作为矿物的重要鉴定特征。例如，斜长石的晶体常呈板状；石榴石的晶体常呈粒状，有时还成为规则的四角三八面体或菱形十二面体；角闪石晶体则经常呈柱状。这些都是它们的重要鉴定特征。

矿物形成时的环境对形态也有重要影响，所以，形态还是研究矿物成因的重要标志。矿物单晶体的形态包括晶体的形状、结晶习性、晶体的大小及晶面花纹等；规则连生晶体的形态是指双晶、平行连晶及不同矿物晶体间浮生的外形特征；矿物集合体的形态通常是指同种矿物集合在一起所构成的形态，它取决于矿物单体的形状及其排列的方式。

思考题

1. 方柱石、绿柱石、电气石都是呈柱状习性的中级晶族晶体，为什么总沿着 c 轴方向延伸，如果呈板状习性的中级晶族晶体，它们应平行于晶体的什么方向延伸？

2. 为什么说在一个晶体上，同一单形的各晶面，只要有条纹出现，它的形状和分布状况总是相同的？

3. 矿物集合体有哪些种类，它们主要的鉴别特征是什么？

项目 13　认识矿物的颜色

学习目标

知识目标：理解光的波长以及颜色等相关概念，深入认识矿物对可见光的选择性吸收的原理。

能力目标：能够阐述矿物的颜色是如何产生的，能够将矿物的颜色类型等概念运用到矿物的鉴定当中。

思政目标：通过对矿物颜色形成的了解，让学生理解矿物的美，将在理论与实践的差异中体悟"崇实笃行"的重要性，培养学生脚踏实地的专业素养。

矿物的颜色是矿物最明显、最直观的物理性质，对鉴定矿物具有重要的实际意义。

一、光的概念

光是一种以极大的速度通过空间传播能量的电磁波，它具有波动性。电磁波是在空间运动传播着的电磁振动（变化的电磁场），电磁振动方向垂直其传播方向，即电磁波属一种横波，因而光波也是一种横波（图 1－13－1）。

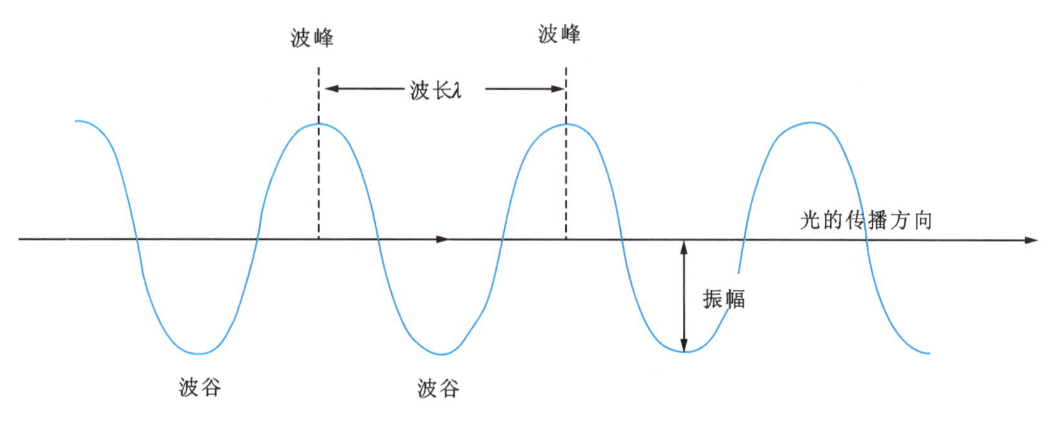

图 1－13－1　光的本质是电磁波

整个电磁波为一广阔的区段，从波长较长的无线电波直到波长较短的 γ 射线。将各种波长的电磁波按其波长顺序排列，即构成电磁波谱。

在整个电磁波谱中，能引起人眼视觉感知的仅占很小部分（图 1－13－2）。物理学上将波长在 380～760nm 之间可以被人的肉眼视觉感知的光称为可见光。不同波长的可见光具有不同的颜色，它们从长波一端向短波一端的顺序依次为红色、橙色、黄色、绿色、蓝色、紫色，两个相邻颜色之间可有一系列过渡色。

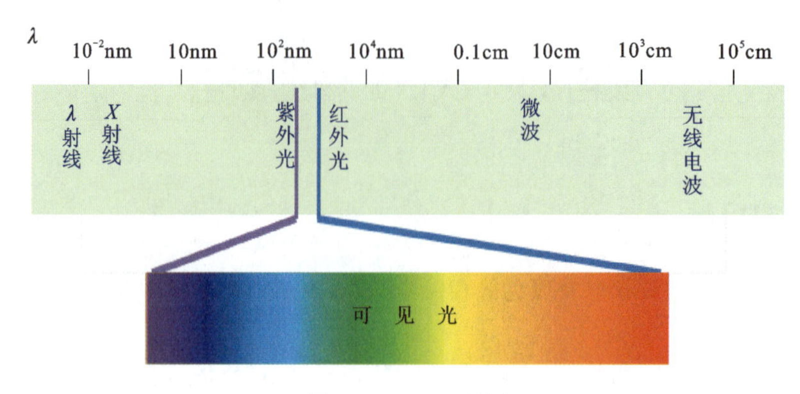

图 1-13-2　可见光

二、矿物的颜色

矿物的颜色，主要是由于矿物吸收可见光后而产生的。光波被矿物吸收后，使得其中某种原子的电子从基态跃迁到激发态，只要基态和激发态的能量差等于可见光的能量，矿物便显出颜色。所显现的颜色为被吸收色光的补色，它们之间的关系如表 1-13-1 所示。如果矿物对各种波长的色光均匀吸收，视其吸收程度的不同，可以呈黑色或不同浓度的灰色；如果对各种波长的色光基本上都不吸收时，则为无色或白色。另外，当矿物对光波多次反射和散射时，由于光波之间发生的干涉，也可使矿物呈色。

表 1-13-1　吸收光的波长、颜色及其补色

吸收光		补色（观察到的颜色）	吸收光		补色（观察到的颜色）
波长(nm)	颜色		波长(nm)	颜色	
400	紫	绿黄	530	黄绿	紫
425	深蓝	黄	550	橙黄	深蓝
450	蓝	橙	590	橙	蓝
490	蓝绿	红	640	红	蓝绿
510	绿	玫瑰	730	玫瑰	绿

三、矿物颜色成因

矿物的颜色，根据产生的原因与矿物本身的关系，可分为自色、他色和假色 3 种。

(1)自色：即矿物本身固有的颜色，对同一种矿物来说，一般是比较固定的，如黄铜矿的铜黄色，绿松石的蓝绿色(图 1-13-3)，孔雀石的翠绿色(图 1-13-4)，蓝铜矿的深蓝色(图 1-13-5)，磁铁矿的铁黑色等。

图 1-13-3　绿松石

图 1-13-4　孔雀石

图 1-13-5　蓝铜矿

矿物自色主要与矿物的化学组成和晶体结构有关。大部分是由于组成矿物的原子或离子受可见光能量的激发，发生电子跃迁或转移造成的。但对于各种矿物来说，其呈色机理又有不同，主要有以下 4 种情况。

a. 电子内部跃迁：这是含过渡金属元素和镧系、锕系元素的矿物呈色的基本方式，过渡金属元素（包括镧系、锕系元素）具有未填满的外电子层（d 或 f）结构，它们在晶体结构中受配位体的作用，原来属于同一能级的 d 轨道或 f 轨道将发生能级分裂，分裂后的能级之间的能量差，一般在可见光区段内。于是，当自然光射到矿物上时，因受光的激发，就会引起这些 d 电子或 f 电子由低能级向高能级跃迁。在这个过程中，电子吸收某种波长的色光，从而使矿物呈现出被吸收光颜色的补色。呈色的深浅则与电子发生跃迁的几率有关。由于电子的这种跃迁是发生在过渡元素离子的 d 轨道或 f 轨道内部，故称之为电子内部跃迁或内电子跃迁。显然，由此引起的呈色，都以矿物内部存在过渡元素离子为条件，所以通常又将能使矿物呈色的这些离子称为色素离子。主要的色素离子有：Ti、V、Cr、Mn、Fe、Co、Ni、Cu 以及 U、Tr 等元素的离子。

b. 离子间的电子转移：在晶体结构中，相邻离子间因受高能量紫外线的诱发，可使离子之间发生电子转移。在这种过程中所产生的紫外区吸收带可扩展到可见光区域，形成带色的透射光使矿物呈色。在同一矿物的晶体结构中，当有两种或两种以上价态的同种元素的离子共存时，电子转移的这种过程最容易发生，如普通辉石、普通角闪石、黑云母的红棕色，就是由于 $Fe^{2+} \rightarrow Fe^{3+}$ 之间电子的转移所引起的。很明显，这种过程实质上是光化学的氧化还原反应。

c. 带隙跃迁：许多硫化物、砷化物矿物的颜色，常常是由于矿物晶体受光照射时，电子吸收光子从价带跃迁到导带而造成的。例如 CdS（硫镉矿）的黄色，就是由于吸收波长较短的蓝色和紫色光促使电子从价带跃迁到导带而产生的。

d. 色心：根据原子结构模型，自由原子中的每个电子，都位于一定的能级上，各能级相互分立而不相连续。但在晶体结构中，由于原子间的距离很小，每一个原子的外层电子都与邻近原子中的电子发生强烈的相互作用，结果使得原来分立的各电子能级，各自分裂为一组能级，这些能级之间的能量差很小，它们分布在具有一定宽度的能量范围内，构成能带（图 1-13-6）。完全被电子所占据的能带称为满带，部分占据的称为导带，相邻能带之间的能量范围称为禁带。在一般透明矿物晶体中，原子内部禁带的宽度（即它的能量差），要比可见光所具有的能量大，因此，在正常情况下，可见光不足以激发电子，使它们向较高的能带跃迁。但是，当晶体结构中有色心存在时，这种电子跃迁过程便可以发生，从而引起矿物对可见光的选择性吸收，并产生颜色。色心是能够吸收可见光的一种晶格缺陷。

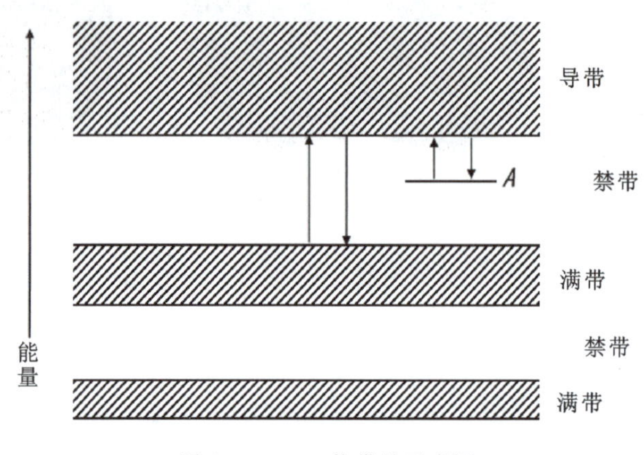

图 1-13-6　能带的示意图

矿物中当某种元素的含量过剩、存在杂质离子以及晶格的机械变形等，均可形成色心。例如 NaCl 晶体中，当 Na 过剩，也即 Cl 缺位时，对整个晶格来讲空位就成了一个带正电荷的中心，它能捕获附近 Na 原子中的电子，发生相应的电子转移，并吸收蓝色—深蓝色的色光而呈现黄棕色。此外，像方解石等矿物，受应力发生变形，产生晶格缺陷，也会引起色心的形成。大部分碱金属和碱土金属化合物的呈色现象，主要与色心的存在有关。

引起矿物呈色的原因是极其复杂的，其中最普遍、最主要的是色素离子和色心的存在。矿物的自色主要由内部因素所决定，所以它对鉴定矿物具有重要的意义。

（2）他色：是指矿物因含外来带色杂质（一般与色素离子有关）而引起的一种颜色。显然，他色的具体颜色将随机械混入物（杂质）的不同而异，因而通常是不固定的。但是，机械混入物的成分，有时也与矿物本身的结构和成因有关，对某些矿物可以是相对比较固定的。因此，他色也可作为鉴定某些矿物的辅助依据。

（3）假色：是指由某些物理因素所引起的呈色现象，而且这种物理过程的发生，不是直接由矿物本身所固有的成分或结构所决定的。例如，拉长石由于特殊的结构导对光的干涉自己衍射，在表面形成了晕彩效应（图 1-13-7）。当出现假色时，可帮助我们鉴定。黄铜矿表面因氧化薄膜所引起的锖色（蓝紫混杂的斑驳色彩）。

矿物的颜色多种多样，在描述矿物的颜色时，通常所采用的原则是简明、通俗、力求确切，合乎这个原则的方法之一是选择最常见的物体作比喻，如铅灰、铁黑、天蓝、樱红、乳白等。当矿物的色彩是由多种色调构成时便采用双重命名法，如黄绿、橙黄等；如系同一种颜色，但在色调上有深浅、浓淡之分时，则在色别之前加上适当的形容词，如深蓝、暗绿、虾红等。

图 1-13-7　拉长石的晕彩

认识矿物的颜色

知识链接

根据中国颜色体系国家标准，表征颜色的三个重要的物理量分别为：色相、明度、彩度。

1. 色相(Hue)

色相(也称为色彩)是颜色的主要标志量，是各颜色之间相互区别的重要参数，红、橙、黄、绿、青、蓝、紫及其他的一些混合色名均是由色相的不同而加以区分之。色相的划分并非绝对，常见 6 色、8 色、20 色、100 色，但无论数目多少，其划分方法仅有一种，即把各色相按太阳光谱中的波长顺序进行排列，构成一个色谱带(图 1-13-8)。彩色宝石的色相取决于对可见光的选择性吸收程度。

图 1-13-8　色谱带

2. 明度(Value)

明度(也称亮度或色调)指光对宝石的透、反射程度，对光源来讲，即相当于它的亮度。明度是人眼对宝石表面的明暗感觉，一般而言，宝石的光反射率越高，明度越高。

3. 彩度(Chroma)

彩度(也称饱和度)指彩色的浓度或彩色光所呈现颜色的深浅和鲜艳程度。对于同一色相的彩色光，其彩度越高，颜色就越深，或越纯；反之彩度越小，颜色就越浅，或纯度越低。

想一想

生活当中我们会看到哪些物体具有假色？

项目 14　认识矿物的条痕、光泽、透明度

学习目标

知识目标：认识矿物的条痕、光泽、透明度相关概念。

能力目标：能准确地观察和描述矿物的条痕、光泽和透明度，并掌握通过条痕、光泽和透明度进行矿物肉眼鉴定方法。

思政目标：通过对矿物条痕、光泽、透明度的了解，让学生进一步理解矿物的美，带领大家建立正确的审美情趣。

一、条痕(粉末色)

条痕是矿物在条痕板(粗白瓷板)上擦划后留下的痕迹(实际是矿物的粉末)的颜色(图 1－14－1)。由于它消除了假色，减低了他色，因而比矿物颗粒的颜色更为固定，故可用来鉴定矿物。如黄铜矿与黄铁矿，外表颜色近似，但黄铜矿的条痕颜色为带绿的黑色，而黄铁矿的条痕为黑色，据此，可以区别它们。另外，同种矿物，有时可出现不同的颜色。如块状赤铁矿，有的为黑色，有的为红色，但它们的条痕都是樱红色(或鲜猪肝色)。条痕对不透明矿物的鉴定很重要，但透明矿物的条痕大都是白、灰白等浅色，因此，对这类矿物来讲，条痕就失去了鉴定矿物的意义。

图 1－14－1　不同矿物的条痕颜色

认识矿物的条痕、光泽、透明度

二、光泽

矿物的光泽是指矿物表面对可见光的反射能力。主要取决于矿物对光的折射和吸收程度。对大多数矿物来说，它们光泽的强弱主要由反射光的光量来决定，但对于那些具有狭带隙半导体及自然金属的矿物，它们的光泽除反映反射光量之外，还有因电子从导带向价带跃迁时所发射的可见光的光亮。矿物的光泽，通常根据反射光由强到弱的次序，可分为四个级别：金属光泽、半金属光泽、金刚光泽及玻璃光泽。后二者的光泽较弱，统称非金属光泽，一般非金属矿物有此种光泽。

光泽也可作为鉴定矿物的依据之一，也是评价宝石的重要标志。

(1)金属光泽：一般指反射率 R＞0.25 者，宛如金属抛光后所产生的光泽。金属光泽也是矿物光泽的一种，一些硫化物和氧化物矿物，如黄铁矿、方铅矿、镜铁矿的光泽，犹如一般的金属磨光面那样的光泽(图 1－14－2)。

(2)半金属光泽：比新鲜的金属抛光面略暗一些，如同陈旧的金属器皿表面所反射的光泽，反射较差，暗淡有光。如磁铁矿的光泽，如同一般未经磨光的金属表面的那种光泽(图 1－14－3)。

图 1－14－2　金属光泽

图 1－14－3　半金属光泽

(3)金刚光泽：是矿物非金属光泽的一种，是指如同金刚石等宝石的磨光面上所反射的光泽，但不具金属感。如金刚石、闪锌矿的光泽，像钻石所呈现的那种光泽(图 1－14－4)。

(4)玻璃光泽：不具金属感，反光较弱，像普通玻璃表面的光泽。如石英、方解石的光泽(图 1－14－5)。

此外，由于反射光受到矿物的颜色、表面平坦程度及集合方式等的影响，常常呈现出一些特殊的变异光泽，由集合体或表面特征所引起的特殊光泽有：油脂光泽、树脂光泽、蜡状光泽、丝绢光泽、珍珠光泽等。

(1)油脂光泽：颜色浅，具有玻璃光泽或金刚光泽的矿物，在它的不平坦断面上所呈现光泽如同油脂面上见到的那种光泽。如石英的晶面为玻璃光泽，断口为油脂光泽(图 1－14－6)。

(2)树脂光泽：颜色黄色—黄褐色、具金刚光泽的矿物，如闪锌矿、雄黄等，在它们的不平坦面上，可以见到像松香等树脂平面所呈现的那样的光泽(图 1－14－7)。

图 1-14-4　金刚光泽

图 1-14-5　玻璃光泽

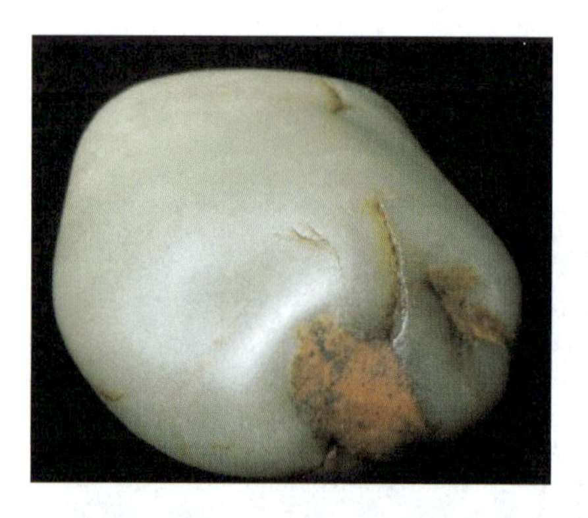

图 1-14-6　油脂光泽

图 1-14-7　树脂光泽

(3)蜡状光泽:由于隐晶质或细微的颗粒所造成,呈现出如石蜡表面的光泽,如蛇纹石、滑石、蛋白石,石髓等(图 1-14-8)。

(4)丝绢光泽:在透明、具玻璃光泽且个体细小呈纤维状集合体或解理完全的矿物中,如石棉、纤维石膏等,具有像蚕丝或丝织品那样的光泽(图 1-14-9)。

图 1-14-8　蜡状光泽

图 1-14-9　丝绢光泽

(5)珍珠光泽:解理发育的浅色透明矿物,如白云母、滑石等,在它们的解理面上所看到的那种像贝壳凹面上呈现的那种柔和而多彩的光泽。

矿物的光泽,主要决定于矿物所具有的化学键的性质。具有金属键的矿物,一般呈现金属或半金属光泽;具有共价键或离子键的矿物,一般呈现金刚光泽或玻璃光泽。矿物表面的平坦程度及矿物的集合体方式等,对矿物的光泽也有一定的影响。因此,矿物的光泽也是矿物的重要鉴定特征之一。

三、透明度

矿物允许可见光透过的程度,称为矿物的透明度。它取决于矿物对光的吸收率和矿物的薄厚等因素。金属矿物吸收率高,一般都不透明;非金属矿物吸收率低,一般都是透明的。在观察矿物的透明度时,为了消除厚度的影响,通常是隔着矿物的破碎刃边(或薄片)观察光源一侧的物体。根据所见物体的清晰程度,可将矿物的透明度大体分为透明、亚透明、半透明、微透明和不透明5种。

(1)透明:矿物能允许绝大部分的透射光透过,隔着这种矿物的薄片可以清晰地看到位于其另一侧的物体的轮廓细节,这样的矿物称为透明矿物。如石英、长石、方解石等。

(2)亚透明:矿物能够允许较多的光透过,但是仅仅能够观察到矿物背后物体的轮廓,无法观察到相关的细节。亚透明的矿物主要是一些带有较浅颜色的单晶类矿物,比如紫水晶、黄水晶、托帕石、红宝石、蓝宝石等等。

(3)半透明:矿物可允许部分透射光透过,隔着这种矿物的薄片能够看到另一侧有物体存在,但分辨不清轮廓,这样的矿物称为半透明矿物。如辰砂、雄黄等。

(4)微透明:仅仅能够在矿物的边缘看到有少量的光透过,通过矿物较厚的部位,则看不到矿物背后的物体,很多玉石都属于微透明级别,如黑曜石、和田玉等。

(5)不透明:矿物基本上不允许可见光透过,这样的矿物为不透明矿物。如磁铁矿、方铅矿、石墨等。

矿物的颜色、条痕、光泽和透明度,都是可见光作用于矿物时所表现的性质,它们之间是彼此关联的,掌握其间的关系,将有助于对上述各项性质作出正确的判断。其关系如表1-14-1所示。

表1-14-1　矿物的颜色、条痕、光泽和透明度的相互关系

<table>
<tr><td>颜色</td><td>无色或白色</td><td>浅(彩)色</td><td>深色</td><td>金属色</td></tr>
<tr><td>条痕</td><td>无色或白色</td><td>无色或白色</td><td>浅色或彩色</td><td>深色或金属色</td></tr>
<tr><td>光泽</td><td colspan="4">玻璃—金刚—半金属—金属</td></tr>
<tr><td>透明度</td><td colspan="4">透明—亚透明—半透明—微透明—不透明</td></tr>
</table>

知识链接

光泽是宝石的重要性质之一。在宝石的肉眼鉴定中，光泽可以提供一些重要的信息。经验丰富的鉴定人员，可以凭借光泽的特征将部分仿制品剔除或对不同的宝石品种进行初步的鉴定。如在斯里兰卡购买的一种混装宝石，其中主要的品种有尖晶石、锆石、石榴石，有经验者可以凭借锆石的亚金刚光泽而将锆石初选出来。如果鉴定者对粗糙的宝石断面有较深刻的认识，光泽可帮助鉴定未切割的宝石。可以利用放大镜来观察宝石的断面，玉髓、软玉等宝石其断面多具有油脂光泽，而绿柱石等单晶宝石的断面则多具玻璃光泽。

虽然光泽可以作为宝石鉴定的依据之一，但是光泽不是绝对的鉴定依据，它需要与其他手段相配合，才能对宝石作出准确的鉴定。因为光泽除受自身因素影响之外，还会受到抛光程度等的影响。金刚光泽在宝石中是一种很强的光泽，但如果将一块切割和抛光不良的钻石与一块切割抛光都十分好的锆石放在一起，在近距离的明亮光线下观察，单凭光泽，即使内行人也很难分得出来。

非均质矿物晶体的光泽具有各向异性，相同单形的晶面表现相同的光泽，不同单形的晶面光泽略有差异。

练一练

自色、他色和假色的区别，如何利用其鉴别矿物？

项目 15　认识矿物的力学性质

学习目标

知识目标：认识矿物的解理、裂理、断口、硬度等力学性质的概念。

能力目标：能较为深刻地理解和分析矿物的解理、裂理和断口；能准确地观察和描述矿物的各种力学性质。

思政目标：通过对矿物力学性质的学习，让学生理解宝石的坚韧不屈与人格的类比，对古人将玉与君子的品德类比进行了解，认识“玉有德”，并以此鞭策自己的行为。并从力学性质中了解宝石的加工过程，从而理解宝石中的“工匠精神”。

矿物的力学性质，是指矿物在外力作用下表现出来的各种物理性质，如解理、裂理（裂开）、断口、硬度、延展性、弹性和脆性等。其中以解理和硬度对矿物的鉴定最有意义。

一、解理、裂理和断口

1. 解理

矿物晶体在外力作用下，沿着一定的结晶学方向破裂成一系列光滑平面的性质，叫解

理。裂成的光滑平面，叫解理面。

根据得到解理的难易，解理片的厚薄，解理面的大小及平整光滑程度，将解理分成5级。

(1)极完全解理：极易获得解理，解理面大而平坦，极光滑，解理面极薄，如云母、石墨等的解理(图1-15-1)。

(2)完全解理：易获得解理，常裂成规则的解理块，解理面较大，光滑而平坦，如方解石、方铅矿等的解理(图1-15-2)。

图1-15-1　极完全解理

图1-15-2　完全解理

(3)中等解理：较易得到解理，但解理面不大，平坦和光滑程度也较差，碎块上既有解理面又有断口，如普通辉石等的解理(图1-15-3)。

(4)不完全解理：较难得到解理，解理面小且不光滑，碎块上主要是断口，如磷灰石、绿柱石等的解理(图1-15-4)。

图1-15-3　中等解理

图1-15-4　不完全解理

(5)极不完全解理：很难得到解理，仅在显微镜下偶尔可见零星的解理缝，如石英、石榴石、磁铁矿等均无解理。

只有结晶质矿物才具有解理。解理面的方向和获得解理的难易程度，严格地受晶体结构控制。解理常垂直面网间结合力较弱的方向发生。它反映了晶体结构中不同方向上面网间结合力的差异性。

解理通常发生在面网密度大的面网、电性中和的面网(原子面)、两层同号离子相邻的面网以及键力较弱的面网之间。这是由于上述面网间的结合力均较弱的缘故。

由于解理总是平行于晶体结构中的面网发生的,所以,如果晶体中平行某种面网有解理存在的话,那么,与该面网构成对称重复的其他方向的面网也应该同样存在性质相同的解理。因此,晶体上的解理面,可以用单形符号来表示。如方铅矿平行于{100}的解理,就代表平行于(100)、(010)和(001)3 个方向上的解理,由对称关系可知,这 3 个方向上的解理性质是完全相同的,它们应属同一种解理。

不同种的矿物,其解理特征不同,有的无解理,有的有一组解理,而有的则可有发育程度不同的几组解理。如斜方晶系的重晶石有 3 组解理:平行{001}的一组为完全解理,平行{210}的为一组中等解理,平行{010}的为一组不完全解理。

解理是结晶质矿物的一种稳定的物理性质,它不因外界因素的影响而改变。因此,它是鉴定矿物的重要依据之一。

2. 裂理

矿物受外力作用,有时可沿一定的结晶学方向裂成平面的性质,称为裂理或裂开。与解理的成因不同,裂开通常是沿着双晶结合面特别是聚片双晶的结合面发生,或因晶格中某一定方向的面网间存在它种物质的夹层而造成定向破裂。前者如刚玉的{$10\bar{1}1$}裂理(图 1-15-5),后者如磁铁矿的{111}裂理,显然,裂理只出现在同种矿物的某些个体上,对鉴定矿物只有辅助意义。

图 1-15-5　刚玉的裂理

认识矿物的力学性质

3. 断口

具极不完全解理的矿物,尤其是没有解理的晶质和非晶质矿物,它们受外力打击后,都会发生无一定方向的破裂,其破裂面就是断口。这些矿物的断口,常各自有着固定的形状,因此也能作为鉴定矿物的辅助依据。

根据断口的形状特征,断口可分为:

(1)贝壳状断口:呈椭圆形的光滑曲面,并具同心圆纹,和贝壳相似。如石英和一些非晶质矿物断口。

(2)锯齿状断口:呈尖锐锯齿状,如自然铜的断口。

(3)纤维状断口:呈纤维丝状,如石棉的断口。

(4)参差状断口:呈参差不平的形状,如磷灰石的断口。大多数矿物具此断口。

(5)平坦状断口:断面平坦,如块状高岭石的断口。

二、硬度

矿物的硬度是指矿物抵抗刻划、压入或研磨能力的大小。它是矿物物理性质中比较固定的性质之一,因而也是矿物的一个重要鉴定特征。

在矿物的肉眼鉴定工作中,通常用刻划的方法,来测定被鉴定矿物的硬度,即摩氏硬度。

度量时,可由下列10种矿物(表1-15-1、图1-15-6)的硬度构成的摩氏硬度计作为硬度等级的标准。其他矿物的硬度是由摩氏硬度计中的标准矿物互相刻划,相比较来确定的。例如,黄铁矿能轻微刻伤正长石,但不能刻伤石英,而本身却能被石英所刻伤,因此,黄铁矿的摩氏硬度为6～6.5。矿物学中一般所列的硬度都是摩氏硬度。

表1-15-1　摩氏硬度计

矿物名称	摩氏硬度	矿物名称	摩氏硬度
滑石	1	正长石	6
石膏	2	石英	7
方解石	3	黄玉	8
萤石	4	刚玉	9
磷灰石	5	金刚石	10

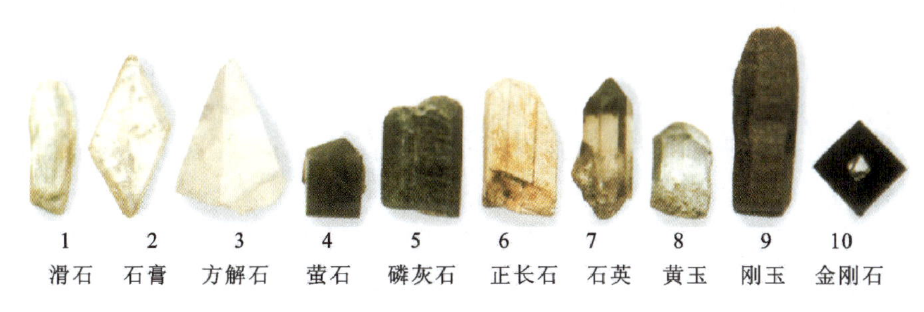

图1-15-6　摩氏硬度计十种矿物

在野外工作中,用摩氏硬度计中的矿物作为比较标准有时不够方便,因此,常借用指甲(硬度2～2.5)、铜具(3)、小刀(5～5.5)、瓷器碎片(6～6.5)等代替标准硬度的矿物来帮助测定被鉴定矿物的硬度。

在测矿物硬度时,必须在纯净、新鲜的单个矿物晶体(晶粒)上进行。刻划时,用力要缓而均匀,如有打滑感,表明被刻矿物的硬度大;若有阻塞感,表明被刻矿物的硬度小。

摩氏硬度是一种相对硬度,尽管较粗略,使用却极为方便。本教材后述章节中,如不加特别说明,所述的硬度都是摩氏硬度。

对矿物,特别是不透明矿物作详细研究时,常需测定矿物的绝对硬度,通常采用绝对硬度值的方法测定,称为维氏硬度(H_v)。

矿物硬度的大小,主要决定于晶体结构中联结质点间的键力强弱。键力强,矿物抵抗外力作用的强度就大,相应地矿物的硬度就高。具典型共价键的矿物,硬度最高;具分子键的矿物,硬度最低;具金属键的矿物,硬度一般也是比较低的;具有离子键的矿物,在结构类型相同时,其硬度的高低,主要取决于组成矿物的离子的电价和离子间距。矿物的硬度随离子间距的减小或离子电价的增高而增高。如萤石(CaF_2)和方钍石(ThO_2),它们的阴、阳离子间的距离相近(分别为0.243nm和0.242nm),但由于Th^{4+}与O^{2-}的电价比Ca^{2+}和F^-的电价高,故方钍石的硬度(6.5)高于萤石的硬度(4)。又如方解石Ca[CO_3]和菱镁矿Mg[CO_3]上它们的阴、阳离子的电价都相同,但由于Mg^{2+}的半径(0.066nm)小于Ca^{2+}的半径(0.108nm),因而菱镁矿的硬度(4.5)大于方解石的硬度(3)。此外在离子的电价和半径相近的情况下,堆积密度越高(即阳离子配位数越高)的矿物,其硬度越大。如方解石和文石,成分相同,但方解石的相对密度为2.72(Ca^{2+}的配位数为6)。文石的相对密度为2.95(Ca^{2+}的配位数为9),与此相应,方解石的硬度为3,而文石的硬度为4。最后,在矿物晶体结构中如有OH^-或H_2O水分子存在时,矿物的硬度就会显著降低,例如硬石膏Ca[SO_4]的硬度为3~5,而石膏$Ca(H_2O)_2[SO_4]$的硬度为2。

矿物的硬度,不仅不同矿物有所不同,即使在同一矿物晶体的不同方位上,也有差异,蓝晶石是最突出的例子,在它的(100)晶面上,平行于晶体延长方向的硬度为4.5,而垂直于晶体延长方向的硬度则为6.5~7。显然,这是晶体各向异性的一种表现。所有矿物的硬度都应该是随方向而异的,只不过一般不明显罢了。

三、其他力学性质

(1)脆性:是指矿物受外力作用时易破碎性质。大多数离子晶格的矿物具此种性质,如石盐、方解石等。

(2)延展性:是指矿物在锤击或拉伸下,容易成为薄片或细丝的性质。这是具金属晶格矿物的一种特性,如自然金等。

(3)弹性:是指矿物在外力作用下发生弯曲形变,当外力解除后又恢复原状的性质,如云母、石棉等。

(4)挠性:是指矿物受外力作用发生弯曲形变,当外力作用取消后不能恢复原状的性质,如滑石、绿泥石等。

解理、裂理和断口的区别与联系。

项目 16　认识矿物的其他性质

学习目标

知识目标：对矿物的密度和相对密度、矿物的磁性、矿物的压电性以及矿物的发光性等其他性质的概念及特点做深入认识。

能力目标：应用矿物学基本理论和方法，判断和描述矿物的其他性质，并运用于矿物的肉眼鉴定。

思政目标：学生将在理论与实践的差异中体悟“崇实笃行”的重要性，培养学生脚踏实地的专业素养。

一、矿物的密度和相对密度

在物理学中，密度指某种物质单位体积的质量，用符号 ρ 表示。通常以物质的质量 m 与其体积 v 的比值来度量，定义式为：

$$\rho = m/v$$

密度的计量单位为 g/cm^3。密度是矿物重要的性质之一，并与矿物的晶体化学和晶体结构密切相关，如原子量、离(原)子半径的大小和结构堆积的紧密程度等。晶体结构与其形成过程的物理化学环境有关。石墨与金刚石同为碳元素组成，但二者结晶环境不同，晶体结构各异，密度也相差甚远：石墨的密度为 $2.09g/cm^3 \sim 2.23g/cm^3$，金刚石的密度为 $3.47g/cm^3 \sim 3.56g/cm^3$。矿物的密度值可利用浮力法使用分析天平精确测定，或根据矿物的晶胞大小及其所含的分子数和分子质量计算而得出。

尽管度量密度有助于鉴定矿物(宝石)，但在实际测试过程中，许多刻面宝石、不规则晶体及形态各异雕件的体积是难以精确测定的。

由于密度的测定与计算十分复杂，在宝石学中并不直接测量宝石的密度，而是测定其相对密度。相对密度是指矿物(宝石)的质量与同体积 4℃ 水的质量的比值，属无量纲。由于相对密度容易测定，而其值与密度值十分接近，二者换算系数仅 0.0001，完全可以把相对密度值作为密度的近似值，因而相对密度在宝石鉴定中得到了广泛的应用。相对密度的测定方法有多种，宝石学中常用静水称重法，其计算公式为：

$$\text{相对密度(SG)} = \frac{\text{宝石在空气中的质量}}{\text{宝石在空气中的质量} - \text{宝石在 4℃ 水中的质量}}$$

相对密度是矿物的重要物理参数之一，在鉴定和分选上具重要的意义。必须指出，同一种宝石，由于化学成分的变化、类质同象的替代和包体、裂隙的存在均会影响宝石的相对密度。

知识链接

阿基米德定律：

密度测量是依据阿基米德原理来实现的。该原理说明：浸入静止流体（气体或液体）中的物体会受到浮力作用（图 1-16-1），其大小等于该物体所排开的流体质量，方向竖直向上并通过所排开流体的形心，即 $F_{浮}=G_{液排}=mg_{液排}=gV_{排}\rho_{液}$（$V_{排}$ 表述物体排开液体的体积）。

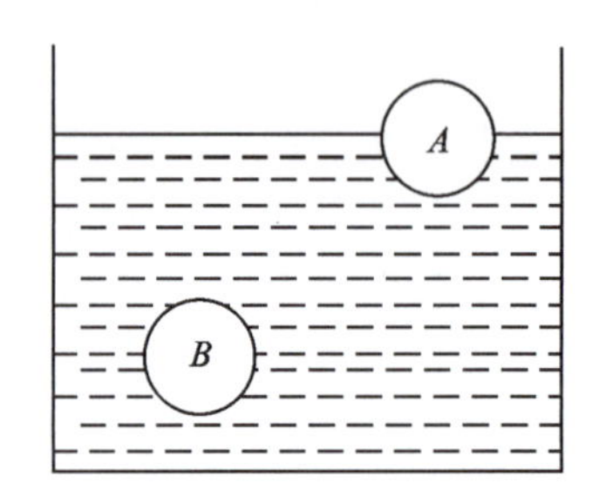

图 1-16-1　物体在水中的状态

A. 漂浮；B. 悬浮

矿物密度的范围相当大，可从 1.00g/cm^3（如琥珀）到 23.00g/cm^3（如铂族矿物）。手标本鉴定中，通常是凭经验用手掂量，故而将矿物的相对密度分为 3 级。

（1）轻级：相对密度小于 2.50，如石盐（2.10～2.20）、石膏（2.30）等。

（2）中等：对大多数非金属矿物而言，它们的相对密度均在 2.50～4.00 之间，如石英（2.65）、方解石（2.71）、萤石（3.18）和金刚石（3.52）等。

（3）重级：相对密度大于 4.00。硫化物和大多数金属矿物的相对密度基本上都大于 4.00，如白钨矿（5.90～6.10）、锡石（6.80～7.10）、方铅矿（7.40～7.60）、黑钨矿（7.00～7.50）等。

密度是矿物的一种特性，不同的矿物种属由于其组成矿物元素的原子量、原子或离子半径大小以及结构形式不同，其密度一般是不尽相同的。在矿物之间用相对密度做比较时注意所取矿物的体积要相近，而且必须是纯净、新鲜的单矿物块体。

知识链接

密度天平的使用步骤：

（1）开机预热，在任意应用程序下选择“菜单”键，在菜单中选择“CAL”。

（2）选择 CAL-内部，用内部标定砝码对天平进行标定/校准。

（3）将天平归零，使其显示 0.00g。

（4）在任意应用程序下选择“菜单”键，在菜单中选择密度标志。

（5）针对不同温度的蒸馏水设定液体密度。

（6）用准备好的密度称量工具对天平去皮归零。

（7）将样本放于称重盘上，称重显示在空气中的质量，按输入键保存。

(8)将样本放入密度称量工具的支架上，称重在介质中的质量并按输入键保存。

(9)天平自动计算出样本的密度并显示该数值。

注：确保样本完全浸入液体中，且标本未产生任何气泡。

常见宝石的密度(数据来源于GB/T16553—2017《珠宝玉石 鉴定》)，见表1-16-1。

表1-16-1 常见宝石的密度

宝石	密度(g/cm³)	宝石	密度(g/cm³)	宝石	密度(g/cm³)
钻石	3.52(±0.01)	红宝石	4.00(±0.05)	蓝宝石	4.00(+0.10,-0.05)
金绿宝石	3.73(±0.02)	猫眼	3.73(±0.02)	变石	3.73(±0.02)
长石	2.55～2.75	锆石	3.90～4.73	绿柱石	2.72(+0.18,-0.05)
托帕石	3.53(±0.04)	堇青石	2.61(±0.05)	方柱石	2.60～2.74
碧玺	3.06(+0.20,-0.60)	橄榄石	3.34(+0.14,-0.07)	尖晶石	3.60(+0.10,-0.03)
水晶	2.66(+0.03,-0.02)	祖母绿	2.72(+0.18,-0.05)	海蓝宝石	2.72(+0.18,-0.05)
月光石	2.58(±0.03)	天河石	2.56(±0.02)	日光石	2.65(+0.02,-0.03)
拉长石	2.70(±0.05)	榍石	3.52(±0.02)	磷灰石	3.18(±0.05)
柱晶石	3.30(+0.05,-0.03)	黝帘石	3.35(+0.10,-0.25)	绿帘石	3.40(+0.10,-0.15)
辉石	3.10～3.52	矽线石	3.25(+0.02,-0.11)	红柱石	3.17(±0.04)
普通辉石	3.23～3.52	透辉石	3.29(+0.11,-0.07)	顽火辉石	3.25(+0.15,-0.02)
赛黄晶	3.00(±0.03)	锂辉石	3.18(±0.03)	磷铝钠石	2.97(±0.03)
蓝晶石	3.68(+0.01,-0.12)	鱼眼石	2.40(±0.10)	天蓝石	3.09(+0.08,-0.01)
符山石	3.40(+0.10,-0.15)	硼铝镁石	3.48(±0.02)	塔菲石	3.61(±0.01)
蓝锥矿	3.68(+0.01,-0.07)	重晶石	4.50(+0.10,-0.20)	天青石	3.87～4.30
方解石	2.70(±0.05)	斧石	3.29(+0.07,-0.03)	锡石	6.95(±0.08)
磷铝锂石	3.02(±0.04)	透视石	3.30(±0.05)	蓝柱石	3.08(+0.04,-0.08)
蓝方石	2.42～2.50	硅铍石	2.95(±0.05)	闪锌矿	3.9～4.1，随铁含量的增加而降低

二、矿物的磁性

矿物的磁性是指在外磁场作用下，矿物被磁化时而呈现出能被外磁场所吸引、排斥以及被磁化的矿物对外界产生磁场的性质等。在物理学中，根据物体在外磁场中被磁化的强弱可以分为弱磁性和强磁性两类。强磁性物体不仅易被强烈磁化，且本身还能对外界产生磁场，因而它们既可被永久磁铁所吸引，本身又能吸引铁针等物体。

在矿物的肉眼鉴定工作中，一般用永久磁铁测试，通常按矿物磁性强弱分为三级。

强磁性：矿物块体或较大的颗粒能被吸引，如磁铁矿、磁黄铁矿等。

弱磁性：矿物粉末能被吸引，如铬铁矿、黑钨矿等。

无磁性：矿物粉末也不能被吸引。绝大多数矿物都属于此类，如黄铁矿等。

在矿物手标本鉴定中，一般使用永久磁铁作为测试工具。因而磁性只是对具有强磁性的矿物有效，如磁铁矿、磁黄铁矿等。目前矿物磁性在矿物鉴定、分选、找矿勘探和古地磁等方面都具有重要的研究意义。

矿物的磁性分类

铁磁性矿物：矿物受外界磁场作用下，具有吸引的现象，并为外磁场永久磁化，产生新的磁性载体，并形成一个新的磁场，吸引其他磁性物质，这种矿物称铁磁性矿物，如磁铁矿、磁黄铁矿。

顺磁性矿物：矿物受外界磁场作用下，产生的感应磁性稍大，其磁化方向与外磁场方向相同，磁化率不大，为正值，具有吸引磁性物质的现象，但自身不能形成磁场，吸引其他磁性物质，这种矿物称顺磁性矿物，如铬铁矿、赤铁矿、黑钨矿。

逆磁性矿物：矿物受外界磁场作用下，产生很弱的感应磁场，其磁化方向与外磁场方向相反，磁化率很小，表现为被永久磁铁所排斥，具排斥的现象，这种矿物称逆磁性矿物，如黄铁矿、自然铋。

三、导电性和荷电性

矿物对电流的传导能力，称为矿物的导电性。矿物的导电能力差别很大，有些矿物几乎完全不导电，如石棉、云母等，是绝缘体；有些极易导电，如自然金属矿物和某些金属硫化物，是电的良导体；某些矿物当温度增高时导电性增强，温度降低时具绝缘体性质，导电性介于导体与绝缘体之间的叫作半导体，如闪锌矿等。

矿物的导电性主要取决于化学键的性质，具金属键的矿物因其结构中有自由电子存在，所以导电性强；具离子键或共价键矿物结构中一般不存在自由电子，所以导电性弱或不导电。

矿物在外部能量作用下，能激起矿物晶体表面荷电的性质，称为矿物的荷电性。具有荷电性的矿物，其导电性极弱或不具导电性。荷电性可分为压电性和热电性。

1. 压电性

压电性是指某些矿物晶体，当受到定向压力或张力作用时，能激起晶体表面荷电的现象，如α-石英（属 $L^3 3L^2-32$ 对称型），如图 1-16-2 所示，垂直晶体的一个 L^2 切下一块晶片，在平行于该 L^2 的方向对晶片施加压力时，晶片的两个侧面上就出现数量相等而符号相反的电荷，如果以张力代替压力时，则电荷变号。这是由于当晶体受应力作用时，引起晶格变形，使晶体总的电偶极矩发生改变，从而激起晶体表面荷电，矿物的压电性只发生在无对称中心、具有极性轴的各类矿物中。

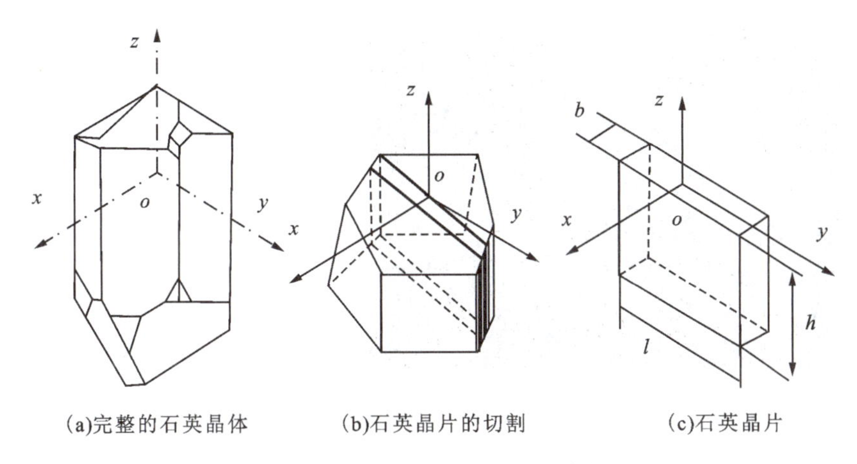

图 1－16－2　压电石英的切片方向

2. 热电性

热电性是指某些矿物晶体，当受热或冷却时，能激起矿物晶体表面荷电的现象，例如，当加热电气石晶体（属 $L^3 3P-3m$ 对称型）时，在晶体的 L^3 两端，就出现数量相等符号相反的电荷，矿物的热电性主要存在于无对称中心，具有极轴的电介质矿物晶体中。

显然，矿物的荷电性可以帮助人们确定晶体的真实对称，此外，荷电性在现代科学技术中也有广泛的应用。

四、发光性

矿物受到外界能量的激发时，能发出可见光的性质，称为矿物的发光性。能激发矿物发光的因素很多，如加热、摩擦以及阴极射线、紫外线、X 射线等的照射，都可使某些矿物发出一定颜色的可见光。例如萤石、磷灰石等矿物在加热时，即可出现热发光现象。

矿物发光的实质是，矿物晶体结构中的质点受外界能量的激发，发生电子跃迁，当电子由激发态回到基态的过程中，便将吸收的部分能量以可见光的形式释放出来，波长的不同、发光时间的长短决定了发出光的颜色和性质，按发光的性质不同，发光性分为荧光和磷光。

1. 荧光

矿物在受外界能量激发时发光，激发源撤除后发光立即停止的现象叫荧光。如某些矿物受到紫外光辐照时，会受到激发而发出可见光，不同的品种甚至同一品种的不同样品，因其组成元素或微量杂质元素的不同，可呈现不同的荧光反应，表现不同的荧光颜色及荧光强度（图 1－16－3）。根据荧光强度及有无荧光反应可分为强、中、弱、无。

2. 磷光

矿物在受外界能量激发时发光，激发源撤除后仍能继续发光一段时间的现象叫磷光，如磷灰石的热发光等。

图 1-16-3　各种荧光矿物在长波紫外线下的表现

认识矿物的其他物理性质

知识链接

发光性的意义

矿物的发光性对一些矿物的鉴定、找矿和选矿都具有很大的实际意义。值得指出的是，近年来热发光技术在地质学中得到广泛地应用，如地质年龄测定、地层对比、岩相古地理及地质温度计等。特别是在石油地质方面，利用某些矿物或岩石的热发光效应进行地层对比、岩相古地理分析及碳酸盐岩的相对年龄测定等早已引起人们的重视，与其他方法配合应用，可取得满意的结果。有些矿物对人们的五官能引起特殊的感觉，如滑石、叶蜡石有滑腻感，硝石有冷感，含砷矿物以锤击之有蒜臭味，石盐有咸味等。矿物的这些性质也都可以用来鉴定。

练一练

1. 肉眼鉴定中相对密度如何分级？
2. 什么是矿物的荧光？什么是矿物的磷光？举例说明。

项目 17　认识矿物的成因

学习目标

知识目标：通过对形成矿物的地质作用、矿物的共生组合、矿物的标型等，对矿物的成因做深入认识。

能力目标：将矿物的地质作用特征、形成条件运用于矿物的肉眼鉴定。

思政目标：了解矿物的成因，矿物岩石漫长复杂的地球演化史，让学生领会到绿水青山

就是金山银山，进而合理利用矿物资源。

矿物是地质作用的产物，它的形成、稳定和变化都受一定地质作用过程所处的物理化学条件所制约，同时环境的物理化学条件的差异又往往导致矿物在成分、结构、形态及物理性质上的细微变化。本项目就形成矿物的地质作用的特征、影响矿物形成的条件及其形成后的变化等问题，做必要的概述。

一、形成矿物的地质原因(作用)

矿物的成因通常是根据地质作用的类型来划分的。根据形成矿物的地质作用的性质和能量来源的不同，一般可分为内生作用、外生作用和变质作用(如图1-17-1)。

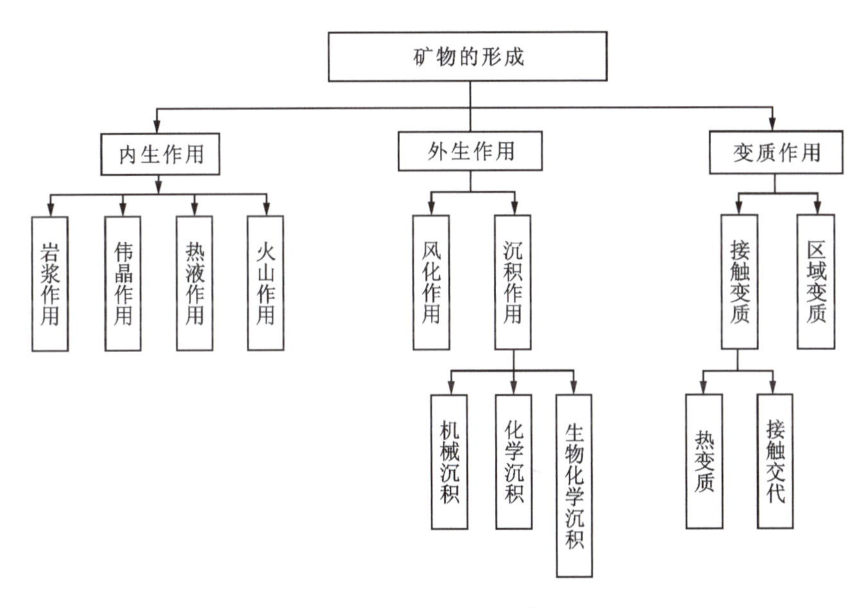

图1-17-1　矿物的形成

(一)内生作用

内生作用一般指与地壳深部岩浆活动有关的全部作用过程，形成矿物的物质和能量主要是来源于地球内部。物质来自地壳和地幔，能量来源于放射性元素的蜕变能、地球的重力能、地幔及岩浆的热能等地球的内能。内生作用包括岩浆作用、伟晶作用、热液作用及火山作用等各种复杂的作用过程，其中除火山作用可达到地表外，其他各种作用都是在地壳内部，即在较高的温度和压力下发生并进行的。

岩浆是成分极为复杂的硅酸盐熔体，它主要由O、Si、Fe、C、Mg、Na、K等造岩元素组成，并含有少量的挥发分和重金属元素。在地壳运动过程中，岩浆常沿一些深的断裂运移，随着温度、压力及其他物理化学条件的改变，岩浆中的各种组分便以不同的状态自熔融体中分离出来，形成各种矿物。按形成矿物时的物理化学条件不同将内生作用进一步分为岩浆作用、伟晶作用和气化—热液作用。

1. 岩浆作用

岩浆作用是指从岩浆熔体中结晶而形成矿物的作用。矿物是在高温（800～2000℃）、高压（5×10^8～20×10^8Pa）下从岩浆中结晶出来的。参与这一作用的主要元素为造岩元素（K、Na、Ca、Mg、Al、Si 等）和铁族元素（Ti、V、Cr、Mn、Fe、Co、Ni 等），岩浆主要是由离子构成的熔体，在这种熔体中存在着所谓的“群聚态组”，即由硅氧四面体聚合成为$(Si_xO_y)^{n-}$类型的硅氧络阴离子和由氧围绕金属阳离子组成配位氧合离子的复杂体系，当熔体的浓度和成分变化时，“群聚态组”会发生各种复杂的分解和结合，从而结晶出不同类型的硅酸盐矿物，铁族元素除参与形成部分硅酸盐矿物外，还可形成氧化物、硫化物和少量自然元素矿物。

岩浆作用中元素析出的顺序主要受质量作用定律和能量状态的支配，一般按 Mg—Fe—Ca—Na—K 的顺序析出，故先形成的矿物为铁镁矿物（橄榄石，斜方辉石等），中期形成的为含钙矿物（基性斜长石、单斜辉石、角闪石等），晚期形成的则主要是含钾和钠的矿物（酸性斜长石、钾长石、白云母等），最后过剩的 SiO_2 形成石英。由于这些都是构成岩浆岩的主要矿物，所以统称它们为造岩矿物。

岩浆岩成分不同，所形成的矿物种类、组合和含量有明显差异，如表 1－17－1 所示。

表 1－17－1　各类岩浆岩的矿物成分

岩石类型	主要矿物	次要矿物
超基性岩	橄榄石，斜方辉石	铬铁矿，金刚石，铂族矿物，不含石英
基性岩	斜方辉石，普通辉石，基性斜长石	磷灰石、铂族矿物，磁铁矿、钛铁矿、铬铁矿
中性岩	普通辉石，普通角闪石，黑云母，中性斜长石	磁铁矿、磷灰石、榍石、锆石
酸性岩	黑云母，白云母，酸性斜长石，正长石，石英	白云母，铌钽矿物，放射性及稀土元素矿物 锆石、磷灰石、榍石、磁铁矿亚族、电气石、绿帘石、独居石

2. 伟晶作用

伟晶作用是在地表下约 3～8km 的高温（约 400～700℃）、高压（1×10^8～3×10^8Pa），富含挥发分和稀有、放射性元素（Li、Be、Cs、Rb、Nb、Ta、U、Th 等）的残余岩浆体系中，形成伟晶岩及有关矿物的地质作用。

伟晶作用中形成的主要矿物与有关深成岩相似，如常见的花岗伟晶岩主要由钾长石、钠长石、云母、石英等矿物组成。最明显的特点是：结晶粗大，挥发分（F、Cl、B、OH 等）的矿物（如黄玉、电气石、白云母、长石等）和稀有元素的矿物（如绿柱石、锂辉石等）显著富集，常可形成稀有性元素、放射性元素的矿床和白云母等非金属矿床。

3. 气化—热液作用

气化—热液作用是指从气水溶液到热水溶液的过程中形成矿物的作用。通常所说的气化—热液系指岩浆期后热液，它是由在岩浆侵入并冷却的过程中，从中分泌出来的以 H_2O 为主的含有许多金属元素的挥发性组分，随着温度的下降，从气水溶液转变而成热水溶液。

当其沿裂隙向围岩运移渗透的过程中，还可从围岩中淋滤和溶解部分成矿物质，在适当条件下，所携带的金属元素等成矿物质发生沉淀后生成矿物。

除岩浆期后热液外，还有变质热液和地下水热液。前者主要是由沉积岩在变质作用过程中所释放出来的孔隙水以及矿物中的吸附水、结晶水和结构水等构成的，后者则主要是由地表下渗水渗透到地壳的深部受地热等影响而形成的。它们和岩浆期后热液一样，在沿岩石裂隙运移渗透的过程中，也可从围岩中淋滤或溶解部分成矿物质，在适当条件下沉淀形成矿物。

参与气化—热液作用的元素，主要有金属元素(Cu、Ag、Au、Zn、Cd、Hg、Ga、In、Tl、Ge、Sn、Pb、Fe、Co、Ni 等)、半金属元素(As、Sb、Bi)和部分非金属元素(B、F、Cl、O、S 等)，气化—热液作用所形成的矿物以硫化物和氢氧化物为主，其次是各种含氧盐矿物。

热液作用的温度，一般在 50～400℃范围内，若为高温热液，其温度可高于 400℃，热液作用的压力，变化范围很大。按照形成矿物的温度，可将气化—热液作用划分为 3 种类型：

(1)气化—高温热液作用：温度在 400～300℃之间，或有时高于 400℃，在这个阶段中主要形成的矿物组合以 W - Sn - Mo - Bi - Be - Fe 为特征。如金属矿物的锡石、黑钨矿、铌钽铁矿、辉钼矿、辉铋矿、毒砂和非金属矿物的石英、云母、电气石、绿柱石、黄玉等。

(2)中温热液作用：温度一般在 300～200℃之间。在这个阶段中，由于 H_2S 的离解度增大，热液中硫离子的浓度增加。常形成以 Cu - Pb - Zn 为主的硫化物矿物组合，金属矿物有黄铜矿、闪锌矿、方铅矿、自然金等，非金属矿物有石英、玉髓、方解石、白云石、菱镁矿、重晶石、绢云母、绿泥石等。

(3)低温热液作用：温度在 200～50℃之间，低热液的来源很复杂，大部分热液不一定直接来自岩浆，地表下渗水和变质热液可能起了主要作用，主要的矿物是 As - Sb - Hg - Ag 等为特征的矿物组合及相应的矿床。金属矿物有雌黄、雄黄、辉锑矿、辰砂、自然银等，非金属矿物有石英、玉髓、方解石、蛋白石、重晶石、高岭石、明矾、蒙脱石、伊利石、沸石、绢云母等。

4. 火山作用

火山作用是岩浆作用的一种特殊形式，它总括了地下岩浆通过火山管道喷出地表的全过程，这种作用的产物为各种类型的火山岩(包括熔岩和火山碎屑岩)。

火山熔岩是炽热岩浆在陆地或水下快速冷却而形成的岩石。在原生期，以形成高温、淬火、低压、高氧、缺少挥发分的矿物组合为特征，例如石英是高温相的 β-石英；碱性长石是高温相的透长石、正长石。而含挥发分的矿物如白云母、电气石等不出现；角闪石、黑云母虽见于斑晶但极不稳定，易变成辉石和磁铁矿的细粒集合体，并在矿物边缘常形成不透明的暗化边；高氧化矿物则有赤铁矿等。

在某些火山岩中，特别是酸性火山岩中常有火山玻璃出现。火山岩中由于挥发分逸出所造成的气孔，常被火山后期热液作用形成的一系列矿物(如沸石、方解石、蛋白石等)所充填，在火山喷气孔周围则常有经凝华作用形成的自然硫、雄黄、石盐等的产出，与火山作用有关的重要矿产有铁、铜等。

(二)外生作用

外生作用是指于地壳的表层，在较低的温度与压力下，主要在太阳能、水、二氧化碳、氧气和有机体等因素的影响下，形成矿物的各种地质作用。按其性质的不同，可分为风化作用和沉积作用。

1. 风化作用

风化作用是指在地表或近地表的常温常压条件下，矿物和岩石受太阳能、大气、水及有机物的影响而发生机械破碎和化学分解，部分易溶组分（K、Al、Fe、Mn 等）残留在原地或搬运到不远处堆积形成风化壳中新矿物和岩石的过程。它包括物理风化、化学风化和生物风化等。在风化作用过程中，可形成一系列稳定于地表条件的表生矿物。

地壳表层的物理化学特点是低温、低压，富含水、氧和二氧化碳，且生物活动强烈。在地壳深部形成的矿物和矿石一旦进入这种环境，由于物理化学条件的巨大变化发生分解和破碎。其中一部分物质被地表水及地下水带走，成为沉积物的主要来源，另一部分则留在原地，或被搬运到距离不远的适当地方形成表生矿物堆积，其结果就导致了风化壳的形成。

矿物抵抗风化的能力是各不相同的，这主要决定于它们的内部结构和化学组成，硫化物和碳酸盐最不稳定，硅酸盐、氧化物和自然元素最稳定。因此，风化壳中残留的矿物主要有自然金、自然铂、金刚石、磁铁矿、石英、刚玉、金红石、锆石、石榴石等；新生的表生矿物主要有玉髓、蛋白石、褐铁矿、铝土矿、硬锰矿、水锰矿、高岭石、蒙脱石、孔雀石、蓝铜矿等。新生的矿物集合体常具有多孔状、皮壳状、钟乳状和土状等形态。

金属硫化物一般在地表都很不稳定，它们在水和氧的作用下变为硫酸盐，其中溶解度大的被水大量带走。硫酸盐进一步在水和各种酸的作用下，或与围岩发生作用，而形成难溶的氢氧化物或含氧盐等表生矿物，如金属硫化物矿床中的黄铜矿（$CuFeS_2$）在风化过程中首先分解为 $CuSO_4$ 和 $FeSO_4$ 溶液，当 $CuSO_4$ 与富碳酸的水溶液或碳酸盐岩发生反应时，形成孔雀石 $Cu_2[CO_3](OH)_2$；而 $FeSO_4$ 极易氧化为 $Fe_2[SO_4]_3$，后者又易水解为氢氧化铁 $Fe(OH)_3$ 胶体，其凝聚后即形成了褐铁矿 $Fe_2O_3 \cdot nH_2O$。其化学式如下：

$$CuFeS_2 + 4O_2 \longrightarrow CuSO_4 + FeSO_4$$

（黄铜矿）

$$2CuFeS_2 + CO_2 + 3H_2O \longrightarrow Cu_2[CO_3](OH)_2 + 2H_2SO_4$$

（孔雀石）

或者 $2CuSO_4 + 2CaCO_3 + H_2O + \frac{1}{2}O_2 \longrightarrow Cu_2[CO_3](OH)_2 + 2CaSO_4$

（孔雀石）

或 $3CuSO_4 + 2CO_2 + 4H_2O \longrightarrow Cu_3[CO_3](OH)_2 + 3H_2SO_4$

（蓝铜矿）

$$4FeSO_4 + 2H_2SO_4 + O_2 \longrightarrow 2Fe_2[SO_4]_3 + 2H_2O$$

$$Fe_2[SO_4]_3 + 6H_2O \longrightarrow 2Fe(OH)_3 + 3H_2SO_4$$

（针铁矿或纤铁矿）

在风化作用中，生物的活动对原生矿物的破坏和次生矿物的形成具有重要的影响，生物的作用实质上是一种由生物引起的化学风化作用。绿色植物的光合作用产生的 O_2，微生物的生理活动和有机体的分解能生成大量的 CO_2、H_2S 和有机酸等，它们直接参与矿物的氧化或还原反应，例如有细菌参加的黄铁矿的氧化还原反应可写成：

$$2FeS_2+7.5O_2+4H_2O \longrightarrow Fe_2[SO_4]_3+H_2SO_4$$

氧化作用的结果产生了可溶的金属硫酸盐和硫酸，硫酸则进一步加速矿物的风化。自然界中，铁的生物氧化数量远远超过了化学氧化，许多风化成因的铁锰矿床和微生物作用有关。

但是自然界中，物理风化、化学风化和生物风化 3 种作用不是彼此孤立的，而是相互联系、相互促进、相互影响的。单纯的物理风化，只能使矿物发生机械破碎而变成碎屑，不能导致新矿物的形成。而表生新矿物的形成则主要依赖于风化（包括生物、化学风化）作用的进行。

2. 沉积作用

矿物和岩石在风化作用过程中遭受机械破碎和化学分解所产生的风化产物（包括碎屑物质、泥质和溶解物质），除少部分残留在原地外，大部分都要被搬运走，并在新的地方沉积下来，形成另一种矿物或矿物组合，这种作用称为沉积作用。沉积作用主要发生在河流、湖泊及海洋中。根据沉积方式不同，分为机械沉积、化学沉积和生物化学沉积等类型。

1）机械沉积

在风化条件下，物理和化学性质稳定的矿物，遭受机械破碎后形成的碎屑，除残留原地的外，主要被流水、风等外力搬运。由于水流速度或风速的降低，矿物按颗粒大小、相对密度高低发生分选沉积，在适宜的场所造成有用矿物的集中，形成各种砂矿，如砂金、金刚石、锡石、独居石等，在一般情况下形成各种砂岩或砾岩。显然，机械沉积作用过程中，一般不形成新的矿物，主要是矿物的再沉积，构成新的矿物组合。自然金、金刚石、金红石、锡石、黑钨矿、锆石、硬玉、独居石等在机械沉积物中可富集成砂矿。

2）化学沉积

在风化作用中被分解的矿物，其成分中的可溶组分溶解于水为真溶液，当它们进入内陆湖泊、封闭或半封闭的潟湖或海湾以后，如果处于干热的气候条件，水分将不断蒸发，溶液浓度不断提高，当达到过饱和程度时，就发生结晶作用，形成卤化物、硫酸盐，硝酸盐、硼酸盐等一系列易溶盐类矿物。它们往往会构成巨大的非金属矿床，主要有石膏、芒硝、石盐、钾盐、光卤石、硼砂等。

另一些低溶解度的金属氧化物和氢氧化物，常可成为胶体溶液，当它们被搬运到湖泊及海盆内时，受到电解质的作用而发生凝聚、沉淀，形成铁、锰、铝、硅等胶体成因的氧化物或氢氧化物矿物。

3）生物化学沉积

某些生物在其生活的过程中，可从周围介质中吸收有关元素和物质，组成它们的有机体和骨骼，当这些生物死亡后，其遗体可直接堆积形成矿物，如硅藻土、方解石（生物灰岩的主要矿物成分）等。此外，在生物活动过程中，产生大量的 CO_2、H_2S、NH_3 等气体，可影响沉积介质的酸碱度及氧化还原条件，并对有机体进行分解和合成作用，从而形成某些有机矿物和无机矿物，前者如琥珀、草酸钙等，后者如磷灰石（磷块岩的主要矿物成分）等。另外，煤、石油、天然气的形成也直接与生物化学沉积作用密切相关。

（三）变质作用

变质作用是指在地表以下的一定深度内，早先形成的矿物和岩石，由于地壳变动和岩浆活动的影响，物理化学条件发生了变化，造成岩石结构改变或组分改组并形成一系列变质矿物的总称。

变质作用，按其发生的原因和物理化学条件的不同，分为接触变质作用和区域变质作用。

1. 接触变质作用

接触变质作用发生在岩浆侵入体与围岩的接触带上。按侵入体与围岩之间有无元素间的交换，又分热变质作用和接触交代变质作用两种类型。

1）热变质作用

当岩浆侵入体与围岩接触时，围岩受岩浆高温的影响，而引起围岩中矿物重结晶或生成与围岩成分有关的另一些矿物，前者如石灰岩变成大理岩（方解石发生重结晶，颗粒变大），后者如泥质岩石中形成的红柱石、堇青石等富铝矿物。在这个作用过程中，基本上不发生侵入体与围岩之间的交代作用，或交代作用极其微弱。

2）接触交代变质作用

当岩浆侵入体与围岩接触时，侵入体中的某些组分与围岩发生化学反应，从而导致矿物的形成。它与热变质不同，由于有交代作用的发生，所形成矿物的种类随侵入体与围岩成分的不同而异。以中酸性侵入体与石灰岩的接触交代为例，侵入体中富含挥发性组分的气体和溶液进入围岩，带入 SiO_2、Al_2O_3 等组分，使围岩中的 CaO 和 MgO 等组分被交代并将之带入到侵入体中。这样，在接触带附近的岩石就要发生成分和结构构造的变化，并形成一系列接触交代成因的矿物，如钙铝榴石、透辉石、符山石，方柱石、硅灰石等，它们组成了矽卡岩。在接触交代过程中，有时还可以形成铁（磁铁矿）、钨（白钨矿）、钼（辉钼矿）、铜（黄铜矿）、铅（方铅矿）、锌（闪锌矿）等的富集，并往往构成有工业意义的矽卡岩矿床。

2. 区域变质作用

在广大区域范围内，由于大规模的构造运动（地壳升降、褶皱和断裂），导致原有岩石和矿物所处的物理化学条件发生很大变化，这就必然使原来岩石中的矿物发生改组，形成在新环境下稳定的另一些矿物。矿物的成分与结构取决于原岩的化学组成和遭受变质作用的程度，如原岩的主要成分为 SiO_2 和 Al_2O_3 的黏土岩，经变质后，可能出现的矿物有石英、红柱石、蓝晶石、矽线石、刚玉等。具体出现什么矿物，需视变质条件而定，例如，红柱石族的 3 种同质多象变体中红柱石形成于较高温度和较低的压力（中等以下）条件下，蓝晶石形成于低温高压的条件下，而矽线石则能在高温和压力范围较宽的条件下形成。此外，在定向压力起

主要作用的地段中，有利于柱状（如角闪石）和片状（云母、绿泥石等）矿物的形成。在以静压力为主的地段中，加上温度的增高，可形成结构致密、体积小、相对密度大，不含水和 OH^- 的矿物，如石榴石，矽线石等。

应当指出，地质作用是地壳发展变化过程各种因素的综合表现，上述内生、外生和变质作用，不是彼此孤立，截然分开的，例如，火山作用与内生作用和外生沉积作用都有关系；变质作用中的交代作用与内生气化—热液作用有密切联系。变质作用过程中产生的热液和从地表渗透到地下深处的热水与岩浆成因的热液实际上常常混在一起，也难以区分。因此，在分析形成矿物的地质作用时，尽量要对各方面的资料进行综合分析，作出合理的推断。

知识链接

影响矿物形成的因素

地壳中的化学元素结合成矿物都是在特定的地质作用中完成的。不同的地质作用其物理化学条件往往是不相同的，甚至同一地质作用过程的不同阶段其物理化学条件也有差异。在地质作用中影响矿物形成的主要物理化学条件有：温度、压力、组分的浓度、介质的酸碱度（pH 值）和氧化还原电位（E_h 值）等。

1. 温度

温度是影响矿物形成的重要因素之一，它的作用在于决定质点动能的大小。

质点相互结合形成矿物，只有当质点的动能降低到适应某种矿物的晶体结构时才能发生，所以每种矿物都有一定的结晶温度，并在一定的温度、压力范围内稳定。例如 1 个大气压下，β-石英在温度低于 867℃时开始形成，并只在 867～573℃的范围内稳定；而 α-石英则在 573℃时开始形成，低于 573℃的条件下稳定。又如高岭石可在地表常温下形成，并在温度较低的情况下稳定，在 250℃左右则可与石英反应形成叶蜡石，其反应式如下：

$$\underset{\text{(高岭石)}}{Al_4[Si_4O_{10}](OH)_8} + \underset{\text{(石英)}}{4SiO_2} \longrightarrow \underset{\text{(叶蜡石)}}{2Al_2[Si_4O_{10}](OH)_2} + 2H_2O$$

随着温度以及压力的增高，叶蜡石又可转变为红柱石等富铝硅酸盐矿物。

2. 压力

地壳中的压力一般是随深度而增加的，在高压条件下出现的矿物往往在地壳深处形成，其特点是质点堆积紧密，矿物具较大的密度，如金刚石形成于 3×10^9 Pa 压力条件下。对于矿物同质多象变体之间的转变，压力增高还将使转变温度上升，如在 10^5 Pa 压力下，α-石英转变为 β-石英的温度为 573℃，3×10^8 Pa 压力下为 644℃；9×10^8 Pa 压力下，则上升到 832℃。此外，在定向压力的作用下，有利于某些片状和柱状矿物的形成，并使这类矿物（云母、角闪石等）在岩石中呈定向排列。

3. 组分的浓度

矿物的形成只有在溶液浓度达到过饱和的状态，即结晶速度大于溶解速度时才能稳定形成，大部分表生及热液中形成的矿物是在水溶液中进行的，条件是溶液必须达到饱和或过饱和。在岩浆分异结晶过程中，某种组分浓度的减小，就意味着与该组分相关的某些矿物消失，如基性岩浆分异的中后期，岩浆中 CaO 的浓度逐渐减小，K_2O 的浓度逐渐增大，因而普通角闪石 $(Ca,Na)_{2\sim3}(Mg,Fe,Al)_5[Si_6(Si,Al)_2O_{22}](OH,F)_2$ 将逐渐消失，代之而形成的是黑云母 $K\{(Mg,Fe)_3[AlSi_3O_{10}](OH,F)_2\}$。

4. 介质的酸碱度(pH 值)

每种矿物都各自形成于一定的 pH 值的介质中，例如在水化学沉积作用中，赤铁矿形成时的介质 pH 值为 6.6～7.8，白云石形成时的 pH 值为 7～8。再如热液中的 ZnS，当介质为碱性时，形成闪锌矿；当介质为酸性时，则形成纤维锌矿。

5. 氧化还原电位(E_h 值)

当溶液中存在多种变价元素时，往往因彼此存在着电位差而有电子的转移，与此同时出现氧化还原作用。由于电子之得失而显示的电位称为氧化还原电位，氧化还原电位对含变价元素的矿物形成影响很大。如当溶液中含有 Mn 和 Fe 时，由于 Mn 的 E_h 值($Mn^{2+}-Mn^{4+}+2e$，$E_h=1.35V$)比 Fe 高($Fe^{2+}-Fe^{3+}+e$，$E_h=0.75V$)，所以高价的 Mn 离子具有很强的氧化能力，这样当 Mn^{4+} 和 Fe^{2+} 相遇时，Fe^{2+} 将被氧化为 Fe^{3+}，同时 Mn^{4+} 还原为 Mn^{2+}，因此，溶液中有 Fe^{2+} 存在的情况下，就难以形成 MnO_2。又如 S 在不同的氧化还原介质中可以呈 S^{2-}、S^0 及 S^{6+} 等价态存在，则相应地分别形成硫化物、自然硫和硫酸盐类矿物，一般情况下，表生矿物中变价元素都以高价状态出现，在内生和变质作用所形成的矿物中，变价元素多以低价状态存在。

在地质作用中，矿物的形成通常是各种物理化学因素综合作用的结果，不过在不同的地质作用中，影响形成矿物的各种物理化学条件有主次之别。例如在岩浆和热液作用过程中，通常是温度和组分浓度起主要作用；在区域变质作用中，温度和压力起主导作用；而在外生作用中，pH 值和 E_h 值对矿物的形成则具有重要的意义。

二、反映矿物形成条件的标志

由于矿物是在一定地质作用中的物理化学条件下形成的，因此它们各方面的性质无不受到形成条件的影响，虽然人们不能直接观察到矿物形成时的具体条件，但借助于矿物的某些方面的特征去分析，推断它的形成条件还是有可能的。

能反映矿物形成条件的标志很多，主要的有以下几种：

1. 矿物的标型特征

不同地质时期和不同地质作用条件下，形成在不同地质体中的同一种矿物，在其成分、精细结构、晶形和物理性质等方面存在有一定的差异，若此种差异可作为成因标志者，就称为矿物的标型特征。

矿物的标型特征一般主要表现在矿物的晶形、物理性质、次要化学成分的种类和含量以及矿物的精细结构等方面。例如，产于花岗伟晶岩、锡石石英脉及锡石硫化物矿床中的锡石(SnO_2)，其晶体形态、物理性质以及次要成分的种类和含量都可作为不同成因的锡石的标型

特征。通常一种矿物只要具有某一方面的标型特征时，就可作为该矿物的成因标志，如产于不同类型岩浆岩中的锆石，具有不同的形态特征，碱性岩、偏碱性花岗岩中的锆石，其晶体的四方双锥{111}很发育，而四方柱{100}、{110}不发育，晶体呈四方双锥或四方双锥与四方柱(不发育)的聚形，整个形态呈双锥状；酸性花岗岩中的锆石，其晶体的锥面与柱面均较发育，晶体形态呈锥柱状；而基性岩、偏基性及中性岩花岗岩中的锆石晶体，柱面较发育，锥面不发育，晶体形态呈柱状。

值得重视的是，目前对矿物结构上的标型特征的研究有了很大的进展，主要反映在如离子配位、多型性及有序度等精细结构方面。离子配位(或离子占位)方面，如对普通角闪石 $(Ca,Na)_{2\sim3}(Mg,Fe,Al)_5[(Si_6(Si,Al)_2O_{22})](OH,F)_2$ 中 4 次配位的 Al 和 6 次配位的 Al 配布情况的研究表明，在压力近似的情况下，4 次配位 Al 的含量随普通角闪石结晶温度的增高而增多。在温度近似的情况下，6 次配位 Al 的含量随压力的增高而增多。在多型性方面，如对白云母多型的研究表明，3T 型多硅白云母是低温、高压变质作用的特征矿物。在有序度方面的研究更加深入广泛，如对长石、橄榄石、辉石等造岩矿物有序度的研究已成为确定岩石成因的重要依据之一。

2. 标型矿物

标型矿物是指只在某一特定的地质作用中形成的矿物，也就是说，标型矿物是指那些具有单一成因的矿物。因此，标型矿物本身就是成因上的标志。例如，蓝闪石、多硅白云母是低温高压变质作用的产物；霞石、白榴石是碱性火成岩的特征矿物；辉锑矿、辰砂是低温热液矿床的标志矿物等。有人把具有标型特征的矿物也称为标型矿物。

在矿物各方面的标型特征中，有的是定性的，有的也可以是半定量或定量的。所谓的地质温度计和地质压力计，实际上就是可借以定量或半定量地推测矿物形成时的温度或压力条件的矿物标型特征。

3. 矿物中的包裹体

矿物在生长过程中所捕获的被包裹在晶体内的外来物质，称为包裹体。矿物中的包裹体，其大小、形状不一，呈固、液和气态的都有，其中以原生的气液包裹体对于研究矿物形成时的物理化学条件最为重要。因为这种包裹体是与主矿物(即含有包裹体的矿物)在同一个成矿溶液中同时形成的，它是被保存在主矿物中形成主矿物时的溶液的珍贵样品，测定这种样品的均匀化温度(均变为气体或液体时的温度)、压力、含盐度，成分，pH 值和 E_h 值等，就可确定主矿物的形成条件。例如，包裹体由不均匀状态(同一包裹体内有两个或两个以上的物相)转变为均匀化时的状态可指示地质作用的类型。对包裹体进行加温时，若包裹体全部转变为液体时，表明矿物是由热液作用形成的；包裹体全部转变为气体时，表明矿物是在气化作用下形成的；当包裹体全部转变为熔体时，则说明矿物是在岩浆作用时形成的。

研究包裹体的方法很多，除加温法外，还有爆裂法、冷冻法以及其他一些测定包裹体成分的方法，关于这方面的知识，可参阅有关专著。

4. 矿物的共生组合

同一成因、同一成矿期或成矿阶段所形成的不同种矿物出现在一起的现象，称为矿物共生。彼此共生的矿物，称为共生矿物；反映一定成因的一些共生矿物的组合，称为矿物的共生组合。如含金刚石的金伯利岩中，金刚石、橄榄石、金云母、铬透辉石及少量镁铬铁矿和镁铝榴石的组合，即为矿物共生组合。

矿物的共生不是偶然的，它是由组成矿物的化学元素的性质和某一成矿过程（或阶段）中的物理化学条件所决定的。因此，各地质作用过程（或阶段）都有其特有的矿物共生组合。例如，铬铁矿经常与橄榄石、斜方辉石共生在一起，是超基性岩特有的矿物共生组合；黄铜矿、方铅矿、闪锌矿和石英一起共生，是中温热液成矿阶段常见的矿物共生组合等。矿物组合本身不具任何成因意义，它只表示矿物的空间联系。

应该指出的是，矿物之间除存在共生关系外，还经常存在有伴生的关系。所谓矿物的伴生，是指不同种属、不同成因的矿物共同出现于同一空间范围内的现象，例如在含铜矿床的氧化带中，经常可以看到黄铜矿与孔雀石、蓝铜矿在一起，前者通常是在热液作用过程中形成的，而后两者则是典型的表生矿物（次生矿物），由于它们是属于不同地质作用过程的产物，所以其间的关系仅仅是一种伴生的关系。

上述矿物的共生和伴生都是就不同种矿物之间的关系而言的。如果在同一空间范围内，由同一地质作用的不同阶段形成的同种矿物，因彼此间形成有先有后，时间的先后关系称之为矿物的世代。按其形成先后，最早的为第一世代，然后依次为第二世代、第三世代等。由于在不同成矿阶段中，形成矿物的介质成分和物理化学条件多少会有些差异，因而不同世代的矿物往往在形态、成分、某些物理性质及包裹体等方面也会显示出某些不同。例如我国某热液矿床中的萤石，可区分为 3 个不同的世代，第一世代的萤石为八面体和菱形十二面体的聚形，且两种单形发育程度相似，颜色为暗紫或烟紫色，发荧光，气液包裹体的均一化温度为 330℃；第二世代的萤石为菱形十二面体与八面体的聚形，但以前者发育为主，晶体中心为浅绿或浅紫色，边缘为暗紫色，具环带构造，包裹体均一化温度为 300～330℃；第三世代的萤石为立方体或立方体与菱形十二面体的聚形，立方体为主，浅绿色、白色或无色，包裹体的均一化温度为 300℃。分析、确定矿物的世代，有助于了解矿物形成过程的阶段性以及各成矿阶段矿物的共生关系。

三、矿物的变化

矿物形成之后，在后继的地质作用过程中，当物理化学条件的变化超出该矿的稳定范围时，矿物就会发生某种变化，矿物最常见的变化现象有溶蚀、交代、晶化和非晶质化以及假象等。

1. 溶蚀

矿物生成之后，受后继溶液的作用可发生部分溶解或全部溶解的现象，称为溶蚀。部分溶蚀的结果常常在晶面上留下溶蚀的迹象——蚀象，以致晶面变粗糙，光泽降低，角顶或晶棱变圆滑。如金刚石被溶蚀之后常呈球状晶形。溶蚀后的矿物，当条件适宜时，又可重新生长并恢复原来的形状，这种现象称为再生。

2. 交代

在地质作用过程中，已经形成的矿物与变化了的熔体或溶液发生反应，引起成分上的交

换，使原矿物转变为其他矿物的现象，称为交代，如橄榄石被蛇纹石交代。交代作用通常沿矿物的边缘、裂隙或解理开始进行，如网环状蛇纹石，就是含硅酸的溶液沿橄榄石颗粒边缘和裂隙进行交代的结果，其中未被交代的部分称为交代残余。若交代作用强烈时，原矿物可全部被新形成的矿物所代替。

3. 晶化和非晶质化

原已形成的非晶质矿物，在漫长的地质年代中逐渐变为结晶质，从而形成另一种矿物的现象，称为晶化成脱玻化。如蛋白石转变为石英，由火山喷发的岩浆，因快速冷却而形成的非晶质火山玻璃，经过漫长的地质年代，逐渐脱玻化成为长石、石英等结晶质矿物。

与晶化现象相反，一些原已形成的晶质矿物，因获得某种能量而使晶格遭受破坏，转变为非晶质矿物，称为变生非晶质化或玻璃化作用。例如含放射性元素的结晶质锆石，由于受放射性元素蜕变时放出的 α 射线的作用，而变为非晶质的水锆石。

4. 假象

一种矿物具有另一种矿物晶体形态的现象，称为假象。例如常可见到褐铁矿表现为黄铁矿的立方体晶形，此立方体晶形就是一种假象，称褐铁矿呈黄铁矿假象，或称假象褐铁矿。

按形成假象的原因不同，可将假象区分为交代假象、充填假象及副象 3 种。

当一种矿物交代另一种矿物后继承了被交代矿物的晶形时，称为交代假象。如绿泥石交代石榴石而具有菱形十二面体的假象。

当原矿物溶解后遗留下具原矿物晶形的空洞，被别的矿物充填而形成的假象，称为充填假象。这种假象比较少见，且常不易与交代假象区别。

在同质多象转变过程中，如果变体的晶形被保留下来，同样也就形成了假象。如 α -石英具有 β -石英的六方双锥假象等，由同质多象转变而形成的假象特称之为副象。

矿物的变化方式是多种多样的，在矿物形成的过程中或形成之后，由于机械作用而引起的晶格破坏和机械变形也应属于矿物的变化这个范畴。矿物的形成和变化是物质运动的一种形式，具体的某个矿物只不过是物质在一定的物理化学条件下，在特定的空间和时间内处于暂时平衡状态的一种存在形式而已，它将随外界物理化学条件的不断变化而变化。通常，某些新矿物的形成过程往往也就是某些原有矿物遭受破坏和变化的过程。因此，对矿物各种变化现象的研究，不仅可以了解矿物形成的历史过程，而且可以提供有关矿物成因的某些信息。

练一练

1. 名词解释

(1)标型特征；(2)标型矿物；(3)矿物共生；(4)矿物伴生。

2. 形成矿物的地质作用有哪些？

3. 什么是矿物的溶蚀、交代和假象？

4. 什么是矿物中包裹体？请举例说明。

5. 下列硫化物矿物不是中温热液成因的是(　　)。

A. 黄铜矿　　B. 方铅矿　　C. 闪锌矿(纯)　　D. 雌黄

6. 萤石的颜色、形态变化反映了不同的成矿条件，因此是(　　)。

A. 标型矿物　　B. 氧化物矿物　　C. 具有标型特征的矿物　　D. 地质温度计

7. 锡石的形态、颜色、次要成分的变化反映了不同的成矿条件，因此是(　　)。

A. 标型矿物　　B. 氧化物矿物　　C. 具有标型特征的矿物　　D. 地质温度计

8. 按形成假象的原因，可将假象区分为________、________、________。

模块二 自然元素矿物的鉴定

矿物的化学成分分两类，一是同种元素的原子自相结合组成的单质元素矿物，如金刚石、自然金等；二是更为普遍的由两种或两种以上不同化学元素组成的化合物，如黄铁矿、方解石等。

目前已知大约有40种元素以自然状态存在于岩石中。这些元素以最还原的状态存在，不与氧、硫等阴离子结合，因此，我们称之为“自然元素”。自然元素矿物，就是指某种元素以单质形式存在于自然界的矿物。与其他矿物相比，这类矿物在自然界非常稀少，分布也极不均匀，约占地壳质量的0.1%，其中有些可富集成有工业意义的矿床，如自然铂、自然金、自然硫、金刚石和石墨等。它们非常重要，主要是由于它们在工业上的用途，可作为某些贵重金属（金、银等）和宝石的主要来源。

根据元素的金属键性质，将自然元素分为金属元素、半金属元素、非金属元素。金属元素，如金、银、铜等；半金属元素，如砷和锑等；非金属元素，如碳和硫等。

组成单质矿物的元素有C、S、Fe、Co、Ni、Cu、Zn、As、Se、Ru、Rh、Pd、Ag、In、Sn、Sb、Te、Os、Ir、Pt、Au、Hg、Pb、Bi。

金属元素：主要是铂族元素（Ru、Rh、Pd、Os、Ir、Pt）和铜族元素（Cu、Ag、Au），而Fe、Co、Ni则极其次要。由于这些元素的类型相同而半径有不同程度的差别，所以它们之间有的可呈连续的类质同象（如Au-Ag），有的则呈不连续的类质同象（如Au-Cu）。

半金属元素：即As、Sb、Bi，其中以As的非金属性最强，Sb次之，Bi最弱。这3种自然元素在自然界中极为少见，自然砷、自然铋在自然界更为罕见。Sb和Bi可形成连续类质同象系列；但As和Sb只有在高温下才形成固溶体，而低温时则分解成砷锑互化物（AsSb）或砷和锑；至于As与Bi甚至在熔融状态亦不相混。

非金属元素：主要是C和S，而Se和Te通常呈类质同象混入于自然硫中，常具同质多象变体。

项目1 自然铂、自然金、自然银、自然铜的鉴定

学习目标

知识目标：了解常见自然金属矿物的化学组成；掌握常用自然金属矿物的鉴定特征，熟练掌握对常见自然金属矿物的识别方法。

能力目标：在造岩矿物化学成分特点的基础上，能分析和辨别自然金属矿物；具备肉眼鉴定和描述常见的自然金属矿物的能力。

思政目标：通过理实一体教学，让学生掌握宝石矿物鉴定特征，激发学生学习兴趣，培养学生脚踏实地的工作态度。

常见的自然金属元素矿物有自然铂、自然金、自然银、自然铜等。其鉴定特征如下。

一、自然铂(白金)

[化学组成]Pt，成分中常含 Fe，当含 Fe 量达 9%～11%时成为粗铂矿(Pt、Fe)，实际上一般所谓自然铂，大多数是粗铂矿(图 2-1-1)。此外，还常含 Pd、Rh、Ir、Ru、Os 等类质同象混入物。

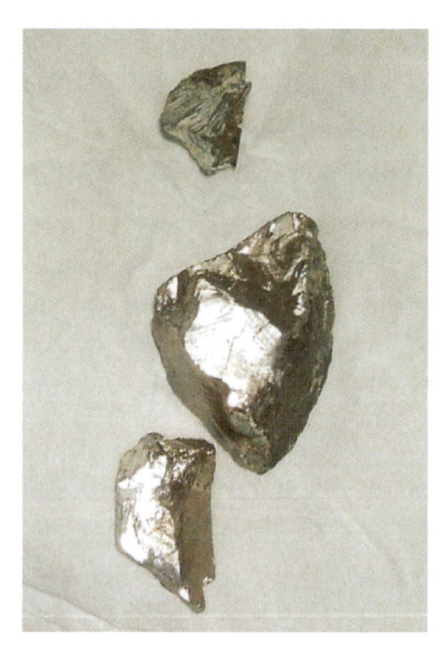

图 2-1-1　自然铂(粗铂矿)

[结晶形态]等轴晶系，晶体极少见。通常呈不规则细小颗粒状、粉状、葡萄状，有时也形成较大的块状集合体。单晶少见，偶见立方体{100}或八面体{111}的细小晶体。

[物理性质]颜色由锡白色到钢灰色(随含 Fe 量增加而颜色变深)；条痕为光亮的钢灰色，金属光泽，无解理，断口呈锯齿状。硬度 4～4.5。相对密度 21.50，不透明。熔点 1774℃，具延展性，微具磁性(含 Fe 多的磁性显著)，是电和热的良导体。

[成因及产状]主要见于基性、超基性岩有关岩浆矿床。此外，常见于砂矿中。亦产于矽卡岩含金黄铁矿矿床及含铂石英脉中。与铂族其他矿物、铜镍硫化物矿物、铬铁矿共生。

[鉴定特征]颗粒细小，银白色至钢灰色，相对密度较大、富延展性，熔点高，在普通酸内不溶解。

[主要用途]工业上用于制作高级化学器皿。近代在人造卫星、核潜艇、火箭、导弹、遥测遥感等国防工业上广泛应用。在珠宝首饰饰品方面铂金是重要的贵金属原料之一。

二、自然金

[化学组成]Au，自然界中纯金极少见，常有一定数量的类质同象混入物 Ag，当含银量达15%～50%时，称银金矿。自然金—自然银完全类质同象系列见表 2-1-1。

表 2-1-1　自然金—自然银完全类质同象系列

Ag 含量(%)	0～5	5～15	15～50	50～85	85～95	95～100
矿物名称	自然金	含银自然金	银金矿	金银矿	含金自然银	自然银

此外，尚可含少量 Cu、Pd、Bi、Pt、Te、Ir 等。含 Cu 20%者称铜金矿；含 Pd 5%～11%者称钯金矿；含 Bi 4%者称铋金矿。

[晶体结构]等轴晶系，Au 原子呈立方最紧密堆积，具立方面心格子的铜型结构。

[形态]一般呈分散粒状、不规则粒状或树枝状、鳞片状、薄片状、网状、纤维状，偶见较大的块团状等集合体(如图 2-1-2)。常见单形有立方体{100}、八面体{111}、菱形十二面体{110}、四六面体{210}及四角三八面体{311}，常沿(111)形成双晶。

[物理性质]颜色与条痕均为金黄色，但随其成分中含 Ag 量增高而逐渐变浅；含 Cu 时，色变深，呈深黄色。金属光泽随 Ag 的含量的增加逐渐加强。硬度 2.5～3，无解理，断口锯齿状。相对密度 19.30。具强延展性，可以锤成金箔，熔点 1062℃。有很强的导热性和导电性。化学性质很稳定，火烧后不变色。不溶于单一成分的酸，只溶于王水。

[成因及产状]可分原生矿和砂矿两种。原生矿常产于与中、酸性火成岩有关的高、中、低温热液石英脉(图 2-1-2)和热液蚀变带中，常与黄铁矿、毒砂、黄铜矿等共生。砂金矿为次生搬运沉积而成。

图 2-1-2　产于石英脉中的自然金

[鉴定特征]以金黄色的颜色及条痕、强金属光泽、硬度低(2.5～3)、无解理,强延展性、相对密度大(19.30)、熔点高(1062℃)为其特征。化学性质稳定,在空气中不被氧化,只溶于王水。

[主要用途]用于制造货币、装饰品。工业上广泛应用,常被用作高级真空管的涂料、涂金集成电路、核反应堆的衬料等。

知识链接

狗头金

狗头金为一种富金矿矿石,是天然产出的、质地不纯的、颗粒大而形态不规则的块金。它通常由自然金、石英和其他矿物集合体组成。有人以其形似狗头,称之为狗头金。有人以其形似马蹄,称之为马蹄金;但多数通称这种天然块金为狗头金(图 2－1－3)。

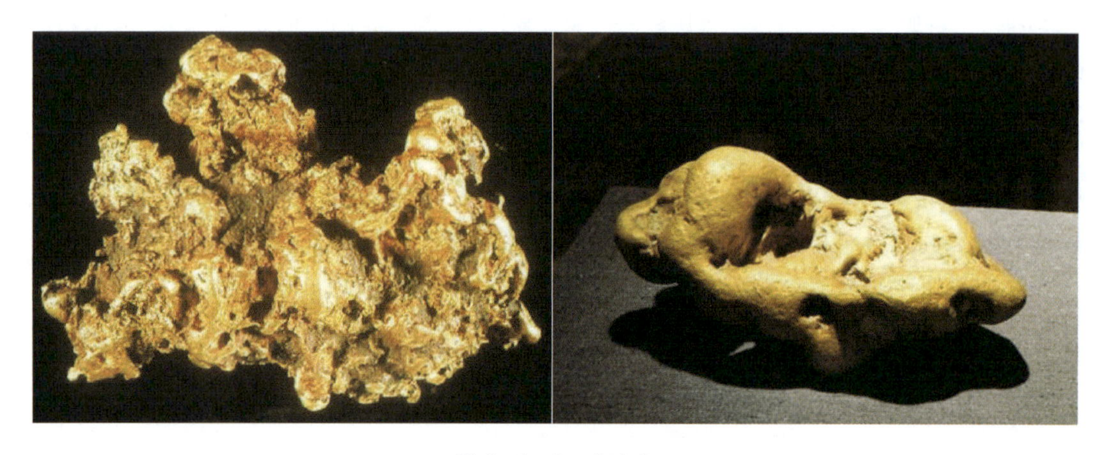

图 2－1－3　狗头金

“狗头金是一种含杂质的自然金块,多来自富含金质的流星陨落、黄金雨地质时期形成的富金矿矿石”,这个说法完全是错误的。狗头金来自流星？这不可能。狗头金大多产于金矿附近,比如阿勒泰,阿勒泰山本身就有原生金矿。如果狗头金来自流星,为什么狗头金多出现在金矿附近？难道含金的流星知道往金矿附近落？这明显不合道理。

其实狗头金的形成是由于在金矿附近富含金的地下水和生物富集作用,在条件适合的情况下富集沉积形成,和流星没有关系。狗头金里面多含石头和杂质,并且坑坑洼洼,就是由于产生的环境大多在富含地下水的沙粒中,所以其中富含沙粒,表面坑坑洼洼也是由于沙子、石头的镶嵌,后期沙子、石头掉落,就在表面留下了沙子、石头等形状的坑洼。由于这种表面坑洼和陨石表面的融蚀坑有些相似,有些人就以为狗头金是流星掉落形成,其实不是。即使在陨石中,金这种元素也并不富集,很难形成纯度很高的金陨石。狗头金来自流星只是误传,不能当作科学知识,会误导人的。

根据统计资料，世界上已发现大于10kg的狗头金约有8000～10 000块。数量最多的国家为澳大利亚，占狗头金总量的80%。最大的一块重达235.87kg的狗头金也产于澳大利亚。

在人类采金史中，我国也是狗头金发现屡见不鲜的国家之一。湖南省资水中、下游流域是我国历代盛产狗头金地区。此外四川省白玉县，陕西省南郑县、安康县，黑龙江省呼玛县，吉林省桦甸县，青海省大通县、曲麻莱县，山东省招远市，河北省遵化县等，都相继发现狗头金，总计约有千余块。

我国现代发现狗头金的事例也很多。

1982年黑龙江省呼玛县兴隆乡淘金工岳书臣，休息时无意中用镐刨了一下地，却碰到了一块重3325g的狗头金。

1983年陕西省南郑县武当桥村农民王伯禹，拣到一块810g的狗头金。

四川省白玉县孔隆沟，有一个盛产狗头金的山沟，1987年又找到重4 800.8g和6 136.15g的大金块，接连刷新中华人民共和国成立以来找到狗头金的重量记录，堪称"国宝"。

1988年，奋战在兴安岭的黄金五支队官兵淘到了震惊中国的特大"狗头金"。这块金子重达2 155.8g，含金70%以上。

1909年，四川省盐源县一位采金工人在井下作业时不幸被顶上掉下来"石块"砸伤了脚，他搬开"石头"感到很重，搬到坑口一看，竟是一块狗头金，重达3.1kg。

1997年6月7日晚6时30分，青海省门源县寺沟金矿第13采金队工人在砂金溜槽上发现狗头金。当这个红彤彤的东西进入人们的视线时，竟开始不相信自己的眼睛。这个重达6577g的特大石包金金块，通体形状酷似一对母子猴，只见"母猴"席地而坐，怀里抱着一只可爱的"小猴"，在金块另一侧的下部，还有一只乌龟正在悄然爬行，龟头前伸高昂，似乎正在观察着周围环境，露出的一支前足和一支后足，活灵活现，动感很强。整个图案动静搭配，惟妙惟肖，可谓鬼斧神工，令人拍案叫绝。

2010年11月25日新疆阿勒泰发现"狗头金"。这块"狗头金"长约19cm，宽约13cm，呈扁平状，重约1840g，含金量达90.36%。

2015年1月30日一位哈萨克族牧民在新疆阿勒泰地区青河县境内发现一块重7850g的狗头金，据当地史志办工作人员研究表明，这是迄今为止在新疆发现的最大的狗头金。这块天然金块长约23cm，最宽处约18cm，最厚处约8cm。更为奇特的是，该天然金块如人工镂空艺术品一般，牧民们说看起来有点像中国地图。拿在手里一只手很难托起来。不同的角度能够看出不同的造型，又像一只大脚印，还像一个人坐在山巅……金块镂空处集聚着的是一些砂石和泥土，黄色的土色也难以掩饰住黄澄澄金子的颜色(图2-1-4)。

狗头金的质地并不纯净，一般都含有少量其他金属，以含白银最为普遍。

产于澳大利亚名为霍尔特曼的世界上最大的狗头金重285.78kg，含纯金92kg，其含金率仅为32.2%。

图 2-1-4　天然金块

三、自然银

[化学组成]Ag，常含少量的 Au、Cu、Hg 等混入物。最常见的类质同象替代是 Au、Hg，此外还有 Bi、Pt、Cu、As、Sb 等。

[晶体形态]属于等轴晶系。单晶体极少见，常呈树枝状、不规则细粒状集合体。也有呈较大块体。

[物理性质]银白色，表面因氧化而呈灰黑的锖色。条痕为光亮的银白色。金属光泽。硬度 2.5～3。无解理，锯齿状断口。相对密度 10.10～11.10。延展性强。为电和热的良导体(图 2-1-5)。

图 2-1-5　自然银

[成因及产状](1)热液成因的自然银产于中、低温石英、方解石、重晶石矿脉中。

(2)外生成因的自然银见于含银的硫化矿床氧化带下部。

[鉴定特征]以银白色、富延展性、相对密度大为特征。溶于硝酸,熔点低,易溶。具高反射率、均质性、低硬度,以反射色与自然金、金银矿区别;以均质性与自然铋区分。

[主要用途]用于制合金、焊药、银箔、银盐、化学仪器等,并用于制银币和底银等方面。自古以来,银就作为贵重金属,以货币的形式流通。

四、自然铜

[化学组成]Cu,原生自然铜常含有少量或微量 Fe、Ag、Au 等混入物,当含 Au 达 2%～3%时,称为金铜。次生自然铜的成分较纯净。

[晶体形态]单晶体少见,偶见立方体或四六面体。常呈不规则状、树枝状、薄片状、粒状等集合体。

[物理性质]铜红色(图 2-1-6),条痕为光亮的铜红色,金属光泽。硬度 2.5～3,无解理,断口锯齿状。相对密度 8.40～8.95。富延展性。为电和热的良导体,化学性质中等,在氧化条件下,表面常氧化成一层黑色氧化铜(CuO)薄膜。

图 2-1-6　自然铜

[成因及产状]自然铜主要产于含铜硫化矿床氧化带内,是由铜的硫化物转变为氧化物的过渡产物:$CuFeS_2 \rightarrow Cu \rightarrow Cu_2 \rightarrow CuCO_3 \cdot Cu(OH)_2$。

此外,热液蚀变的基性火成岩和火山岩中也有产出。有时自然铜呈交代砂砾岩胶结物出现在含铜砂岩中。

[鉴定特征]以铜红色,表面具有黑色氧化膜,或者具有孔雀石的绿色薄膜,金属光泽,富延展性,相对密度大,易溶稀硝酸,经常与蓝铜矿、孔雀石等共生为特征。

[主要用途]大量积聚时可作为铜矿石开采。

练一练

一、填空题

1. 在自然界已经发现的自然元素矿物超过________种，常见的有________、________、________等。

2. 自然金属元素矿物均具典型的金属键，表现出________、________、________、________等物理性质。

3. 半金属元素主要有________、________与________。

二、单项选择题

1. 自然铜的断口，常呈现典型的（　　）。

A. 贝壳状　　B. 锯齿状　　C. 参差状　　D. 平坦状

2. 自然金具有极强的（　　）。

A. 脆性　　B. 挠性　　C. 弹性　　D. 延展性

3.（　　）金属光泽，无解理，断口呈锯齿状，相对密度＞20，极具延展性。

A. 自然金　　B. 自然铜　　C. 自然铂　　D. 自然铋

三、问答题

1. 哪些矿物能在漂砾中保存并富集？

2. 为什么 Au、Pt 在自然界以自然元素状态存在最为稳定，而 Cu 等却不如此？

项目 2　自然硫、金刚石、石墨的鉴定

学习目标

知识目标：了解常见自然非金属矿物的化学组成；掌握常用自然非金属矿物的鉴定特征，熟练掌握对常见自然非金属矿物的识别方法。

能力目标：在造岩矿物化学成分特点的基础上，能分析和辨别自然非金属矿物；具备肉眼鉴定和描述常见的自然非金属矿物的能力。

思政目标：在讲授自然非金属元素组成矿物的鉴定时，融入集体主义、个人成才观和抗挫折教育。

常见的自然非金属元素矿物有自然硫、金刚石、石墨等。其鉴定特征如下。

一、自然硫

[化学组成]S，一般不纯净，常混杂有泥质或有机质，亦有 Se、Te 等类质同象混入物。

[晶体形态]斜方晶系，晶形少见，偶见双锥状或厚板状。集合体常呈致密块状、粒状、条带状、疏松状、土状、粉末状、被膜状、瘤状、钟乳状等。

[物理性质]硫黄色，纯硫呈黄色，含有机质呈黄灰、褐黑等色(图 2-2-1)。条痕为白色至淡黄色，晶面为金刚光泽，断口贝壳状微油脂光泽。晶体透明至半透明。硬度 1～2。性极脆，解理平行{001}、{111}、{110}不完全。相对密度 2.05～2.08。熔点低(119℃)，燃点低(270℃)，燃烧时产生 SO_2 臭气。为热和电的绝缘体。摩擦产生负电，用手握之，至于耳旁，可以听见轻微的炸裂声。

图 2-2-1 自然硫

[成因及产状](1)火山喷发型：由硫蒸汽直接结晶或由 H_2S 氧化而成。

(2)沉积型：由生物化学作用(硫细菌作用)而成。常与石膏、方解石、天青石等伴生。该类型一般较大，具有较大的工业价值。

(3)风化型：由金属硫化物或硫酸盐氧化分解而成。

[鉴定特征]以其黄色、油脂光泽、硬度小、性脆，有硫臭味，易燃(燃烧时生成淡蓝色火焰，且发出硫臭味)，易熔为特征。

[主要用途]硫是化学工业的基本原料，主要用于生产硫酸。此外，还用于造纸、纺织、橡胶、炸药、农用化肥等。

二、金刚石

[化学组成]C，常含石墨包裹体及 Si、Al、Mg、Fe、Ti 等混入物。

[晶体形态]等轴晶系，常呈八面体，晶面常有花纹，有时呈菱形十二面体、立方体及其聚形，晶棱常弯曲，晶体呈浑圆状，自然界中的金刚石大多数呈圆粒状或碎粒产出。

[物理性质]无色透明，或带蓝、褐、黄、绿、黑等色(图 2-2-2)。金刚光泽。硬度 10，是硬度最大的矿物(绝对硬度是石英的 1000 倍，为刚玉的 150 倍)。在紫外线的照射下，发黄色、蓝色荧光。熔点高，化学性质极稳定。

图 2-2-2 金刚石

［成因及产状］产于超基性岩的金伯利岩（角砾云母橄榄岩）中，是在高温、高压条件下岩浆分异作用形成的。含矿母岩遭受风化后，可富集成金刚石砂矿。

［鉴定特征］以其极高的硬度，灿烂的金刚光泽，晶面及晶棱常弯曲成浑圆状，具发光性为特征。

［主要用途］根据用途分为工业级金刚石和宝石级金刚石。工业级金刚石与冶金、煤炭、石油、机械、光学仪器、玻璃陶瓷、工业电子以及空间技术的发展有着密切的联系，是尖端技术工业所必需的原料，是十分重要的战略资源。无色或色彩鲜艳，晶体完美且透明的金刚石可作为宝石级金刚石，又称钻石。

三、石墨

［化学组成］C，很少纯净的，常含10％～20％的杂质，如Ca、Mg、Cu、P、Si等氧化物以及沥青、气体等。

［晶体形态］六方晶系，晶体完整者少见，有时呈六方板状或片状，通常呈鳞片状或片状集合体。

［物理性质］铁黑色—钢灰色（图 2-2-3）。条痕为光亮的黑色。金属光泽。平行{0001}极完全解理。硬度1～2。相对密度2.09～2.23，解理片具挠性。有滑腻感。易污手。电的良导体。耐高温。化学稳定性强，不溶于酸。

［成因及产状］石墨是在高温条件下的还原作用中形成的。

（1）煤层或含沥青质、碳质的沉积岩经区域变质作用或接触变质作用形成。

（2）石灰岩与岩浆侵入接触，石灰岩分解出CO_2，还原而成石墨。

［鉴定特征］以颜色、条痕、相对密度小、硬度小、具滑感为特征。铁黑色，条痕亮黑色。一组极完全解理，易污手。与辉钼矿相似，但辉钼矿具更强的金属光泽、硬度稍大，在涂油瓷板上辉钼矿的条痕黑中带绿，而石墨的条痕不带绿色。

［主要用途］工业上用途广泛，用于制造冶金工业上的石墨坩埚，机械工业上的润滑剂，

原子工业上做减速剂、铅笔芯、涂料、染料等。

图 2-2-3　石墨

自然元素矿物的鉴定

知识链接

常见的自然元素矿物有自然铜、自然金、自然铂、自然铋、自然硫、金刚石、石墨等。其鉴定特征如表 2-2-1 所示。

表 2-2-1　常见的自然元素矿物及鉴定特征

自然元素矿物	鉴定特征
自然铜	铜红色，表面常有黑色氧化膜，相对密度大(8.40～8.95)，延展性强。溶于稀 HNO_3，加氨水后溶液呈天蓝色
自然金	金黄色，强金属光泽，相对密度大(15.60～18.30)，硬度低(2.5～3)，富延展性，只溶于王水
自然铂	锡白色，相对密度大(21.50)，在空气中不氧化，普通酸中不溶解
自然铋	银白色，一组完全解理，硬度 2～2.5，相对密度 9.70～9.83
自然硫	硫黄色，金刚光泽，硬度低(1～2)，性脆，易燃，易熔，有硫臭味
金刚石	金刚光泽，硬度极高(10)，晶形浑圆，可有荧光
石墨	铁黑色至钢灰色，亮黑色条痕，一组极完全解理，硬度 1～2，易污手

练一练

1. 常见的自然元素矿物有哪些？

2. 以下哪种矿物属于自然元素矿物？

A. 银　　B. 石英　　C. 刚玉　　D. 石膏

3. 矿物在成因上差别很大，半金属元素矿物往往为________作用形成，石墨主要是________的产物，金刚石与________有因果关系，自然硫则以________形成的最为重要。

4. 石墨的主要物理性质较为突出显示了(　　)晶格的特征。

A. 金属　　B. 原子　　C. 离子　　D. 分子

5. 自然硫晶体结构为分子型，(　　)个 S 以共价键组成硫分子。

A. 4　　B. 6　　C. 8　　D. 12

6. 金刚石和石墨的化学成分一样，为什么物理性质有着巨大的差异？

7. 自然硫为什么常常会挥发出刺鼻的呛味？

模块三　硫化物矿物的鉴定

硫化物及其类似化合物为一系列金属元素与 S、Se、Te、As、Sb、Bi 等组成的化合物，其中以硫化物最多、最为重要。自然界已发现的硫化物矿物约 350 种，分布最广的是铁的硫化物。据估计，硫化物矿物的总质量占地壳总质量的 0.15%，分布量是很少的，但往往能富集成具有工业意义的有色金属和稀有分散元素矿床。

硫化物涵盖了世界上一些最重要的金属矿石，如辰砂(汞矿石)、方铅矿(铅矿石)、闪锌矿(锌矿石)和黄铜矿(铜矿石)。大多数的硫化物密度大、易碎，且看起来像金属。少数硫化物色浅、清澈且闪闪发光，如雄黄和雌黄。硫盐是硫的络合物，其中的硫直接与半金属元素(如砷、铋或锑)结合形成络阴离子团。

一、化学成分

硫化物矿物化合物的阴离子主要是 S，有少量 Se、Te 等，与之结合的阳离子主要是铜型离子(Cu、Pb、Zn、Ag、Hg、Cd 等)以及过渡型离子(Fe、Co、Ni、Mo、Mn、Pt 等)；少数为半金属元素(As、Sb、Bi)。稀散元素(Ga、Ge、Se、In、Te、Re、Tl 等)常以类质同象存在于硫化物中。

二、晶体化学特征

晶体化学性质上的特点区别于标准离子晶格的晶体。这是因为在硫化物及其类似化合物中原子间的键性杂，不仅表现共价键性，还显示一定的离子键性，甚至还有金属键性。本大类矿物的阴离子的半径较大、电负性较低，易被极化；阳离子的半径小、电价较高，极化能力强。常可看作 S^{2-} 等作最紧密堆积，阳离子充填四面体或八面体空隙。

三、结晶形态

成分简单的硫化物对称程度高，组分复杂的硫盐对称程度较低。大多数硫化物晶形较好，硫盐则主要以粒状或块状集合体出现。

硫化物矿物的晶体结构中，阳离子的配位多面体以八面体和四面体为主。其晶体结构类型也以八面体配位结构和四面体配位结构最为常见，其次是链状和层状结构的硫化物。

从化合物类型来看，硫化物应属于离子化合物，但它的一系列物理性质却与具典型离子晶格的晶体有明显的差别。这是由于其阴、阳离子之间较强的极化效应，致使晶格中键力类型具有过渡性质，即分别向金属键和共价键过渡。硫化物矿物化学键的这种复杂性是由组成硫化物矿物的原子的特殊电子结构组态所决定的。此外，在硫化物矿物中，还存在有多键型晶格，如具有链状和层状结构的硫化物中，链与链之间、层与层之间主要由分子键力联结。

四、物理、化学性质

硫化物矿物晶格中的键性是决定此类矿物一些主要物理性质的因素。键性具有明显金属键性质的矿物,都呈现金属光泽、金属色、不透明和能导电;键性具有明显共价键性质的矿物,则为金刚光泽、呈彩色、透明或半透明、不导电;具有分子键的链状或层状矿物,常沿链或层的方向发育一组完全解理。这一大类矿物总的物理性质特征是:呈金属色或彩色,条痕色深,显金属光泽或金刚光泽;硬度低(一般在2~4之间,层状矿物可降低到1~2,复硫化合物硬度较高,可达5~6.5);相对密度较大,多在4.00以上;大部分矿物易产生解理;熔点低。

硫化物矿物在化学性质方面的特点是,在水中的溶解度很小或不溶解,暴露在地表氧化环境中易遭受氧化,分解形成易溶于水的含氧的化合物——硫酸盐、碳酸盐及氧化物等。这种酸性溶液进入水中,不仅影响地下水的性质,而且也影响到岩石的力学性质以及地面或地下的各种工程建筑设施。

五、成因及产状

硫化物矿物形成的范围很广,从内生到外生都有它的产出。在岩浆结晶作用的早期,硫化物熔融体从硅酸盐熔浆中熔离出来,形成以Fe、Co、Ni和Cu为主的硫化物矿物;而大部分金属元素的硫化物主要形成于热液作用过程,且往往构成重要的多金属硫化物矿床;沉积作用中,主要产于还原条件下的风化带及沉积物(如煤层)之中。

硫化物矿物是提取有色金属和部分稀散元素的主要原料。近代以来,某些硫化物单晶体作为现代科学和技术的一种新材料,在半导体、红外、激光等方面,占据着日益重要的地位。

六、分类

根据阴离子的结构特点,可将本大类矿物分为3类。

简单硫化物:阴离子硫以S^{2-}与铜型或过渡型离子(Cu、Pb、Zn、Ag、Hg、Fe、Co、Ni等)结合而成,如方铅矿(PbS)、闪锌矿(ZnS)、辰砂(HgS)等。

复硫化物:阴离子以哑铃状对硫$[S_2]^{2-}$、对砷$[As_2]^{2-}$及$[AsS]^{2-}$、$[SbS]^{2-}$等与Fe、Co、Ni等过渡型离子结合而成。如黄铁矿(FeS_2)、毒砂(FeAsS)等。

硫盐:硫与半金属元素As、Sb、Bi结合组成的络阴离子$[AsS_3]^{3-}$、$[SbS_3]^{3-}$等,与铜型离子Cu、Pb、Ag结合成较复杂的化合物。如黝铜矿($Cu_{12}Sb_4S_{13}$)—砷黝铜矿($Cu_{12}As_4S_{13}$)等。

项目1　简单硫化物矿物的鉴定

学习目标

知识目标:了解简单硫化物矿物的性质;熟悉矿物的化学成分、结晶形态、物理性质、成因产状及用途;掌握识别简单硫化物矿物的方法。

能力目标：通过对简单硫化物矿物物理特性的观察、描述和分析，掌握运用相关物理特性对简单硫化物矿物进行初步肉眼鉴定的能力。

思政目标：介绍矿物鉴定相关的国家标准和行业规范，教育学生自觉遵守国家标准和规范，强化遵纪守法的政治意识。

一、辉铜矿

[化学组成]Cu_2S，Cu 79.86%，S 20.14%。常含 Ag 的混入物；有时含 Fe、Co、Ni、As、Au 等。系含铜矿物中含铜量最高的矿物之一。

[晶体结构]斜方晶系；属 $3L^2 3PC$——mmm 对称型。

[晶体形态]单晶体呈假六方形的短柱状或厚板状，但极少见；一般都呈致密块状、粉末状（烟灰状）集合体（图 3-1-1）。

[物理性质]新鲜面呈铅灰色，风化表面呈黑色，常带锖色。条痕暗灰色，金属光泽。不透明。解理平行{110}不完全。硬度 2.5～3。相对密度 5.50～5.80。略具延展性。电的良导体。

图 3-1-1　辉铜矿

[成因和产状]内生成因见于富 Cu 贫 S 的晚期热液铜矿床中，常与斑铜矿共生。外生辉铜矿见于某些含铜硫化物矿床氧化带的下部，为氧化带渗滤的硫酸铜溶液与原生硫化物进行交代作用的产物。辉铜矿在地表不稳定，易分解。在氧化作用下很不稳定，易分解变为赤铜矿（Cu_2O）、孔雀石（$Cu_2[CO_3](OH)_2$）和蓝铜矿（$Cu_3[CO_3](OH)_2$）；在不完全氧化的条件下，可形成自然铜。

[鉴定特征]以暗铅灰色、低硬度、弱延展性，用小刀刻划后，划痕光亮，溶于硝酸呈绿色为鉴定特征。呈烟灰状黑色粉末者以易污手为特征。

[主要用途]是提炼铜的最重要的矿石矿物之一。

二、方铅矿

[化学组成]PbS，Pb 86.6%，S 13.4%。常混有 Ag，有时混有 Cu、Zn、Se 和 In 等。其中 Se 以类质同象方式代替 S。

[晶体结构]等轴晶系；属 $3L^4 4L^3 6L^2 9PC$——$m3m$ 对称型。晶体结构属氯化钠型。即硫离子呈立方最紧密堆积，铅离子充填于晶胞的全部八面体空隙中（图 3-1-2），阴阳离子的配位数均为 6。

图 3-1-2 方铅矿离子堆积图

[晶体形态]常见晶形为立方体{100}，有时为立方体与八面体{111}的聚形，集合体常为粒状或致密块状（图 3-1-3）。

图 3-1-3 呈立方体的方铅矿晶体

[物理性质]铅灰色，条痕黑色，金属光泽。解理平行{100}完全。硬度 2～3。相对密度 7.40～7.60。具弱的导电性和良好的检波性。

[成因和产状]方铅矿主要形成于各种热液作用过程中，其中以中、低温热液阶段为主，也可形成于接触交代矿床中；经常与闪锌矿、黄铜矿、黄铁矿、石英、萤石、方解石等共生。此外，也还有表生沉积成因的方铅矿。

在氧化带，方铅矿不稳定，常转变为铅矾、白铅矿等一系列次生矿物。

［鉴定特征］以铅灰色、金属光泽、立方体、完全解理、相对密度大和硬度小为鉴定特征。

［主要用途］是提炼铅的最主要矿石矿物之一。含 Ag 量高时，可一并提取银。铅主要用于冶金、电气、国防等工业；此外，还可作红外探测器及检波器的材料。

知识链接

由硫和铅组成的方铅矿，有时形成与众不同的灰色立方体晶体（图 3-1-4）。这使其成为最容易辨认的矿物之一。方铅矿是天然的半导体，并且是我们今天所熟知的大多数电子配件的先驱。方铅矿晶体用于最早的晶体管收音机。最好的方铅矿晶体产于德国、法国、墨西哥及美国的三州矿区（三州指的是堪萨斯州、密苏里州与俄克拉荷马州）。

图 3-1-4　方铅矿

三、闪锌矿

［化学组成］ZnS，Zn 67.1%，S 32.9%。常含有 Fe、Mn 以及 Cd、In、Tl、Ga、Ge 等稀散元素。富含铁的闪锌矿亚种，称铁闪锌矿（Fe＞8%）和黑闪锌矿（Fe 可达 26%），近年来，在我国湖南新晃发现一种所谓汞闪锌矿。

［晶体结构］等轴晶系；属 $3L_i^4 4L^3 6P$——$\bar{4}3m$ 对称型。在闪锌矿的晶体结构中，硫离子呈立方最紧密堆积，锌离子仅充填晶胞的半数四面体空隙。在单位晶胞中，锌占据立方体的顶角及面中心，硫占据晶胞所分成的 8 个小立方体中的呈相间排列的 4 个小立方体之中心。Zn^{2+}、S^{2-} 的配位数均为 4，由于配位四面体都具有相同的方位，因此，整个结构具有四面体的对称。另外，在(110)面网上分布着数目相等的异号离子，而且面网密度大，这就决定了闪锌矿具有平行{110}方向的完全解理（图 3-1-5）。

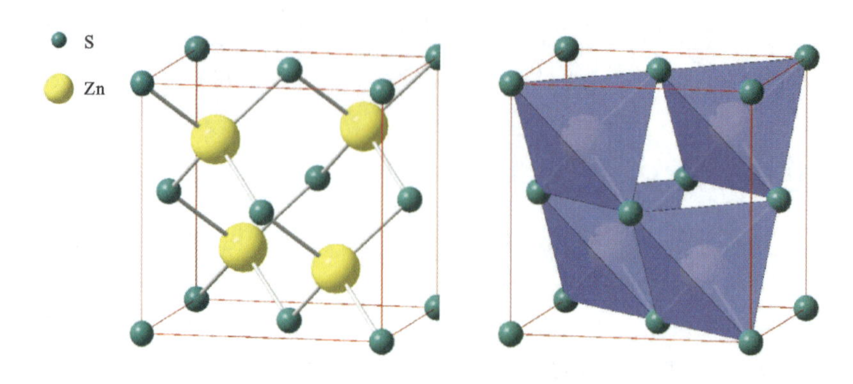

图 3-1-5　闪锌矿的晶体结构

[晶体形态]单晶体通常为正、负四面体之聚形,晶面上常有三角形的正、负四面体的聚形纹(图 3-1-6)。有时也出现菱形十二面体形态,集合体通常为粒状,有时呈肾状或葡萄状。

图 3-1-6　闪锌矿晶体

[物理性质]闪锌矿的光学性质随含铁量的不同而变化。当含铁量增多时,颜色由无色到浅黄、黄褐以至棕色,条痕由白色至褐色,光泽由树脂光泽至半金属光泽,透明至半透明;解理平行{110}完全,硬度 3.5～4,相对密度 3.90～4.10。

[成因和产状]成因与方铅矿相似,因而两者经常密切共生。高温热液成因的闪锌矿通常富含 Fe、In、Se 和 Sn;中、低温热液形成的闪锌矿富含 Cd、Ga、Ge 和 Tl。

闪锌矿中铁的含量与形成温度有关,高温时形成的含铁量高,颜色较深,晶胞参数增大;而低温形成的含铁量低,色浅。因此,铁含量多少是闪锌矿形成温度的标志。同时铁含量也与压力有关,铁含量随压力增高而降低(在闪锌矿中的 Fe^{2+} 为 4 次配位,压力的增高限制了四次配位 Fe^{2+} 的稳定范围)。因此闪锌矿可作为地质温压计。

在氧化带中,闪锌矿分解形成易溶于水的 $ZnSO_4$ 并随着流水迁移,若遇到石灰岩,可与之反应形成菱锌矿 $ZnCO_3$。因此,在铅锌矿床的氧化带中,锌的次生矿物比铅的少。

[鉴定特征]以其树脂光泽、平行{110}的完全解理和常与方铅矿共生为鉴定特征。在上述特征不甚明显时，可用 HNO_3 将它溶解后，加入硫氰汞钾，可立即生成羽毛状、箭头状、从十字状的硫氰汞锌小晶体(图 3－1－7)。

图 3－1－7　闪锌矿

[主要用途]是提炼锌的主要矿石矿物，并常可从中提取 Cd 或 In、Ge 等稀散元素。结晶良好的闪锌矿单晶体，是最佳的红外窗口材料与发光材料。

四、辰砂

[化学组成]HgS，Hg86.2%，S13.8%，成分固定。有时含微量的 Se 和 Te。

[晶体结构]三方晶系；属 $L^3 3L^2$——32 对称型。晶体结构属变形的氯化钠型。

[晶体形态]晶体呈菱面体形或厚板状；常呈矛头状贯穿双晶；集合体多为粒状、块状或背膜状。

[物理性质]红色，条痕猩红状，金刚光泽，半透明((图 3－1－8)；解理平行{1010}完全，硬度 2～2.5，相对密度 8.10，具旋光性；不导电。

[成因和产状]为低温热液矿床标型矿物。辰砂在氧化条件下较其他硫化物稳定，可见于砂矿中。

[鉴定特征]以红的颜色，猩红色条痕，相对密度大和硬度低为鉴定特征。当晶体细小特征不明显时，可将其粉末放于闭管中灼烧，不久即可在管的上端出现汞镜。

[主要用途]是提炼汞的最主要矿石矿物。辰砂的单晶可作激光调制晶体，是当前激光技术的关键材料之一。

图 3-1-8 辰砂

知识链接

辰砂以在温泉周围或火山脉中结晶为典型特征，通常呈明亮的砖红色。因为它含有很多汞（达到85%甚至更高），所以它是我们获取汞的主要来源。汞用于温度计和其他科学仪器中。辰砂所磨成的粉末一度广泛应用于名为朱砂红的红色油画颜料中。这种颜料现已不再使用，原因是它像所有含汞化合物一样具有毒性。

五、黄铜矿

[化学组成] $CuFeS_2$，Cu 34.56%，Fe 30.52%，S 34.92%。通常含有 Ag、Au、Mn、As、Se 和 Te，有时有 Ga、Ge、In、Ni 和铂族元素等混入物。

[晶体结构]四方晶系，对称型 $L_i^4 2L^2 2P$——$\bar{4}2m$。晶体结构可与闪锌矿的结构类比，其单位晶胞宛若由闪锌矿的两个晶胞叠加而成。

[晶体形态]单晶体呈四方四面体、四方双锥形，但很少见，多为粒状或致密块状集合体（图 3-1-9）。

[物理性质]铜黄色，表面常带有暗黄色或斑状金属锖色，条痕为带绿的黑色，金属光泽；解理平行{101}不完全，硬度 3.5～4，性脆，相对密度 4.10～4.30；能导电。

图 3-1-9　黄铜矿

[成因和产状]黄铜矿是含铜矿物中分布较广的一种矿物，常形成于以下各种地质条件：超基性、基性岩浆作用形成的黄铜矿，常与磁黄铁矿、镍黄铁矿共生；在斑铜矿中，黄铜矿与斑铜矿、辉钼矿共生；在与各种热液作用有关的多金属矿床中，黄铜矿与方铅矿、闪锌矿、黄铁矿共生；在沉积成因的铜矿床中，黄铜矿与辉铜矿共生(图 3-1-10)。

图 3-1-10　黄铜矿-黄铁矿-闪锌矿共生

在氧化带，黄铜矿极易氧化、分解，形成 $CuSO_4$ 及 $FeSO_4$，遇到石灰岩形成孔雀石和蓝铜矿，也可以形成褐铁矿铁帽，它们均可作为找矿标志。黄铜矿在次生富集带可转变为斑铜矿和辉铜矿。

[鉴定特征]黄铜矿与黄铁矿相似，可以其颜色比黄铁矿黄（深），硬度比黄铁矿小，条痕为带绿的黑色等特征进行区分；以其脆性与自然金（金具强延展性）区别。

[主要用途]是提炼铜的重要矿石矿物。

六、磁黄铁矿

[化学组成]$Fe_{1-x}S$，一般用 $Fe_{1-x}S$ 表示，混入物以 Ni 和 Co 为最常见

[晶体结构]六方晶系，通常呈致密块状、粒状集合体或呈浸染状。晶形呈平行{0001}的板状，少数为柱状或桶状（图 3-1-11）。

图 3-1-11　磁黄铁矿晶体

[物理性质]暗青铜黄色，条痕灰黑色；金属光泽；硬度 4；性脆；解理平行{1011}不完全；相对密度 4.60～4.70，具磁性。

[性质与产状]磁黄铁矿的主要产状有：

(1)产于基性岩体内的铜镍硫化物岩浆矿床中，与镍黄铁矿、黄铜矿紧密共生。

(2)产于接触交代矿床中，与黄铜矿、黄铁矿等矿物共生，主要形成于接触交代作用过程的后期阶段。

(3)产于一系列热液矿床中，如锡石硫化物矿床。

在氧化带，磁黄铁矿极易分解，最后转为褐铁矿。

[鉴定特征]暗古铜黄色，硬度小，具弱—强磁性。

[主要用途]为制作硫酸的矿石矿物原料，含 Ni 较高时可作为镍矿综合利用。

七、斑铜矿

[化学组成]Cu_5FeS_4，但其成分的实际变动很大。

[晶体结构]等轴晶系，通常呈致密块状或不规则状集合体（图 3-1-12）。

[物理性质]新鲜断面呈暗铜红色，条痕灰黑色；金属光泽；硬度 3；性脆；相对密度 4.90～5.00。

图 3-1-12　斑铜矿

[成因及产状]可形成于 Cu-Ni 硫化物矿床、矽卡岩矿床及铜硫化物矿床的次生硫化物富集带中。

[鉴定特征]暗铜红色，但表面常见锖色；低硬度。

[主要用途]为铜的主要矿石矿物。

八、辉锑矿

[化学组成]Sb_2S_3，Sb 71.4%，S 28.6%；含少量 As、Pb、Ag、Cu、Fe 等混入物。

[晶体结晶]斜方晶系；单晶体呈柱状或针状，柱面具有明显的纵纹。常呈柱状、放射状或粒状集合体(图 3-1-13)。

图 3-1-13　辉锑矿晶簇

[物理性质]铅灰色；条痕黑色；金属光泽；不透明。硬度 2；性脆；解理平行{010}完全，解理面上常有横的聚片双晶纹；相对密度 4.60。

[成因及产状]主要产于低温热液矿床中，与辰砂、石英、萤石、重晶石、方解石等共生(图 3-1-14)。

[鉴定特征]铅灰色，柱状晶形，解理面有横纹。

[主要用途]为锑的重要矿石矿物。晶体大或呈美观的晶簇时，具观赏和收藏价值。

图 3-1-14　辉锑矿-方解石

九、雌黄

[化学组成]As_2S_3，类质同象混入物 Sb 可达 3%。

[晶体结构]单斜晶系；单晶体呈板状或短柱状，集合体成片状、梳状、土状等（图 3-1-15）。

[物理性质]柠檬黄色；条痕鲜黄色；油脂光泽至金刚光泽。硬度 1.5～2；解理平行{010}极完全，薄片具挠性。相对密度 3.50。

图 3-1-15　雌黄

[成因及产状]主要产于低温热液矿床中，为标型矿物。常与雄黄共生。此外，也可由火山喷气直接结晶而成。

[鉴定特征]柠檬黄色，硬度低，一组极完全解理。

[主要用途]为砷及各种砷化物的主要矿石，还可用于中药。

十、雄黄

[化学组成]As_4S_4，成分固定，含杂质较少。

[晶体结构]单斜晶系；通常以致密块状或皮壳状集合体出现。单晶体通常细小，呈柱状、短柱状或针状，柱面上有细的纵纹(图 3-1-16)。

图 3-1-16　雄黄

硫化物矿物的鉴定

[物理性质]橘红色；条痕淡橘红色；晶面上具金刚光泽，断面上现树脂光泽。硬度 1.5～2；性脆；解理平行{010}完全。相对密度 3.60。

[成因及产状]形成条件与雄黄相似并与雌黄共生。

[鉴定特征]橘红色，条痕淡橘红色，硬度低。

[主要用途]为砷及各种砷化物的主要矿石矿物。

项目 2　复硫化物矿物的鉴定

学习目标

知识目标：了解复硫化物矿物的性质；熟悉矿物的化学成分、结晶形态、物理性质、成因产状及用途；掌握识别常见的复硫化物矿物的方法。

能力目标：通过对复硫化物矿物物理特性的观察、描述和分析，掌握运用相关物理特性对复硫化物矿物进行初步肉眼鉴定的能力。

思政目标：通过对矿产资源的学习，使学生认识金属矿物对人类经济社会发展的重要性，培养节约资源的意识。

一、黄铁矿

[化学组成]FeS_2，Fe 46.55%、S 53.45%。常见 Co、Ni 等类质同象置换，Fe，Au、Ag 呈机械混入物。

[晶体结构]等轴晶系。NaCl 型之衍生结构。

[形态]常见完好晶形，呈立方体、五角十二面体或八面体。立方体晶面上可见三组相互垂直的晶面条纹。集合体常成致密块状、分散粒状及结核状等(图 3－2－1)。

图 3－2－1　黄铁矿

[物理性质]浅铜黄色，表面常具黄褐的锖色；条痕绿黑色或褐黑色；强金属光泽，不透明。无解理；断口参差状。硬度 6～6.5. 相对密度 4.9～5.2。性脆。可具检波性。是半导体矿物，具导电性和热电性。

[成因及产状]分布最广的硫化物，形成于多种地质条件。

[鉴别特征]据其晶形、晶面条纹、颜色、硬度等特征可与相似的黄铜矿、磁黄铁矿相区别，性脆，受敲打时很容易破碎，破碎面是参差不齐的。

[主要用途]为制造硫酸的主要矿物原料。

知识链接

黄铁矿晶体结构—NaCl 型衍生结构

对硫$[S_2]^{2-}$近似立方最紧密堆积，中心为 Cl^- 位置，Fe^{2+} 在 Na^+ 位置(图 3－2－2)。$[S_2]^{2-}$ 轴向为晶胞 1/8 小立方体对角线方向。$[S_2]^{2-}$ 轴向在结构中交错配置，各方向键力相近。

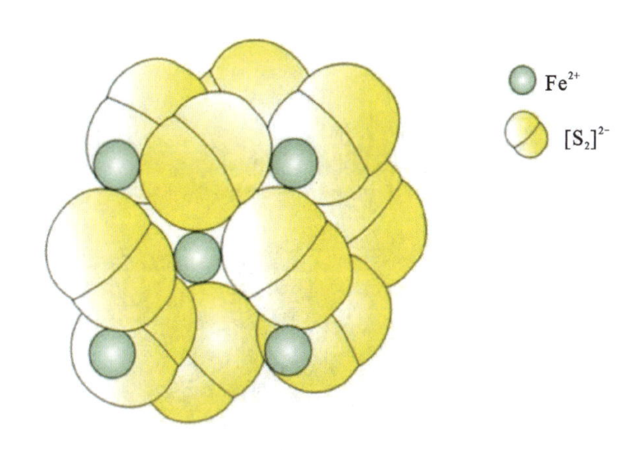

图 3-2-2 黄铁矿晶体结构

黄铁矿的标型特征

矿物标型特征：在一定的物理化学条件下形成的某种矿物，在晶形、双晶类型、某些物理性质（如颜色）、所含微量元素等方面或其中的一个方面，表现出特有的特征，因而可以作为成因上的标志者，这种特征称为矿物的标型特征，具有标型特征的矿物则称为标型矿物。

同种矿物在不同物理化学条件下形成具有能反映本身成因的某种特征。由于形成时的物理化学条件不同，同种矿物在化学成分、晶体结构参数、物理性质或形态上所出现的差异均可作为矿物标型特征。

黄铁矿的晶体形态具有标型性，在热液体系中，随着温度由低变高，黄铁矿的晶形从立方体→立方体与五角十二面体聚形→八面体与五角十二面体聚形→八面体。

二、毒砂

[化学组成]FeAsS，通常其成分大致变化范围为 $FeAs_{0.9}S_{1.1}$ 至 $FeAs_{1.1}S_{0.9}$。含微量 Bi、Sb、Zn、Se 等。

[晶体结构]单斜晶系；白铁矿型的衍生结构。

[形态]单晶常呈柱状，发育{120}或{110}斜方柱，柱面上有晶面条纹。另还发育{101}假斜方柱。有时依(101)形成接触双晶；依(012)形成穿插双晶或三连晶。集合体往往为粒状或致密块状（图 3-2-3）。

[物理性质]锡白至钢灰色；表面常带浅黄的锖色；条痕灰黑；金属光泽，不透明。解理不完全。硬度 5.5～6。相对密度 5.9～6.29。以锤击打发蒜臭味，灼烧后具磁性。性脆。

[成因及产状]毒砂形成的温度范围很大，广泛出现于金属矿床中。但以高温和中温热液矿床更为常见。毒砂在氧化环境中易分解而形成浅黄色或浅绿色的臭葱石 $Fe[AsO_4]\cdot 2H_2O$。

[鉴定特征]锡白色，硬度高，锤击发蒜臭味。与白铁矿相似，但毒砂条痕加 HNO3 研磨分解后，再加入钼酸铵，可产生鲜黄绿色砷钼酸铵沉淀。

[主要用途]为制造砷及砷化物的矿石矿物。

图 3-2-3　毒砂

练一练

一、填空题

1. 硫化物按阴离子的不同，相应地分为________、________、________三类。

2. 多数单硫化物都具有________、________、________与________的物理性质。

3. 较为常见的复硫化物________、________具有硬度较高的特征。

4. ________与________是同质多象的两种硫化物矿物。

5. 相对密度>7 的________灰黑色，平行{100}三组完全解理。________金刚光泽，鲜红色。________柠檬黄色，解理平行{010}极完全，解理面为珍珠光泽。

6. ________与________为低温热液标型矿物。

二、单项选择题

1.（　　）表面常呈蓝紫斑状锖色，硬度 3，且无解理。

A. 辰砂　　B. 斑铜矿　　C. 黄铁矿　　D. 铜蓝

2. 闪锌矿具有平行单形（　　）{110}面 6 组完全解理的性质。

A. 八面体　　B. 立方体　　C. 菱形十二面体　　D. 正负四面体

3.（　　）铅灰色，金属光泽，解理极完全，低硬度，有滑腻感，在瓷板上的条痕为黄绿色。

A. 辉锑矿　　B. 辉秘矿　　C. 辉银矿　　D. 辉钼矿

4. 绝大部分硫化物都是（　　）的产物。

A. 热液作用　　B. 岩浆作用　　C. 变质作用　　D. 伟晶作用

5. 地壳中分布最广的硫化物（　　），强金属光泽，性脆，断口参差状，可形成铁十字穿插双晶。

A. 白铁矿　　B. 毒砂　　C. 黄铁矿　　D. 磁黄铁矿

三、判断题

1. 黄铁矿具有高硬度，无解理的性质。（　　）
2. 毒砂、辰砂都是含 As 的硫化物。（　　）
3. 辉锑矿、铜蓝是低温热液的标型矿物。（　　）
4. 方铅矿在氧化带易转变为铅钒、白铅矿等一系列次生矿物。（　　）
5. 雌黄具有三组完全解理、金刚光泽的物理性质。（　　）
6. 辉钼矿为铅灰色，在瓷板上的条痕同为铅灰色。（　　）
7. 雄黄晶体细小，呈短柱状或针状，柱面上有细的纵纹。（　　）
8. 辉铜矿的含铜量低于黄铜矿。（　　）
9. 镍黄铁矿与磁黄铁矿都属于等轴晶系。（　　）
10. 辉秘矿主要产于高温热液矿床中。（　　）

四、问答题

1. 硫化物主要形成于哪些地质作用中？
2. 硫化物、含硫盐、硫酸盐三类矿物的本质区别是什么？
3. 为什么在黑色地层中容易出现硫化物？而在红色地层中只能看见硫酸盐（如石膏）？
4. 哪些硫化物硬度大于 5.5？哪些硫化物硬度小于 2.5？
5. 在砂矿中为何难以见到硫化物的矿物？
6. 列举硫在自然界可出现哪些不同价态的矿物，它们的形成条件存在哪些差异？
7. 硫化物特别容易被氧化分解，其根本原因何在？
8. 如何区别下列矿物：辉锑矿与方铅矿；黄铁矿与黄铜矿；雌黄与雄黄；辉钼矿与石墨。
9. 为什么大多数硫化物的光泽强、硬度低、相对密度大？

模块四　氧化物及氢氧化物矿物的鉴定

项目1　氧化物矿物的鉴定

知识目标：了解氧化物矿物的性质；掌握识别常见氧化物矿物的方法。

能力目标：在矿物化学成分特点的基础上，能分析和辨别氧化物；具备肉眼鉴定和描述常见的氧化物的能力。

思政目标：学生在宝石矿物肉眼鉴定特征的实际操作过程中，促进学生团队合作意识，创新创造能力的培养。

一、石英

本族矿物包括 SiO_2 的一系列同质多象变体：α-石英、β-方石英、α-鳞石英、β_1-鳞石英、β_2-鳞石英、α-方石英、β-方石英、柯石英、斯石英等。此外，把含 H_2O 的 SiO_2 矿物蛋白石也并合在本族内。这些 SiO_2 同质多象变体的主要特征见表4-1-1。

表4-1-1　SiO_2 主要同质多象变体的主要特征

变体名称	常温下的稳定范围	晶系	形态	相对密度	成因和产状
α-石英（低温石英）	573℃以下稳定	三方	单晶体为菱面体与六方柱的聚形	2.65	形成于各种地质活动
β-石英（高温石英）	573～870℃稳定	六方	单晶体呈六方双锥	2.53	产于酸性火山岩中
α-磷石英（低温磷石英）	117℃以下准稳定	斜方	具 β_2-鳞石英六方板状假象，或呈极细的粒状、球粒状	2.26	见于酸性火山岩中，由 β_2-鳞石英转变而成，或由低温热液作用和表生作用形成
β_1-鳞石英（中温鳞石英）	117～163℃准稳定	六方	具 β_2-鳞石英六方板状假象		见于酸性火山岩中，由 β_2-鳞石英转变而成

续表 4-1-1

变体名称	常温下的稳定范围	晶系	形态	相对密度	成因和产状
β_2-鳞石英（高温鳞石英）	870～1470℃稳定 163～870℃准稳定	六方	单晶体呈六方板状	2.22	产于酸性火山岩中
α-方石英（低温方石英）	268℃以下准稳定	四方	具 β-方石英八面体假象，或呈隐晶质	2.32	见于酸性火山岩中，由 β-方石英转变而成，或由低温热液作用和表生作用形成
β-方石英（高温方石英）	1470～1723℃稳定 268～1470℃准稳定	等轴	单晶体呈八面体	2.20	产于酸性火山岩中
柯石英	约 $(19\sim76)\times10^9$ Pa 范围内稳定，常温下准稳定	单斜	呈不规则粒状	2.93	产于陨石坑中，由陨石撞击变质形成，亦见于榴辉岩中
斯石英	约 76×10^8 Pa 以上稳定、常温常压下准稳定	四方	呈极细小的一向延长的晶形（20～25μm）	4.28	产于陨石坑中，由陨石撞击变质形成

在 SiO_2 的各种天然同质多象变体中，除斯石英（属金红石型结构）中硅离子为八面体配位外，在其余各变体中硅离子均为四面体配位，即每一硅离子均被 4 个氧离子包围成硅氧四面体。各硅氧四面体彼此均以角顶相连而成三维的架状结构。由于不同的变体中硅氧四面体在排列方式和紧密程度上有所差异，从而反映在形态和某些物理性质上（如相对密度等）有所不同。

在石英、鳞石英及方石英各自的高、（中）温低变体之间，其同质多象转变均不涉及晶体结构中键的破裂和重建，转变过程迅速且是可逆的。但石英与鳞石英间及鳞石英与方石英间的转变，都涉及键的破裂和重建，其过程相当缓慢，且当降温时，往往过冷却而并不发生转变，继续以准稳定状态存在，直至最后转变为本身的低温变体。

α-石英（quartz）

［化学成分］α-SiO_2。

［晶体形态］三方晶系。通常呈六方柱$\{10\bar{1}0\}$和菱面体$\{10\bar{1}1\}$、$\{01\bar{1}1\}$等单形所形成之聚形（图 4-1-1）。柱面上常具横纹，有时还出现三方双锥和三方偏方面体单形的小面。分左形和右形（图 4-1-2）。常见的双晶有道芬双晶和巴西双晶，偶见日本双晶（图 4-1-3）。集合体呈粒状、致密块状或晶簇状。

［物理性质］无色透明者称水晶，烟黄至黑色者称烟晶，紫色者称紫晶，浅红色者称蔷薇石英。

图 4-1-1　水晶晶体

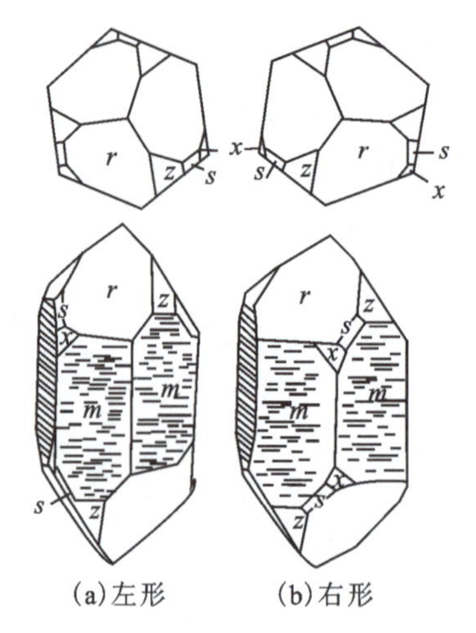

图 4-1-2　石英晶体

（引自潘兆橹等，1993）

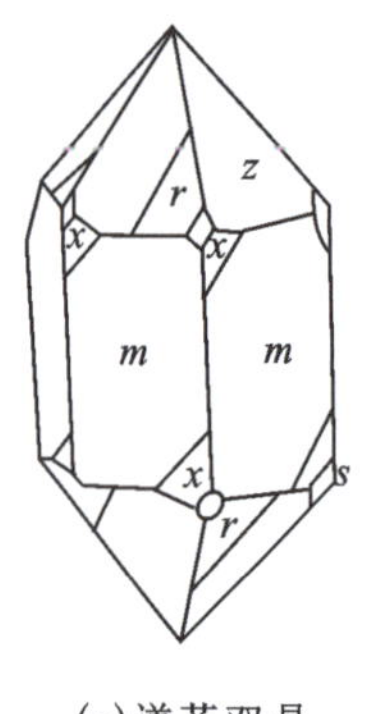

(a)道芬双晶

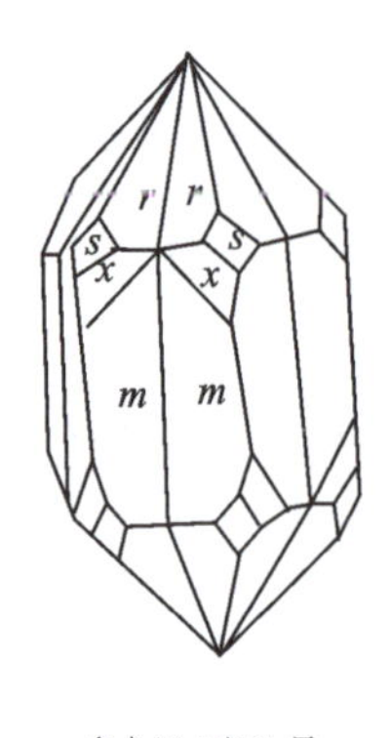

(b)巴西双晶

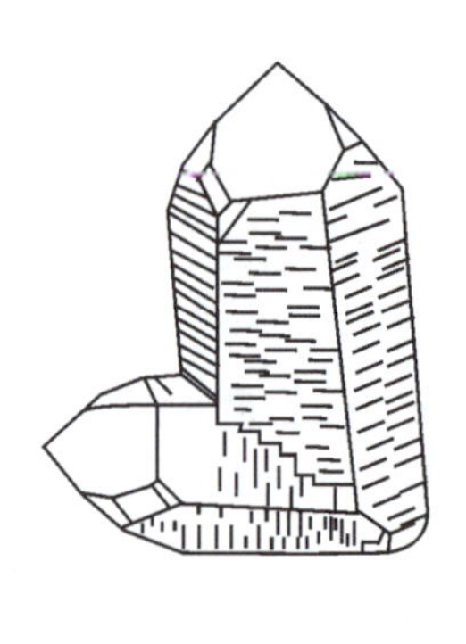

(c)日本双晶

图 4-1-3　水晶的双晶

（引自潘兆橹等，1993）

玻璃光泽，断口呈油脂光泽。硬度 7，贝壳状断口，相对密度 2.65，具压电性。隐晶质的石英一般称石髓（玉髓）。具有不同颜色条带的或花纹相间分布的石髓称为玛瑙。呈晶腺等形态，蜡状光泽，微透明。

[成因及产状]α-石英在自然界分布极广，是许多火成岩、沉积岩、变质岩的主要造岩矿物。α-石英又是花岗伟晶岩脉和大多数热液脉的主要矿物成分。在伟晶岩脉洞和变质岩系中的石英脉内，α-石英则是天然压电水晶的重要来源。玛瑙为低温热液的胶体成因产物，主要产于喷出岩的孔洞中。

[鉴定特征]以晶形及晶面横纹等特征容易鉴定。

二、尖晶石

尖晶石化学型属于 AB_2X_4 型。A 代表二价的 Mg、Fe、Zn、Mn，B 代表三价的 Fe、Al、Cr。在本族矿物之间，广泛发育着完全和不完全的类质同象置换。

在尖晶石族矿物中，根据其成分中三价阳离子的不同，分为下列 3 个系列。

(1)尖晶石系列(铝-尖晶石)：三价阳离子为 Al，如尖晶石 $MgAl_2O_4$。

(2)磁铁矿系列(铁-尖晶石)：三价阳离子为 Fe，如磁铁矿 $FeFe_2O_4$。

(3)铬铁矿系列(铅-尖晶石)：三价阳离子为 Cr，如铬铁矿 $FeCr_2O_4$。

上述 3 个系列之间存在着不同的类质同象关系。铬铁矿系列与磁铁矿系列之间为连续的类质同象；铬铁矿系列与尖晶石系列之间为不连续的类质同象；尖晶石系列与磁铁矿系列之间不发生类质同象。

本族矿物中尖晶石、铬铁矿等的晶体结构属正常尖晶石型。氧离子接近于成立方紧密堆积，二价阳离子充填 1/8 的四面体空隙，三价阳离子充填 1/2 的八面体空隙。这种典型结构表现出配位四面体和配位八面体共有角顶的链接。本族矿物中磁铁矿等的晶体结构属倒置尖晶石型结构。它与正常尖晶石型结构的差别在于：在它的结构中半数的三价阳离子充填 1/8 的四面体空隙。另外半数的三价阳离子和二价阳离子一起充填 1/2 的八面体空隙。

属于尖晶石型结构的矿物，反映在形态上通常呈八面体、菱形十二面体晶形，而在物理性质上则为硬度高、无解理特征等。

[化学组成]$MgAl_2O_4$，常 FeO、ZnO、MnO、Fe_2O_3、Cr_2O_3 等成分。铁尖晶石 $FeAl_2O_4$ 和镁铬铁矿 $MgCr_2O_4$ 具有完全类质同象关系。

[晶体形态]等轴晶系。常呈八面体形[图 4-1-4(a)]，有时八面体与菱形十二面体组成聚形。双晶依(111)成尖晶石律接触双晶[图 4-1-4(b)]。

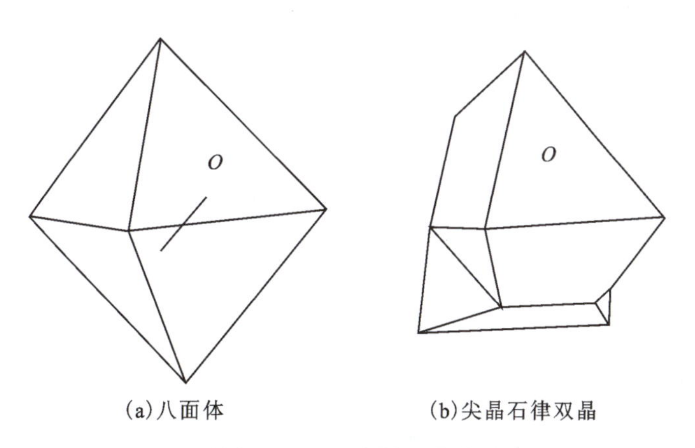

图 4-1-4 尖晶石晶形

[物理性质]无色者少见，通常呈红色(含 Cr^{3+})、绿色(含 Fe^{3+})或褐黑色(含 Fe^{2+} 和 Fe^{3+})。玻璃光泽，硬度 8，偶有平行{111}裂理，相对密度 3.55(图 4-1-5、图 4-1-6)。

图 4-1-5　尖晶石晶体

图 4-1-6　尖晶石晶体

[成因及产状]形成于侵入岩与白云岩或镁质灰岩的接触变质带，在富铝贫硅的泥质岩的热变质带亦可产出。此外，常见于砂矿中。

[鉴定特征]八面体晶形、尖晶石律双晶、无解理、高硬度。

三、磁铁矿

[化学组成]$FeFe_2O_4$，常含有 Mg、Mn、Ti、V、Cr 等类质同象元素。

[晶体形态]等轴晶系。晶型常呈八面体，较少呈菱形十二面体。在菱形十二面体上沿长对角线方向常现条纹。双晶依(111)呈尖晶石律接触双晶。集合体常成致密块状和粒状。

[物理性质]铁黑色，条痕黑色，半金属光泽，不透明，硬度 6，有时具{111}裂理，性脆，相对密度 5.20，具强磁性。

[成因及产状]形成于内生作用和变质作用过程，是岩浆成因铁矿床、接触交代铁矿床、气化-高温含稀土铁矿床、沉积变质铁矿床以及一系列与火山作用有关铁矿床中的主要铁矿物。此外，也常见于砂矿中。我国磁铁矿的产地很多，其中以四川攀枝花（岩浆成因铁矿床）、辽宁鞍山（沉积变质铁矿床）、湖北大冶（接触交代铁矿床）等最为著名。

[鉴定特征]以其晶形、黑色条痕和可磁性可与其相似的矿物如赤铁矿、铬铁矿等相区别。

[主要用途]提炼铁的最重要的矿物原料之一；可综合利用 V、Ti、Cr。

四、锡石

[化学组成]化学成分为 SnO_2。常含 Fe 和 Ta、Nb 等氧化物的细分散包裹物，但 Nb、Ta 也可以类质同象方式替代 Sn。

[晶体形态]四方晶系。晶形常呈由四方双锥、复四方双锥和四方柱所组成的双锥柱状聚形（图 4-1-7），以(101)为双晶面之膝状双晶常见。集合体呈不规则粒状。

[物理性质]一般为黄棕色至深褐色，条痕白色至淡黄色，金刚光泽，断口油脂光泽。透明度随颜色的深浅而异，大多为半透明至不透明，硬度 6～7，解理平行{110}不完全，贝壳状断口，相对密度 6.80～7.00。

图 4-1-7　锡石晶体

[成因及产状]锡石矿床在成因上与酸性火成岩，尤其花岗岩有密切的关系，其中以锡石石英脉和锡石硫化物矿床最有价值。此外，常富集于砂矿中。我国是世界上产锡的主要国家之一，广西大厂、云南个旧是我国最著名的锡产地。

[鉴定特征]以光泽、晶形和双晶律为鉴定特征。

五、金绿宝石

[化学组成]$BeAl_2O_4$。BeO 含量为 19.71%，Al_2O_3 含量为 80.29%；常含 Cr_2O_3 和 Fe_2O_3。

[晶体形态]斜方晶系。配位型结构：氧离子成六方紧密堆积，铍离子充填四面体空隙，铝离子充填八面体空隙，与橄榄石等结构。对称型 $3L^2 3PC-mmm$。假六方板状或短柱状；(010)晶面有平行 a 轴的条纹。常依(130)成接触双晶或贯穿双晶(图 4-1-8、图 4-1-9)，也可呈细粒状集合体。

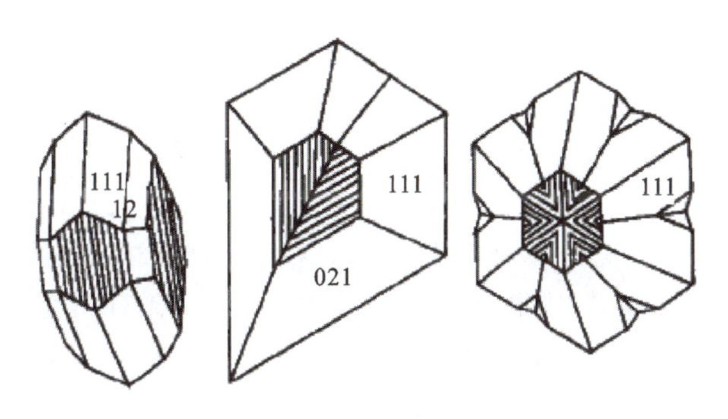

图 4-1-8　金绿宝石的晶形和双晶

图 4-1-9　金绿宝石的晶体

[物理性质]多为黄绿色，无色者少见；玻璃光泽；半透明。硬度 8.5；{110}解理中等；贝壳状断口；性脆。相对密度为 3.75。含微量 Cr 而呈绿色者称“变石”，在灯光下呈紫红色；见蛋白光或星彩者称“金绿宝石猫眼”或“猫眼”。

[成因及产状]产出甚少，见于花岗伟晶岩与围岩的接触带。

[鉴定特征]晶形、双晶、高硬度。

六、刚玉

[化学组成]Al_2O_3。微量 Fe、Ti、Cr、Mn、V、Si 等可以类质同象或机械混入物存在于刚玉中。常见金红石、赤铁矿、钛铁矿包裹体。

[晶体结构]三方晶系。刚玉型结构(图 4-1-10)；a_0=0.477nm；c_0=1.304nm；Z=6。

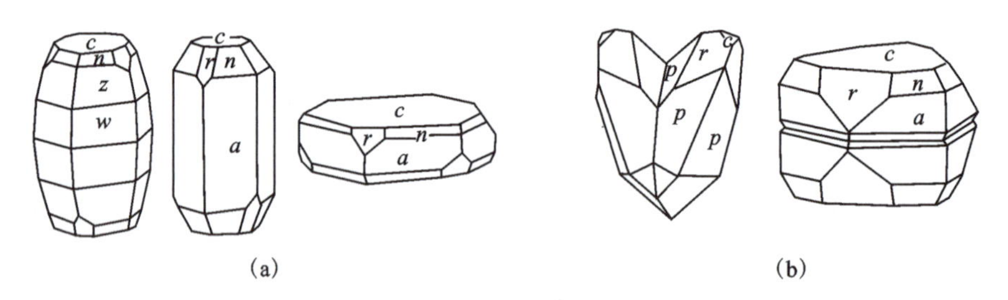

图 4-1-10　刚玉的晶形

[晶体形态]对称型 $L^3 3-3m$。腰鼓状、柱状，少数呈板状或片状(图 4-1-11)。高压下依菱面体{10$\bar{1}$1}、较少依{0001}成聚片双晶，以致在晶面上常出现相交的几组条纹。产于贫硅富碱岩石中者呈长柱状和近三向等长形；产于富硅贫碱岩石中者为板状。集合体成粒状或致密块状。

图 4-1-11　刚玉晶体

氧化物矿物的鉴定

[物理性质]一般为灰、黄灰色，玻璃光泽。硬度 9；无解理；常因聚片双晶或细微包裹体产生沿{0001}或{$10\bar{1}1$}的裂开。相对密度 3.95～4.10。熔点 2000～2030℃。无色者为无色蓝宝石；含 Cr 呈红色者为红宝石；含 Ti 和 Fe 呈蓝色者称蓝宝石；含 Ni 呈黄色者为黄色蓝宝石；含 Co、Ni 和 V 呈绿色者为绿色蓝宝石；含 Fe 呈黑色者为铁刚玉。如红宝石或蓝宝石的{0001}面发育六射针状金红石包裹体而呈星光状者称星光红宝石或星光蓝宝石。在紫外线照射下，含 Cr 和 Mn 者发红光；含 Ti 者发玫瑰红光；含 V 者发黄光。吸收光谱因杂质的含量不同而变化。

[成因及产状]形成于岩浆作用和变质作用。多见于富铝的正长岩、斜长岩、刚玉正长岩质伟晶岩、矽卡岩和片岩。因其硬度大、无解理，又可见于砂矿中。

[鉴定特征]晶形、双晶纹、高硬度及裂开。

项目 2　氢氧化物矿物的鉴定

学习目标

知识目标：了解氢氧化物矿物的性质；掌握识别常见氢氧化物矿物的方法。

能力目标：在矿物化学成分特点的基础上，能分析和辨别氢氧化物矿物；具备肉眼鉴定和描述常见的氢氧化物矿物的能力。

思政目标：在对氧化物和亲氧化物矿物鉴定的学习过程中，促进学生团队合作意识、创新创造能力的培养。

一、水镁石

水镁石又名氢氧镁石，属于氢氧化合物矿物。

[化学组成]$Mg(OH)_2$，含 MgO69.12%，H2O30.88%，是自然界含镁量最高的矿物。

[形态]三方晶系，粒状和块状集合体，具板状、鳞片状、叶片状、浑圆状晶形。

[物理性质]白色、灰白色，水镁石中的 Mg^{2+} 有时会被 Fe^{2+}，Mn^{2+}，Zn^{2+} 类质同象混入代替，随铁、锰的增加颜色变深；新鲜面和断口上呈玻璃光泽，解理面上显珍珠光泽；透明。解理平行{0001}极完全。硬度 2.5，相对密度 2.3～2.6；具热电性。

[成因及产状]水镁石为可溶性含镁化合物在强碱性溶液中水解而成，是碱性溶液对镁质硅酸盐作用后的次生变化矿物。产出主要与蛇纹岩有关，也产于接触变质菱镁矿石灰岩中，有时产于白云石化灰岩中。

[鉴定特征]水镁石与滑石、叶腊石、三水铝石及白云石、石膏等相似，但水镁石易溶于盐酸，不起泡，烧灼时闪闪发光。

[主要用途]提炼镁的优质原料；色泽花纹美观的水镁石可作雕刻材料。

二、三水铝石—水铝石族

三水铝石—水铝石族包括硬水铝石、一水软铝石和三水铝石 3 种氢氧化物矿物。其中以硬水铝石最常见，这三种矿物通常与其它矿物形成细分散机械混合物(铝土矿)。

三水铝石

[化学组成]$Al(OH)_3$，Al_2O_3 65.4%，H_2O 34.6%。

[形态]单斜晶系；通常呈细鳞片状，结核状，鲕状，豆状集合体或隐晶质块体。

[物理性质]白色至浅灰、浅绿、浅褐色或粉红色，或因杂质染色而呈淡红至红色(图 4-2-1)，条痕白色；玻璃光泽，解理面显珍珠光泽，透明。解理平行{001}极完全。硬度 2.5～3.6，相对密度 2.38～2.42，具泥土嗅味。

图 4-2-1　三水铝石

[成因产状]主要产于表生条件下，由含铝硅酸盐经分解和水解而成；热带和亚热带的气候有利于三水铝石的形成。也可见于低温热液脉中，其量甚少，但晶形完好。在区域变

质作用中，经脱水可转变为软水铝石、硬水铝石（140～200℃）；随着变质程度的增高，可转变为刚玉。

［鉴定特征］以解理极完全；硬度低；比重小，玻璃光泽为特征。

［主要用途］为炼铝的最主要矿石，也是制造人工磨料、耐火材料和高铝水泥的原料。

水铝石

水铝石是一种新型的天然变色宝石矿物，拥有独一无二的变色效应。

［化学组成］AlO(OH)，与硬水铝石属于同质多像。

［形态］斜方晶系，常呈片状、块状产出。

［物理性质］主要由内部微量的锰元素致色，并且由于锰元素的含量达到了各种光能量的吸收平衡，因此在不同的光线条件下可呈现出不同的色彩。在晴空万里的户外，其颜色是猕猴桃绿色并带有浅黄色的闪光；在室内传统灯光的照射下，又会变成浓郁的香槟色；在烛光下，又会散发出紫红的光晕（图 4－2－2）。亚金刚光泽至金刚光泽，透明。解理完全发育。硬度 6.5～7，相对密度 3.4。

［成因及产状］水铝石不是硬水铝石，但是来自硬水铝石中，为低温热液产物；产出地目前全球范围内只有一处，仅在土耳其安纳托利亚山脉发现，极为罕见，属于稀有宝石。

［鉴定特征］独特的变色效果，10 倍放大镜可见刻面棱重影。

［主要用途］非常少见的变色宝石原料。

图 4－2－2　水铝石

三、褐铁矿

［化学组成］由许多极细的针铁矿（FeO(OH)）、纤铁矿（α－FeO(OH)），加上一些硅质等的混合物。

［结晶形态］常呈胶态集合体（肾状、钟乳状、葡萄状、豆状、鲕状等），也可呈块状、土状、多孔状等，有时呈黄铁矿的立方体假象。

［物理性质］土黄-棕褐色或黑褐色，条痕黄褐色，土状光泽。硬度 1～4，相对密度 3～4。

［成因及产状］有风化作用和沉积作用两种。

[鉴定特征]形态和褐黄色为特征(图 4－2－3)。

[主要用途]为炼铁的矿物原料。

图 4－2－3 褐铁矿

四、硬锰矿

[化学组成]$BaMn^{2+}Mn_9^{4+}O_{20}\cdot 3H_2O$,是一种细分散多矿物集合体,加上一些硅质等混合物。

[结晶形态]单斜晶系,通常成葡萄状、钟乳状、树枝状或土状集合体。

[物理性质]灰黑至黑色;条痕褐黑至黑色;半金属光泽至暗淡。硬度 5～6,相对密度 4.71,性脆。

[成因及产状]属于次生矿物。在地表条件下可由含锰矿物风化形成。此外,也有沉积原因。

[鉴定特征]以胶体形态,黑色条痕和硬度较高为鉴定特征(图 4－2－4)。

[主要用途]为提炼锰的矿物原料。

练一练

一、填空题

1. 氧化物类矿物的化学键以________为主,随着阳离子电价的增加,________的成分趋于增多,氢氧化物中还往往存在________。

2. 复杂氧化物类的矿物有________、________、________等。

3. 铝土矿是由________、________与________等多矿物组成的集合体。

4. 石英因集合体的形态差异与含杂质的程度,有不少变种,显晶质的有________、________,隐晶质矿物有________、________、________。

图 4-2-4　硬锰矿

二、判断题

1. 氢氧化物基本上形成于风化壳或胶体沉积中。（　　）
2. 蛋白石属于非晶质矿物。（　　）
3. 水晶与石英是同质多象的两种矿物。（　　）
4. 金红石是含 Ti 的氧化物。（　　）
5. 褐铁矿、硬锰矿都不是矿物种名称。（　　）
6. 赤铁矿与镜铁矿的组分不相同。（　　）
7. 锡石、金红石的双晶多呈膝状。（　　）
8. 含铁氧化物都无解理。（　　）
9. 玛瑙是高温热液条件下形成的矿物。（　　）

三、单项选择题

1. 暗红色隐晶质（　　）常呈现鲕状集合体。

A. 褐铁矿　　B. 磁铁矿　　C. 赤铁矿　　D. 铬铁矿

2. 黄褐色（　　）结晶形态随析出晶体温度的升高，由八面体向四方双锥逐渐变化。

A. 黄水晶　　B. 镜铁矿　　C. 金红石　　D. 锡石

3.（　　）属于三方晶系，常呈六方柱与菱面体聚形，硬度高于锡石，无解理，断口油脂光泽。

A. 刚玉　　B. 石英　　C. 尖晶石　　D. 赤铜矿

4. 胶体矿物（　　）因含各种杂质，而呈现不同颜色，一般微透明，硬度大于 5。

A. 玛瑙　　B. 蛋白石　　C. 石髓　　D. 碧玉

四、问答题

1. 试对比氧化物与硫化物的晶格类型、物理性质、成因特点。
2. 玛瑙、水晶、蛋白石和石英都有什么关系？
3. 磁铁矿、铌铁矿如何区别？

4.为什么氧化物的矿物常常可以形成砂矿？
5.三水铝石与刚玉的晶体结构间有何异同？
6.举例说明何为细分散多矿物集合体。
7.为什么石英、刚玉、尖晶石的硬度特别高？
8.如何识别石英中的道芬双晶和巴西双晶？
9.为什么氢氧化物的硬度、密度明显低于相应的氧化物？
10.α-石英与β-石英在性质上有哪些区别？

模块五　卤化物矿物的鉴定

项目　萤石、石盐族矿物的鉴定

知识目标：记忆卤化物矿物的特征，了解卤化物矿物的鉴定方法，理解各项特征之间的联系。
能力目标：能识别卤化物矿物的特征，能完整鉴定卤化物矿物并与相似矿物进行鉴别。
思政目标：通过卤化物矿物的鉴定学习，学生将在鉴定矿物练习中获得“崇实笃行”的品质。

一、萤石

[化学组成]CaF_2，Ca 51.33%，F 48.67%，稀土元素（主要是 Th、Ce、Y）和 U 元素可以类质同象形式替代 Ca，也可以以吸附形式赋存在萤石的裂隙中，或成独立的矿物以固体包裹体形式存在于萤石中。此外，也常含有 Fe_2O_3、Al_2O_3、SiO_2 和沥青物质（乌黑色，加热有臭味）等混入物。

[晶体形态]等轴晶系，晶体常呈立方体{100}，其次为八面体{111}，少数有菱形十二面体{110}，有时有四六面体{210}和六八面体{421}等。立方体晶面常出现与棱平行的嵌木地板式条纹。常依(111)成穿插双晶。集合体呈晶粒状、块状、球粒状，偶尔见土块状。萤石晶体形态具有标型特征，它随着介质的 pH 值和离子浓度的变化而变化。在碱性溶液中结晶时，F^- 起主导作用，而发育 F^- 面网密度大的晶面(100)成立方体；在中性溶液中结晶时，Ca^{2+} 和 F^- 作用相当，而发育 Ca^{2+}、F^- 组成的面网密度最大的晶面(110)成菱形十二面体；在酸性介质中，Ca^{2+} 起主导作用而发育 Ca^{2+} 面网密度最大的晶面(111)而形成八面体。

[物理性质]颜色多样，有无色、白色、黄色、绿色、蓝色、紫色、紫黑色及黑色（图 5-1-1），其呈色机理也很复杂，主要为色心呈色，即放射性元素的辐射损伤造成晶格缺陷及 Na^+、K^+ 代替 Ca^{2+} 引起 F^- 缺席而形成色心。加热时，可褪色；玻璃光泽。解理{111}完全。硬度 4，相对密度 3.18（含 Y、Ce 者相对密度增大，钇萤石相对密度 3.30）。性脆。熔点 1270～1350℃。萤石具有发光性，且热发光强度与稀土元素、Na 的含量有关。

[成因及产状]主要为热液型，也可以有沉积型。

[鉴定特征]根据其晶形、{111}完全解理、硬度 4 及各种浅色等特征易鉴定，此外进行荧光、热光试验也可辅助鉴别。

图 5-1-1　美丽的萤石晶体

[用途]在工业上作熔剂，在化工上用于制氟化物(如氢氟酸)，在玻璃和陶瓷业中制乳白不透明玻璃和珐琅。还可用于光学仪器和雕刻工艺。

知识链接

折射率极低、低色散的萤石镜片，不仅具有卓越的红外、紫外线透过率，而且还能更好地清除影响拍摄画面锐度的色差。由于普通的光学镜片难以补偿画面弯曲像差，故无法缩短长焦点远摄镜头的长度。但通过采用低折射率的萤石镜片，即可在保持高画质的情况下，大幅度地缩短远摄镜头的长度。

由于萤石较容易受到温度变化的影响，故使用萤石镜片的镜头通常使用白色外壳以减少阳光对镜头的影响。

最早的萤石镜片，由日本佳能公司在 1960 年研发成功，用于摄影镜头的制造。但由于自然界中纯净的大块萤石很少存在，并且其物理特性(硬度较低，易划伤)导致加工不易，因此萤石镜片的镜头造价极其高昂，异常珍贵(图 5-1-2)。

图 5-1-2　萤石用于镜头制造可减少色像差

二、石盐族

本族主要矿物为石盐 NaCl 和钾盐 KCl。晶体结构同属 NaCl 型，性质相似，但因 K^+ 与 Na^+ 离子半径相差较大，而不存在类质同象替代，这就决定了石盐、钾盐成分上的相对纯洁性。

石盐

[化学组成]NaCl，Na 39.40%，Cl 60.60%。常含有 Br、Rb、Cs、Sr 等，以及气泡、卤水、泥质、有机质等包裹体，还有钙、镁氯化物的机械混入物。

[晶体形态]等轴晶系，晶体结构为 NaCl 型，Cl^- 呈立方最紧密堆积，Na^+ 充填其八面体空隙，典型离子键。常见晶形为立方体{100}，其次为八面体{111}与立方体{100}的聚形，偶尔见有完好的八面体。有时可看到漏斗状的立方体骸晶。集合体呈粒状、致密块状或疏松盐华状。

[物理性质]无色透明者少，因含杂质而呈各种颜色(图 5－1－3)，呈蓝色者与钠离子获得自由电子后变为中性原子有关(常因钾放射性同位素引起)；玻璃光泽，受风化后呈油脂光泽。解理{100}完全(平行电性中和面)。硬度 2～2.5。相对密度 2.10～2.20。性脆。易溶于水，有咸味。烧之呈黄色火焰。熔点 804℃。

[成因及产状]主要产于气候干旱的内陆盆地盐湖中，少量的石盐系火山喷发凝华的产物。我国石盐资源丰富，除沿海各省区盛产海盐外，在西北和西南、中南、华东各地区岩盐和湖盐均有大面积存在。

[鉴定特征]立方体晶形、硬度低、易溶于水、咸味等为其主要特征。

[用途]为不可缺少的食料和食物防腐剂；用于化工及纺织工业；也可作为提炼金属钠的原料；在电气工业上石盐用于制作发光的充钠蒸汽灯泡等；带蓝色的石盐可作为寻找 KCl 的标志。

图 5－1－3　美丽的石盐晶体

卤化物矿物的鉴定

知识链接

食用盐是指从海水、地下岩(矿)盐沉积物、天然卤(咸)水获得的以氯化钠为主要成分的经过加工的食用盐，不包括低钠盐。食用盐的主要成分是氯化钠(NaCl)，同时含有少量水分和杂质及 Fe、P、I 等元素(图 5-1-4)。

钠是身体所需的矿物质之一，属于电解质，在溶解之后可以提升其液体导电性。电解质对我们的身体极其重要，因为肌肉和神经系统就是靠电解质来运作的。拿肌肉收缩来说，如果没有足够的矿物质，肌肉就无法正常收缩，肌无力或肌痉挛就会发生。心脏也是肌肉，如果心肌无法正常工作，就有生命危险。

钠通过食物和液体进入体内，再靠汗和尿排出体外。肾通过调节尿量，会把血里的钠含量控制在一定范围内。

但盐不能过度摄入。人体摄入钠过度会导致血压增高，得心血管疾病的概率就增大。因此食盐虽好，但不能贪多！

图 5-1-4　食用盐

练一练

一、填空题

1. 卤化物的成因产状主要是由________作用或________作用形成。
2. 钾盐燃烧呈现________焰色，石盐燃烧呈显________焰色。
3. 萤石的晶体常呈________体，其次为________体，并且常依(111)呈现________双晶。

二、问答题

1. 为什么卤化物中进入海洋的钾比钠要少得多？
2. 萤石晶体形态所具有的标型特征表现在哪些方面？
3. 萤石发光性质与哪些因素有关？
4. 说明萤石和石盐分别具有{111}和{100}完全解理的原因。
5. 萤石的成分较为纯净但颜色却很多变，这是为什么呢？
6. 请解释萤石、石盐的结构、形态和物理性质之间的联系。

模块六　含氧盐类矿物的鉴定

含氧盐是金属阳离子与各种形式的含氧酸根络阴离子结合而成的化合物。含氧盐矿物中最主要的络阴离子基本单位有正三角形、正四面体、四方四面体等形状，具有比氧化物、硫化物、卤化物等简单化合物中的 O^{2-}，S^{2-}，Cl^{-} 等阴离子大得多的离子半径。络阴离子中心的阳离子半径较小、电荷较高，与其配位 O^{2-} 结合的价键力(即中心阳离子电价/配位氧离子数)共价键性较强，不易破坏。络阴离子的 O^{2-} 与外部阳离子主要以离子键结合，是决定矿物基本性质的内因，因此含氧盐矿物具有离子晶格的特征，通常为玻璃光泽，少数为金刚或半金属光泽，不导电，难导热，无水者硬度和熔点较高，一般不溶于水。以络阴离子种类为依据，可将含氧盐矿物分为硅酸盐、碳酸盐、硫酸盐、磷酸盐、砷酸盐、钒酸盐、钨酸盐、钼酸盐、铬酸盐、硼酸盐及硝酸盐等矿物类。其中，硅酸盐是整个矿物系统中种类最多、分布最广的一类矿物。其他含氧盐统称为杂盐，以碳酸盐、硫酸盐和磷酸盐类矿物分布最广，应当特别注意。

项目 1　硅酸盐矿物的鉴定

学习目标

知识目标：能够理解硅酸盐类矿物的化学成分、晶体形态、物理化学性质及成因产状。

能力目标：能从化学成分、晶体化学、物理性质及分类对硅酸盐矿物的一般特征进行简述。能鉴定常见的硅酸盐类矿物，并能区分相似矿物。

思政目标：相似矿物的区别鉴定让学生体悟审慎品鉴的重要性，需要敬畏自然，怀着审慎的态度方能正确鉴别。

一、硅酸盐矿物的特点

硅酸盐矿物是金属阳离子与各种硅酸根相化合而成的含氧盐矿物。硅酸盐矿物种类繁多，约占矿物种总数的 24%，占地壳总质量的 75%左右。除个别岩石如碳酸盐岩、可燃性有机岩等以外，硅酸盐是三大类岩石的主要矿物成分之一。硅酸盐矿物除在地壳中广泛分布外，有一些还是地幔物质的主要存在形式。此外，已确认在太阳系的一些行星和卫星中，也是以硅酸盐矿物为主要物质成分。因此，硅酸盐矿物的分布具有广泛和重要的意义。不少硅酸盐矿物本身就是重要的矿物材料，如石棉、云母、高岭石等。某些硅酸盐矿物则是提炼稀有金属的矿物原料，如从锆石中提炼锆，从绿柱石中提炼铍。此外，有些硅酸盐矿物则是珍贵的宝石矿物，如祖母绿（翠绿色的绿柱石）、翡翠（硬玉）等。

1. 化学成分

组成硅酸盐矿物成分中的阳离子元素有 50 多种，包括 14 种稀土元素，其中最主要的是惰性气体型离子和部分过渡型离子，如 K^+、Na^+、Li^+、Ca^{2+}、Mg^{2+}、Be^{2+}、Al^{3+}、Zr^{4+}、Ti^{4+}、Mn^{2+}、Fe^{2+} 等。铜型离子很少且只在某些特殊情况下才能形成硅酸盐，它们主要作为金属硫化物矿床氧化带的次生矿物出现，如硅孔雀石等。

阴离子部分除 $[SiO_4]^{4-}$ 络阴离子及它们相互连接而成的一系列复杂络阴离子外，有时还存在 OH^-、F^-、Al^-、O^{2-} 等附加阴离子。此外，有时还存在水分子 H_2O（例如在蒙脱石等一些层状结构矿物中存在有层间水，在沸石族矿物中存在有沸石水）。

2. 晶体化学特征

硅酸根络阴离子的基本形式是 $[SiO_4]^{4-}$ 配位四面体。在晶体结构中，此种硅氧四面体既可以孤立地出现，也可以通过共用四面体角顶上氧离子的方式彼此相连结而形成各种复杂的络阴离子。根据硅氧四面体在结构中的联结方式的不同，可以区分出下列 5 种类型的络阴离子，即 5 种不同的硅氧骨干类型（表 6－1－1）。

表 6－1－1　硅氧骨干基本型及主要特征

骨干类型	骨干形态	$[SiO_4]$共用氧数	络阴离子组成	n_{Si}/n_O	举例
岛状	四面体	0	$[SiO_4]^{4-}$	1/4	榍石 $CaTi[SiO_4]O$
	双四面体	1	$[Si_2O_7]^{6-}$	2/7	硅钙石 $Ca_3[Si_2O_7]$
环状	三环	2	$[Si_3O_9]^{6-}$	1/3	蓝锥矿 $BaTi[Si_3O_9]$
	四环	2	$[Si_4O_{12}]^{8-}$	1/3	铁斧石 $Ca_2FeAl_2[BO_3][Si_4O_{12}](OH)$
	六环	2	$[Si_6O_{18}]^{12-}$	1/3	绿柱石 $Be_3Al_2[Si_6O_{18}]$
链状	单链	2	$[Si_2O_6]^{4-}$	1/3	透辉石 $CaMg[Si_2O_6]$
	双链	2,3	$[Si_4O_{11}]^{6-}$	4/11	透闪石 $Ca_2Mg_5[Si_4O_{11}](OH)_2$
层状	平面层	3	$[Si_4O_{10}]^{4-}$	4/10	蛇纹石 $Mg_5[Si_4O_{10}](OH)_8$
架状	骨架	4	$[AlSi_3O_8]^-$ $[AlSiO_4]^-$	1/2	钾长石 $K[AlSi_3O_8]$ 霞石 $(Na,K)[AlSiO_4]$

（1）岛状络阴离子：由单个硅氧四面体所构成，或由有限的若干个硅氧四面体联结而成的络阴离子团。它们在晶体结构中均孤立存在，彼此间由其他金属阳离子相联结。常见的除单个的硅氧四面体 $[SiO_4]$ 外，还有硅氧双四面体 $[Si_2O_7]$，其他形式的岛状络阴离子均罕见。单个四面体和双四面体还可以同时存在于同一晶体结构中，例如绿帘石 $Ca_2(Al,Fe)_3$

$[SiO_4][Si_2O_7]O(OH)$。双四面体中公共角顶位置上的氧，是两个四面体所共有的，它从相邻的两 Si^{4+} 离子上各自得到一个正电荷，从而达到中和。这种联结两个四面体的氧，特称之为桥氧，也可以说两个四面体是通过桥氧相互联结在一起的。

(2)环状络阴离子：由有限的若干个硅氧四面体借助于桥氧而联结成的呈封闭环状的络阴离子。在晶体结构中，各个环均孤立存在，相互间由其他金属阳离子来维系。按环中四面体的数目，较常见的有三环$[Si_3O_9]$、$[Si_4O_{12}]$，四环和六环$[Si_6O_{18}]$。其中，又以六环最为常见。此外，还有更多重的以及双层的某些环状络阴离子，但均罕见。

(3)链状络阴离子：由无限硅氧四面体借助于桥氧而联结成的一维无限延伸的络阴离子。最常见的为单链和双链。单链中每个硅氧四面体以两个角顶分别与相邻的两个硅氧四面体连接。例如辉石中的单链，其络阴离子可以用$[Si_2O_6]_n^{4n-}$ 表示。双链相当于两个单链组合而成，例如闪石中的双链，其络阴离子可以用$[Si_4O_{11}]_n^{6n-}$ 表示。但任何形式的链状络阴离子，链与链之间都是通过其他金属阳离子而相互联系的。

在单链结构中，除上述辉石型单链外，在另外一些硅酸盐矿物中还存在有其他形式的单链。它们之间的差别主要是组成单链的各个硅氧四面体彼此联结时的空间取向有所不同。在辉石型单链中，它是每两个硅氧四面体重复一次。而在硅灰石 $Ca_3[Si_3O_9]$和蔷薇辉石 $Mn_5[Si_5O_{15}]$中，则分别是每 3 个和 5 个硅氧四面体重复一次。

至于双链结构，除了闪石型双链以外，也存在有其他形式的双链。闪石型双链可以看成是由互成镜像反映关系的两个辉石型单链组合而成。如果两个互成旋转 180°关系的硅灰石型单链相组合时，便成了另外一种形式的双链，后者在硬硅钙石 $Ca[Si_6O_{17}](OH)_2$ 的晶体结构中存在。无论是单链或双链，都还有其他不同的形式，此外，还有三链以至更多重链的存在。

(4)层状络阴离子：由无限个硅氧四面体借助于桥氧而联结成的二维无限延展的络阴离子。常见的是每一硅氧四面体均以 3 个角顶分别与相邻的 3 个硅氧四面体相联结而成的单层。滑石型的硅氧四面体层是硅酸盐矿物中最常见的层状络阴离子，它可以看成是由一系列闪石型双链在同一平面内相互结合而成的层，呈六边形网孔状。在其层内的每个硅氧四面体中，有 3 个角顶上的氧为桥氧，其电价已达到平衡，但另一个角顶上的氧离子则为非桥氧，所有非桥氧都位于层的同一侧，它们能与其他金属阳离子相结合。此外，也还有其他形式的单层或双层的层状络阴离子。

(5)架状络阴离子：由无限个硅氧四面体借助于桥氧可联结成三维无限扩展的硅氧骨干。此时，每一硅氧四面体均以其全部 4 个角顶与相邻的四面体联结，每个氧离子都是桥氧，且 Si^{4+} 与 O^{2-} 间的电荷已达到平衡。石英族矿物即具有这种架状结构。但若在此硅氧骨干中有一部分的硅氧四面体$[SiO_4]^{4-}$ 被铝氧四面体$[AlO_4]^{5-}$(个别情况下可被铍氧四面体$[BeO_4]^{8-}$或$[BO_4]^{5-}$ 硼氧四面体)所替代时就出现过剩的负电荷。这种络阴离子可以用$[(Al_xSi_{n-x})O_{2n}]^{x-}$ 来表示，并由一定的阳离子进入晶格使其剩余的负电荷得到平衡。如正长石 $K[AlSi_3O_8]$。

由于硅酸盐矿物晶体结构中络阴离子的形式多种多样，因而不同的络阴离子就要求有半径大小和电价高低不同的金属阳离子与之相匹配。总的来说，架状络阴离子中都存在有大的空隙，且剩余的负电荷偏低，因此，与之相结合的主要是 K^+、Na^+、Ca^{2+}、Ba^{2+} 等大半径的低价阳离子，且一般具有高于6的大配位数。反之，与岛状络阴离子相结合的则往往是半径较小而电价偏高的阳离子，典型的如 Zr^{4+}、Ti^{4+} 等，配位数一般很少高于6。至于半径大小和电价高低均属中间状态的阳离子，如 Fe^{2+}、Mg^{2+}、Al^{3+} 等，则适应范围比较宽广，在岛状和环状结构硅酸盐矿物中经常存在，在链状和层状结构硅酸盐矿物中则频繁出现，而在个别架状结构硅酸盐矿物中也能见及，通常呈6次配位。此外，Na^+ 和 Ca^{2+} 在链状和层状结构硅酸盐中也常出现。这是因为，一方面，在那些结构中本身就可以有较大的空隙存在；另一方面，络阴离子自身还可在一定范围内进行调整，以适应不同大小的金属阳离子。例如辉石结构中的单链，在不同成分的矿物种中，其链的折曲角也不相同。从这个意义上讲，又可以说硅氧四面体络阴离子的具体形式，是受金属阳离子配位多面体的种类及其联结方式所控制的。

3. 形态和物理性质

硅酸盐矿物由于具有不同的晶体结构和化学组成特点，因而在形态和物理性质上也表现出各不相同的特性。矿物的光学性质主要取决于金属阳离子的性质和结构的紧密程度，晶体习性和力学性质则主要取决于结构的键强及其强键的取向。

硅酸盐矿物的解理明显受结构中强键的分布所控制。岛状结构硅酸盐矿物之三向等长者，一般无完全解理。而红柱石、蓝晶石等矿物之所以出现解理也是与铝氧配位八面体的联结方式有关，因而分别具有平行 *c* 轴方向的柱状解理和平行{100}的完全解理。链状结构硅酸盐矿物多为平行于链的柱状解理。环状结构硅酸盐矿物若有解理，则属柱状或平行于底轴面的解理，如绿柱石。层状结构硅酸盐矿物几乎毫无例外地都具完全的底面解理。架状结构硅酸盐矿物中，则视其格架属于何种类型而有所不同，其完全程度也视键力情况而不同，如长石族矿物具有{001}和{010}的解理。

矿物的相对密度主要决定于结构的紧密程度和主要阳离子的半径及原子量的大小。架状结构硅酸盐矿物结构疏松，空隙大，主要阳离子多系半径大而原子量小的元素，如 K^+、Na^+、Ca^{2+} 等，故矿物相对密度小，例如长石族、沸石族矿物的相对密度不超过2.80（钡长石除外）。岛状结构硅酸盐则相反，多成紧密堆积，半径较小、原子量偏高的阳离子如 Zr^{4+}、Ti^{4} 等多在其中出现，矿物相对密度大，一般在3.50左右或以上，其中锆石的相对密度则大于4.50。至于介乎其间的链状、层状或环状结构硅酸盐矿物，其相对密度也介于其间，约为3.00～3.50。

硅酸盐矿物可以有不同的透明度，但在薄片中全部透明，因而不出现金属或半金属光泽。这是因为硅酸盐矿物主要属于离子晶格，它们的折射率、反射率和吸收率都不高。但是，当比较不同结构硅酸盐矿物时，又可看到其中以岛状结构硅酸盐矿物具有相对较高的数值，而显较强的光泽，如锆石、榍石等呈金刚光泽。反之，架状结构硅酸盐矿物，具有相对较低的数值，因而很少出现金刚光泽。至于颜色，一般来说，含过渡型离子的硅酸盐矿物往往带颜色，而在岛状、层状、链状和环状结构硅酸盐中，这样的矿物很多，因而可以是深色的，架状结构硅酸盐含惰性气体型离子如 K^+、Na^+、Ca^{2+} 等多呈浅色。

硅酸盐矿物的硬度一般均较高，仅层状结构硅酸盐矿物例外。岛状结构硅酸盐矿物，由于结构紧密，故硬度最高，通常是 6～8。环状结构者大体相似。链状结构者稍低，在 5～6 之间。而在架状结构硅酸盐矿物中，结构虽疏松，但硅氧四面体和铝氧四面体的联结都很牢固，故而硬度并不低，仍在 5～6 之间；只有沸石族矿物因含水分子，其硬度下降至 3.5～5 之间。层状结构硅酸盐矿物，因层与层之间的联结力较弱，因而使其硬度降低很多，最低者如滑石、高岭石等仅为 1 左右；云母族矿物为 2.5 左右。

4. 成因

硅酸盐矿物总的来说，可在所有各种成岩成矿地质作用中形成。不含水的硅酸盐矿物，一般其形成时的温度和压力较含 OH^- 或 H_2O 的硅酸盐矿物要高。

5. 分类

硅酸盐矿物由于种类繁多，而含不同类型络阴离子的矿物在一系列特性上彼此都有明显差异，因而通常都按所含络阴离子类型而将硅酸盐矿物分为岛状、环状、链状、层状和架状结构硅酸盐矿物 5 个亚类（表 6－1－2）。

表 6－1－2　硅酸盐矿物亚类划分及其常见的主要矿物种属

亚类	常见主要矿物种属
岛状硅酸盐	锆石、橄榄石、石榴石、红柱石、蓝晶石、黄玉、十字石、榍石、绿帘石、符山石、异极矿等
环状硅酸盐	绿柱石、电气石、堇青石等
链状硅酸盐	普通辉石、透辉石、硬玉、锂辉石、硅灰石、蔷薇辉石、矽线石、透闪石、阳起石、普通角闪石等
层状硅酸盐	滑石、叶蜡石、白云母、黑云母、金云母、锂云母、高岭石、蛇纹石、伊利石、蒙脱石、葡萄石等
架状硅酸盐	正长石、微斜长石、斜长石、白榴石、霞石、方钠石、方柱石、沸石族矿物

硅酸盐矿物概论

二、岛状硅酸盐矿物的鉴定

岛状结构硅酸盐矿物的络阴离子主要有孤立的硅氧四面体$[SiO_4]^{4-}$和孤立的硅氧双四面体$[Si_2O_7]^{6-}$，有时二者共存于同一种矿物的结构中。本亚类矿物种类较多，同时阳离子与其他亚类相比更加复杂多样，主要是 Ca、Mg、Fe、Mn、Al、Ti、Zr 等。但在其他亚类矿物中分布较普遍的 K、Na，在本亚类矿物中却很少出现。

锆石族

本族矿物除锆石外，还有钍石 Th[SiO_4]等。锆石的晶体结构表现为孤立的[SiO_4]$^{4-}$四面体络阴离子彼此间借 8 次配位的 ZrO_8，变形配位立方体而相互联系。

锆石

[化学组成]Zr[SiO_4]。Zr 含量为 67.22%，SiO_2 含量为 32.78%，常含 Hf，Th，U，TR 等类质同象组分和水等混入物。

[晶体结构]四方晶系；单岛状结构(图 6-1-1)。

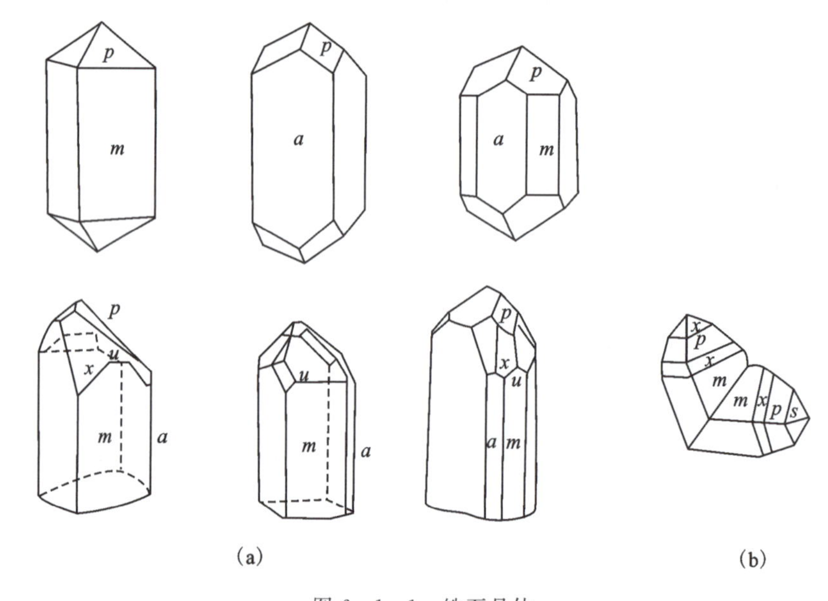

图 6-1-1　锆石晶体

[形态]复四方双锥晶类，晶形呈四方双锥状、柱状。可依{011}成膝状双晶，但少见。

[物理性质]无色或黄、褐、紫、蓝、绿、灰等色；无色透明和颜色鲜明的锆石，可成为宝石级锆石。玻璃至金刚光泽，断口油脂光泽；透明至半透明(图 6-1-2)。硬度 7.5～8，{110}不完全解理，不平坦或贝壳状断口；性脆。相对密度 4.60～4.70。

图 6-1-2　锆石

[成因及产状]是火成岩中常见的副矿物之一。并常富集于砂矿中。我国除华南及沿海一带有大量盛产锆石的冲积砂矿和海滨砂矿外，在新疆、内蒙古等地的伟晶岩中亦有产出。无色锆石常用来仿钻石。

[鉴定特征]以其呈四方柱及四方双锥的聚形、大的硬度、金刚光泽为特征。与金红石的区别是硬度较大，与锡石区别是锆石相对密度较小，与独居石区别是锆石具四方柱状晶形，较大的硬度。

[用途]提取锆的主要矿石，或从富铪锆石中提取铪。透明美丽者可作宝石。

橄榄石族

本族组成成分类似，同属斜方晶系的矿物。一般化学式可以用 $X_2[SiO_4]$来表示。X 通常为 Mg^{2+}、Fe^{2+}、Mn^{2+}等。其中 Mg^{2+}和 Fe^{2+}是最常见的组成成分。可以形成以 $Mg_2[SiO_4]$镁橄榄石及 $Fe_2[SiO_4]$铁橄榄石为两个端员组分的完全类质同象系列。其中间成员是最常见的通常所称的橄榄石。

橄榄石的晶体结构表现为孤立的$[SiO_4]^{4-}$，由金属阳离子 Mg^{2+}和 Fe^{2+}相连接。氧离子近似作六方紧密堆积，八面体空隙被二价阳离子占据。由于结构中各方向的键力相差不大，故呈三向等长形态，亦无完好的解理。

橄榄石

[化学组成]$(Mg,Fe)_2[SiO_4]$。成分中除 Mg 和 Fe 呈完全类质同象外，还可有 Fe^{3+}、Mn、Ca、Ti、Ni 等次要的类质同象组分。镁橄榄石端员 MgO 含量为 57.29%，SiO_2 含量为 42.71%；铁橄榄石端员 FeO 含量为 70.51%，SiO_2 含量为 29.49%。

[晶体结构]斜方晶系；单岛状结构。

[形态]柱状或厚板状(图 6-1-3)。常见他形粒状集合体，或呈散粒状分布于其他矿物中。

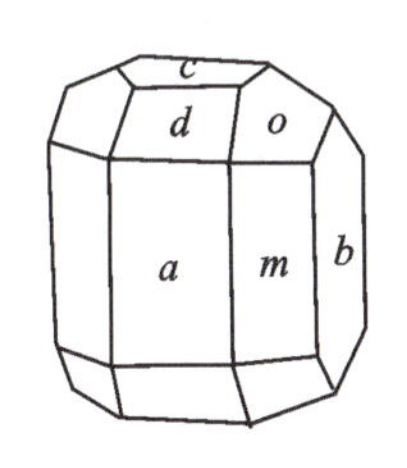

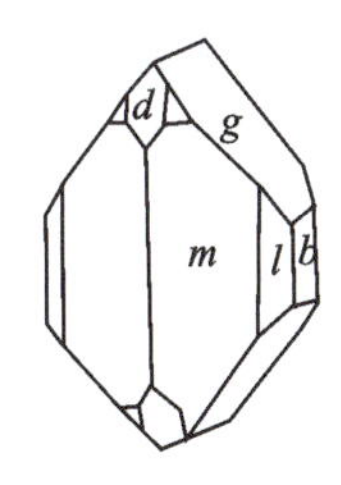

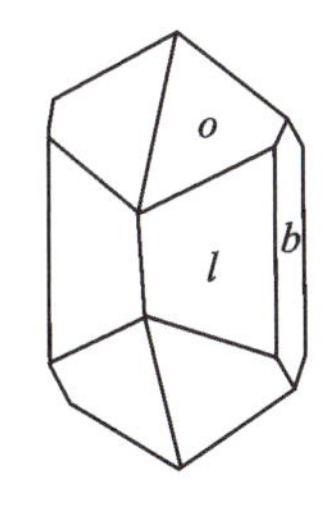

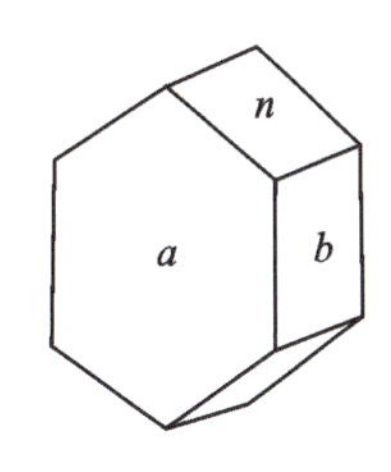

图 6-1-3 橄榄石的晶体形态

[物理性质]镁橄榄石色浅，通常为无色至浅黄色、淡绿色，铁橄榄石为绿色、墨绿色；含铁越高则颜色越深，一般呈黄绿色至橄榄绿色(图 6-1-4)，玻璃光泽；透明至半透明。断口常呈贝壳状，硬度 6.5～7。{010}解理中等，相对密度 3.30～3.40。

[成因及产状]橄榄石是地幔岩的主要组成矿物之一。地壳中与地幔物质有关的各种喷出的或侵入的基性、超基性岩都含有大量的橄榄石。在接触变质和区域变质过程中，镁质碳酸盐岩层会因变质作用而生成橄榄石。镁橄榄石不与石英共生，铁橄榄石可见于黑曜岩、流

图 6-1-4　橄榄石

纹岩等酸性及碱性火山岩。受热液作用易蚀变成滑石、蛇纹石。

橄榄石属于铁镁硅酸盐矿物，因具有橄榄绿颜色而得名。古埃及人在公元前就将它制成首饰。我国的宝石级橄榄石直到 1979 年才在河北省张家口地区发现，这是一个原生矿床，年产 5mm 以上的宝石级优质橄榄石达数百万克拉，其中最大的一颗重 130 余克拉，命名为"华北之星"。

[鉴定特征]以其黄绿色、粒状、解理差、贝壳状断口、难熔为特征。

[用途]镁橄榄石可作耐火材料；透明，且晶粒粗大(8mm 以上)者可作宝石原料。

矽线石

[化学组成]$Al[AlSiO_4]O$。组分中有时含 Fe^{3+}、Ca 及 K、Na，可能与杂质有关。

[晶体结构]斜方晶系。

[形态]单晶体呈针状或棒状，少见。一般呈放射状或纤维状集合体。有时呈毛发状被包含于其他矿物中。

[物理性质]通常呈灰白色，玻璃光泽。硬度 7，{010}解理完全，相对密度 3.24～3.27。不溶于酸，难熔。

[成因及产状]是典型的高温变质矿物，由富铝的泥质岩石经高温变质而成，见于中、高级变质相带中。矽线石常与红柱石、蓝晶石、刚玉、堇青石等共生。在风化过程中，矽线石非常稳定，所以常见于冲击砂矿、残积层和坡积层中。

[鉴定特征]针状、放射状或纤维状形态，具完全解理。

[用途]具强耐火性，是高温耐火材料。色泽好、透明且晶粒粗大者可作宝石原料；由纤维状集合体构成矽线石，是一种市场上较常见的具猫眼效应的宝石。

石榴石族

本族矿物的一般化学式可用 $X_3Y_2[SiO_4]_3$ 表示，其中 X 代表二价阳离子，主要为 Ca^{2+}、Mg^{2+}、Fe^{2+}、Mn^{2+} 等；Y 代表三价阳离子，主要为 Al^{3+}、Fe^{3+}、Cr^{3+} 等。类质同象现象广泛存

在。通常分成两个系列：二价阳离子为 Ca^{2+} 的所谓钙系，包括钙铝榴石 $Ca_3Al_2[SiO_4]_3$、钙铁榴石 $Ca_3Fe_2[SiO_4]_3$ 和钙铬榴石 $Ca_3Cr_2[SiO_4]_3$；三价阳离子为 Al^{3+} 的所谓铝系，包括镁铝榴石 $Mg_3Al_2[SiO_4]_3$、铁铝榴石 $Fe_3Al_2[SiO_4]_3$ 和锰铝榴石 $Mn_3Al_2[SiO_4]_3$。除了上述 6 种矿物外，在自然界里还有锰铁榴石 $Mn_3Fe_2[SiO_4]_3$ 等。

石榴石族矿物之间的类质同象置换现象极为普遍。除了铝系或钙系内三组分之间的类质同象混晶外，在两系之间也有不完全的置换。石榴石族矿物的晶体结构表现为孤立硅氧四面体 $[SiO_4]^{4-}$ 由二价和三价阳离子所联结。二价阳离子作 8 次配位，形成畸变配位立方体；三价阳离子作 6 次配位，形成配位八面体。这种结构很紧密，各方向的键力很少有差异，所以石榴石族矿物呈三向等长形态，无解理。

本族矿物常呈菱形十二面体、四角三八面体，或二者之聚形，通常在富 Ca 岩石（如矽卡岩）中，多形成钙系石榴石。以菱形十二面体为主，四角三八面体为次；而在富 Al 岩石（尤其是花岗伟晶岩）中，多形成铝系石榴石，往往呈四角三八面体晶形（图 6-1-5）。

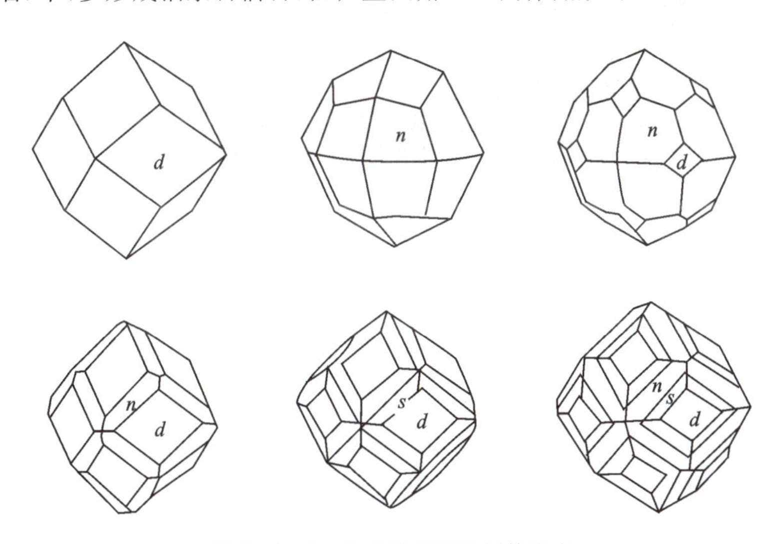

图 6-1-5　常见石榴石的晶体形态

钙铝榴石

［化学组成］$Ca_3Al_2[SiO_4]_3$。

［晶体结构］等轴晶系。

［形态］晶体常呈菱形十二面体，集合体呈粒状或致密块状。

［物理性质］颜色以无色、浅绿、浅褐色常见，玻璃光泽。硬度 6.5～7，无解理，断口呈贝壳状或参差状，相对密度 3.59。

［成因及产状］主要产于接触交代成因的矽卡岩中，但不及钙铁榴石那样普遍。与矽卡岩型白钨矿矿床关系密切，可以作为该类型矿床的找矿标志。

［宝石学特征］钙铝榴石是自然界常见的矿物（图 6-1-6），但用作宝石的并不多见。颜色多种多样，包括绿色、黄绿色、黄色、粉红色及乳白色。其中绿色调的在查尔斯滤色镜下变红。

[鉴定特征]石榴石族矿物根据其等轴状晶形、颜色及油脂光泽，缺乏解理、高硬度等特征易于鉴别。本族中各矿物的相互区别，应进行相对密度、折射率、晶胞参数等的测定才能确定。钙铝榴石中颗粒粗大的绿色斑晶形成绿色点状色斑，相对密度和折射率都大于翡翠。

[用途]一般用于研磨料或装饰品。利用其高硬度可作研磨材料。色美透明者可作宝石。

图 6-1-6　钙铝榴石

钙铁榴石

[化学组成]$Ca_3Fe_2[SiO_4]_3$。经常混有一定量的钙铝榴石分子成类质同象混晶，锰铝榴石分子含量较少。钙铁榴石中也经常含 Ti，如果 TiO_2 含量在 1%～5%时，称做黑榴石，含量更高者叫钛榴石，最高可达 20%。

[晶体结构]等轴晶系。

[形态]单晶体常呈菱形十二面体；集合体成粒状或块状。

[物理性质]颜色以黄、褐、黑褐色常见，还常显色调不同的环带构造。相对密度 3.86。形态、光泽、硬度、断口等与前述的钙铝榴石相似。

[成因及产状]主要产于接触交代成因的矽卡岩中，与钙铁辉石等共生。可以用作矽卡岩型磁铁矿矿床的找矿标志。

[宝石学特征]常见黄色、绿色、黑褐色。但是黑褐色的不具宝石学意义。绿色的称为翠榴石，含少量的铬，其内部具有非常特征的马尾丝状包体，在查尔斯滤色镜下变红色，其色散值(0.057)高于钻石。黄色的称为黄榴石(图 6-1-7)。

[鉴定特征]根据其形态特征易于鉴别。本族中各矿物的相互区别，应进行相对密度、折射率、晶胞参数等的测定才能确定。

[用途]可作研磨材料。透明色美者可作宝石。

图 6-1-7　钙铁榴石

钙铬榴石

[化学组成]$Ca_3Cr_2[SiO_4]_3$。

[晶体结构]等轴晶系，晶形常呈菱形十二面体，集合体呈粒状。

[物理性质]翠绿至墨绿色。相对密度 3.90。光泽、硬度、断口等与前述的钙铝榴石相似。

[成因及产状]仅见于富含铬铁矿的超基性岩中。可以作为寻找铬铁矿的指示矿物之一。我国西藏藏南地区的超基性岩中，即有产出。

[宝石学特征]呈鲜艳的绿色、蓝绿色，常被称为祖母绿色石榴石(图 6-1-8)。

图 6-1-8　钙铬榴石

[鉴定特征]根据其形态特征易于鉴别。本族中各矿物的相互区别，应进行相对密度、折射率、晶胞参数等的测定才能确定。

[用途]可作研磨材料。透明色美者可作宝石。

镁铝榴石

[化学组成]$Mg_3Al_2[SiO_4]_3$。

[晶体结构]等轴晶系。晶体常呈四角三八面体或菱形十二面体或二者的聚形，集合体呈粒状。

[物理性质]粉红、血红至暗红色，玻璃光泽，硬度7～7.5，无解理，断口呈贝壳状或参差状。相对密度3.58。

[成因与产状]见于金伯利岩、玄武岩等超基性、基性火山岩中，亦见于榴辉岩等变质岩中。在探寻金刚石矿时，常作为指示矿物。

[宝石学特征]以紫红色—橙色色调为主，随着Cr_2O_3含量的增高，红色加深。少量产于金伯利岩中的镁铝榴石还具有变色效应(图6-1-9)。

图6-1-9　镁铝榴石

[鉴定特征]根据其形态特征易于鉴别。本族中各矿物的相互区别，应进行相对密度、折射率、晶胞参数等的测定才能确定。

[用途]可作研磨材料。透明色美者可作宝石。

铁铝榴石

[化学组成]$Fe_3Al_2[SiO_4]_3$。组成成分中常含一定数量的镁铝榴石和锰铝榴石分子。也可有钙系榴石的分子存在，但含量不大。

[晶体结构]等轴晶系。

[形态]常呈四角三八面体或菱形十二面体或二者的聚形。双晶依(210),但较稀少。集合体呈粒状或致密块状。

[物理性质]褐、深红至近黑色。玻璃光泽。硬度 7～7.5;无解理;断口呈贝壳状或参差状。相对密度 4.32。单晶体形态、光泽、硬度、断口等与前述镁铝榴石相似。

[成因及产状]作为变质成因的矿物,常见于各种片岩、片麻岩中,有时还见于伟晶岩中。

[宝石学特征]宝石级铁铝榴石以红色色调为主(图 6-1-10),常见针状包体,当这些针状包体十分密集时可产生星光效应。

图 6-1-10　铁铝榴石

[鉴定特征]根据其形态特征易于鉴别。本族中各矿物的相互区别,应进行相对密度、折射率、晶胞参数等的测定才能确定。

[用途]可作研磨材料。透明色美者可作宝石。

锰铝榴石

[化学组成]$Mn_3Al_2[SiO_4]_3$。

[晶体结构]等轴晶系。

[形态]晶体多为菱形十二面体,四角三八面体及两者之聚形。

[物理性质]颜色以暗红色常见。相对密度 4.19。形态、光泽、硬度、断口等与前述镁铝榴石相似(图 6-1-11)。

[成因及产状]见于锰矿床的接触变质带或富锰沉积岩层的区域变质带中。此外,也产于花岗伟晶岩中。

图 6-1-11 锰铝榴石

[鉴定特征]根据其形态特征易于鉴别。本族中各矿物的相互区别,应进行相对密度、折射率、晶胞参数等的测定才能确定。

[用途]可作研磨材料。透明色美者可作宝石。

十字石族

十字石

[化学组成]$FeAl_4[SiO_4]_2O_2(OH)_2$。FeO 含量为 15.8%,Al_2O_3 含量为 55.9%,SiO_2 含量为 26.3%,H_2O 含量为 2%。它的化学成分相当于两个蓝晶石加上氢氧化铁所组成。

[晶体结构]单斜(假正交)晶系。

[形态]晶体呈短柱状。贯穿双晶很常见,以(031)为双晶面时成十字形,交角近 90°,以(231)为双晶面时成 X 形,交角近 60°。集合体呈不规则粒状。

[物理性质]红棕色、黄褐色至暗褐色,玻璃光泽。硬度 7~7.5,平行{010}解理中等,相对密度 3.74~3.83。

[成因及产状]十字石是泥质岩石的区域变质作用产物。由于它的形成仅局限于一定的温压范围内,所以被看成是中级变质作用的标型矿物。

[宝石学特征]常见棕红色、黄色、黄褐色,以黄色为最佳(图 6-1-12),其价值不低于同色的蓝宝石。内部常含花边状包体。

[鉴定特征]短柱状、菱形横截面、十字双晶、深褐或红褐色、硬度大,以此可与红柱石相区别。

[用途]无实用意义,但有矿物学、岩石学的意义,指示变质作用。

图 6-1-12　十字石

榍石族

榍石

[化学组成]$Ca_2Ti[SiO_4]O$。CaO 含量为 28.6%，TiO 含量为 40.8%，SiO_2 含量为 30.6%。Ca 可被 Na，Tr、Mn、Sr、Ba 代替；Ti 可被 Al、Fe^{3+}、Nb、Ta、Th、Sn、Cr 代替；O 可被(OH)，F，Cl 代替。

[晶体结构]单斜晶系；岛状结构。

[形态]晶体常呈横切面为菱形的扁平信封状的柱体，集合体呈粒状。依(100)而呈的简单接触双晶常见，有时也呈贯穿双晶。

[物理性质]黄色、褐色、绿色、灰色或黑色，玻璃光泽或金刚光泽。硬度 5，解理平行{100}中等，具(221)裂理，相对密度 3.45～3.55。

[成因及产状]榍石是酸性、中性，特别是碱性火成岩中常见的副矿物之一(图 6-1-13)，基性岩中偶有见到。伟晶岩中，尤其是碱性伟晶岩中，常有较大的晶体产出。

图 6-1-13　榍石

[鉴定特征]以其特有的扁平信封状晶形和楔形的横截面可与其他黄色矿物相区别。

[用途]大量聚集时可作钛矿石，色泽美丽透明者可作宝石原料；亦可作为稀有元素矿床的找矿标志。

符山石族

符山石

[化学组成]$Ca_{10}(Mg,Fe)_2Al_4[SiO_4]_5[Si_2O_7]_2(OH)_4$。成分变化很大，CaO 含量为33%～37%，$Al_2O_3$ 含量为 13%～16%，SiO_2 含量为 35%～39%，MgO 含量为 2%～6%，FeO 含量为 4%～9%，H_2O 含量为 2%～3%。

[晶体结构]四方晶系。

[形态]晶体常呈四方柱状，集合体呈粒状或放射状。

[物理性质]通常呈褐色或绿色，铬质符山石呈翠绿色，玻璃光泽或油脂光泽。硬度 6～7，平行{110}、{100}或{001}解理均不完全，相对密度 3.33～3.43。

[成因及产状]主要是接触交代成因的矿物，常与石榴石共生。我国南岭地区和长江中下游一带的矽卡岩型矿床中，经常含有符山石(图 6-1-14)。

图 6-1-14　符山石

[鉴定特征]根据四方柱状、颜色、玻璃光泽、高硬度等特征易于识别。呈致密块状时与石榴石、绿帘石、黝帘石难以区别，需在偏光显微镜下鉴定。

[用途]色泽艳丽、透明、粗粒者可作宝石原料。

异极矿

[化学组成]$Zn_4[Si_2O_4][OH]_2 \cdot H_2O$。ZnO 含量为 67%，SiO 含量 25%，$H_2O$ 7.5%。常含有 Fe、Al、Pb 和 Ca。

[晶体结构]斜方晶系；岛状结构；晶体较小，呈板状，在直立轴 c 轴方向呈异极象。通常呈板粒状、皮壳状、肾状、葡萄状、钟乳状以及土状等集合体。

[物理性质]无色，集合体呈白色、灰色，并带黄、褐、绿、蓝等色调；透明；玻璃光泽(图 6-1-15)。解理{011}完全；硬度 4～5。相对密度为 3.40～3.50。晶体具热电性，加热时晶体直立轴的两端出现不同电荷。

图 6-1-15　异极矿

岛状硅酸盐矿物的鉴定

[成因及产状]产于铅锌硫化物矿床的氧化带，常与菱锌矿、白铅矿和褐铁矿等共生。也可以菱锌矿、方解石、白云石、萤石、磷氯铅矿和方铅矿假象产出。

[鉴定特征]溶于酸，产生硅胶，不析出 CO_2，可与菱锌矿相区别。

[主要用途]大量富集时可作为锌矿开采，也可作为找矿标志，颜色艳丽者可作为观赏石。

三、环状硅酸盐矿物的鉴定

环状结构硅酸盐矿物中的络阴离子虽有多种形式，但实际上只有具六联环络阴离子的硅酸盐矿物，如绿柱石、堇青石和电气石较为常见。

绿柱石族

本族矿物包括绿柱石等。绿柱石的晶体结构为硅氧四面体组成六联环，环与环之间借 Be^{2+}、Al^{3+} 相联。Be^{2+} 作 4 次配位，形成扭曲了的被氧配位四面体；Al^{3+} 作 6 次配位，形成铝氧配位八面体。绕 *c* 轴方向，上下叠置的六联环错开一定角度。上下叠置的环内，形成了一个巨大的通道，大半径阳离子如 K^+、Cs^+ 以及 H_2O 分子即可赋存其中。绿柱石的结构特征说明了它的六方柱状形态和解理性。

绿柱石

[化学组成]$Be_3Al_2[Si_6O_{18}]$。BeO 含量为 13.96%，Al_2O_3 含量为 19.97%，SiO_2 含量为 67.07%。Na^+，K^+，Li^+，Cs^+，Rb^+ 等碱金属可进入结构通道，不成对代换骨干外阳离子，通道中还可有 He 及 H_2O 等分子。

[晶体结构]六方晶系；典型六方环状结构。

[形态]晶体呈柱状，通常发育完整，柱面上有细纵纹，低温下形成者呈板状。集合体呈柱状或晶簇状。

[物理性质]一般呈不同色调的绿色，但也有白色或无色透明者，含 Cr 的亚种(祖母绿)呈翠绿色，含 Cs 者(铯绿柱石)呈玫瑰红色，透明而呈蔚蓝色者称为海蓝宝石。玻璃光泽，透

明至半透明。硬度7.5～8,{0001}和{1010}解理不完全,相对密度2.66～2.83。

[成因及产状]主要产于花岗伟晶岩中,其个体可以非常巨大,如我国新疆阿尔泰地区即有巨大的绿柱石晶体产出,重达60t。有一颗海蓝宝石晶体,重达14.64kg,此外,也产在云英岩或高温热液脉中。

[宝石学特征]在宝石学中属绿柱石的宝石品种有海蓝宝石(图6-1-16)、祖母绿(图6-1-17)、粉红色绿柱石、金黄色绿柱石、无色绿柱石、绿柱石猫眼等。

图6-1-16　海蓝宝石

图6-1-17　祖母绿

[鉴定特征]绿柱石以形态和颜色作为鉴定特征。绿柱石与黄玉、天河石、磷灰石、浅色电气石等相似。与磷灰石相比时,有较高的硬度且柱面上有纵纹出现。与金绿宝石和硅铍石相比,其相对密度较低。

[用途]是提炼铍的主要矿物原料。色泽美丽且透明无瑕者为高档宝石原料,深蓝色者称海蓝宝石;碧绿苍翠的称祖母绿,是一种极珍贵的宝石。

电气石族

本族矿物包括电气石的几个类质同象系列的端员矿物,其中主要有锂电气石、黑电气石和镁电气石,而一般化学式可用$NaR_3Al_{16}[Si_6O_{18}](BO_3)_3(OH)_4$表示。黑电气石与镁电气石之间,以及黑电气石与锂电气石之间,均为完全类质同象;但锂电气石与镁电气石之间则为不完全类质同象。

锂电气石

$Na(Li,Al)_3Al_6[Si_6O_{18}](BO_3)_3(OH,F)_4$

黑电气石

$NaFe_3A1_6[Si_6O_{18}](BO_3)_3(OH)$

镁电气石

$NaMgA1_6[Si_6O_{18}](BO_3)_3(OH)_4$

[晶体形态]三方晶系。晶体呈短柱状、长柱状甚至针状。最常见的单形是三方柱

{0110}和六方柱{1120}，同时柱面上常有纵纹，使晶体的横断面呈弧线三角形。集合体呈放射状或纤维状，少数情况下呈块状或粒状。

[物理性质]黑电气石一般呈绿黑色至深黑色，锂电气石常呈玫瑰色、蓝色或绿色，也有呈无色，镁电气石的颜色变化于无色到暗褐色之间。此外在同一个晶体横切面上，还会出现不同颜色所组成的环带，或沿 *c* 轴的两端呈现不同的颜色。玻璃光泽，硬度 7，无解理，参差状断口，相对密度 3.03～3.25。

[成因及产状]见于花岗伟晶岩，气化高温热液矿脉和云英岩中。这时的电气石属黑电气石—锂电气石系列。在变质岩中，由交代作用形成的电气石则属黑电气石—镁电气石系列。

[宝石学特征]电气石的宝石学名称为碧玺(图 6-1-18、图 6-1-19)，碧玺用来做宝石的历史较短，但由于它鲜艳丰富的颜色和高透明度所构成的美，而成为人们喜爱的中档宝石品种。

图 6-1-18　红色电气石

图 6-1-19　蓝色电气石

环状硅酸盐矿物的鉴定

四、链状硅酸盐矿物的鉴定

链状结构硅酸盐有单链、双链等之别。辉石族矿物是单链结构的典型代表。此外，尚有硅灰石、蔷薇辉石等类型的单链矿物。闪石族矿物则是双链结构的典型代表。矽线石按结构特征应属于不同于闪石的另一种双链型结构硅酸盐。其他链型结构的矿物很罕见，因此不作介绍。

辉石族

辉石族矿物是重要的造岩矿物，普遍出现于中、基性火成岩和许多变质岩中。辉石族矿物结晶成斜方晶系或单斜晶系，因此可进一步分为斜方辉石亚族和单斜辉石亚族。

辉石族矿物的一般化学式可以用 $W_{1-p}(X,Y)_{1+p}[Z_2O_6]$ 表示。式中：$W=Ca^{2+}$、Na^{+}；$X=Mg^{+}$、Fe^{2+}、Mn^{2+}、Li^{+} 等；$Y=Al^{3+}$、Fe^{3+} 等；$Z=Si^{4+}$、Al^{3+}。辉石的晶体结构最突出的地方是每一硅氧四面体均以两个角顶与相邻的硅氧四面体连接，形成沿一个方向无限延伸的单链，链内每隔两个共顶的硅氧四面体即发生一次重复。链与链之间借 Mg^{2+}、Fe^{2+}、Ca^{2+}、Al^{3+} 等阳离子相连。链的方向即 *c* 轴的方向。链与链之间有两种不同大小的空隙，小者记为

M_1，大者记为 M_2。如果阳离子大小相当，则任意占据某一空隙；若阳离子大小不等，则较大的阳离子如 Na^+、Ca^{2+} 优先占有 M_2，而 Mg^{2+}、Fe^{2+} 则占有 M_1。阳离子大小不同时，会影响晶胞参数以至对称程度，所以只有不含 Ca^{2+}、Na^+ 等大阳离子的辉石，才有可能结晶成斜方晶系，否则就结晶成单斜晶系。

辉石族矿物的柱状形态，平行 *c* 轴的{110}柱面解理（在斜方辉石中为{210}），解理交角为 93°和 87°，均可以从结构上得到解释。

单斜辉石亚族

本亚族矿物主要包括透辉石、钙铁辉石、普通辉石、霓石、硬玉（俗称翡翠）和锂辉石等矿物。其中透辉石和钙铁辉石是 $CaMg[Si_2O_6]$—$CaFe[Si_2O_6]$ 类质同象系列的两个端员矿物，而霓石 $NaFe[Si_2O_6]$ 与钙铁辉石或透辉石之间能形成类质同象，霓辉石 $(Na,Ca)(Fe^{3+},Fe^{2+},Mg,Al)[Si_2O_6]$ 便是其间的过渡性矿物。

透辉石

[化学组成] $CaMg[Si_2O_6]$。CaO 含量为 25.9%，MgO 含量为 18.5%，SiO_2 含量为 55.6%。

[晶体结构]单斜晶系。

[形态]晶体呈短柱状，其横切面多呈正方形或截角的正方形，依(100)成双晶。集合体呈致密块状或粒状。

[物理性质]无色至浅绿色，玻璃光泽（图 6-1-20）。硬度 5.5～6.5，{110}解理中等至完全，解理交角 87°，有时具{001}或{100}裂理，相对密度 3.22～3.38。

图 6-1-20　透辉石

[成因及产状]透辉石是矽卡岩矿物之一，经常与石榴石等共生。在一些基性和超基性火成岩中亦有产出。在高级区域变质和热变质作用中也有形成。

[鉴定特征]以浅的颜色、晶形、产状为特征。

[用途]透辉石可用于陶瓷工业，降低熔点，节约能源。含管状或纤维状包裹体的透辉石具星光效应或猫眼效应，可作宝石原料。

钙铁辉石

[化学组成]$CaFe[Si_2O_6]$。CaO 含量为 22.2%，FeO 含量为 29.4%，SiO_2 含量为 48.4%。

[晶体结构]单斜晶系。

[形态]晶体呈短柱状，很少见。通常呈块状或粒状集合体。

[物理性质]深绿色至墨绿色，氧化后呈褐色或褐黑色，条痕微具浅绿色，玻璃光泽（图 6－1－21）。硬度 5.5～6.5，{110}解理中等至完全，有时具{001}或{100}裂理，相对密度 3.50～3.56。

图 6－1－21　钙铁辉石

[成因及产状]是矽卡岩矿物之一，此外，受热变质作用的含铁沉积物中，也可见到。

[鉴定特征]以暗绿至黑绿的颜色、柱状集合体形态及成因产状为特征。

[用途]可作具有高观赏价值的石料。

普通辉石

[化学成分]$Ca(Mg,Fe^{2+},Fe^{3+},Ti,Al)[(Si,Al)_2O_6]$。次要成分有 Ti，Na，Cr，Ni，Mn 等。$TiO_2$ 含量一般为 3%～5%，有时高达 8.97%。称钛辉石。

[晶体结构]单斜晶系。

[形态]晶体呈短柱状，其横断面多呈八边形。依(100)成双晶。集合体呈粒状或块状。

[物理性质]绿黑色或黑色。少数情况下呈暗绿色或褐色，玻璃光泽，硬度 5.5～6，{110}解理中等至完全，有时可见到平行{100}或{001}的裂理，相对密度 3.20～3.40。

[成因及产状]普通辉石是火成岩，尤其是基性火成岩中极为普遍的造岩矿物之一。在变质程度偏高的变质岩中，也形成普通辉石(图 6-1-22)。此外，也见于接触变质作用所形成的辉石角岩中。

图 6-1-22 普通辉石

[鉴定特征]绿黑色，短柱状晶形及其解理等为特征。与同族其他矿物的区别，需借助光性测定。

[用途]具矿物学和岩石学意义。

硬玉

[化学组成]$NaAl[Si_2O_6]$。Na_2O 含量为 15.2%，Al_2O_3 含量为 25.2%，SiO_2 含量为 59.4%。一般较纯。

[晶体结构]单斜晶系。

[形态]晶体极少见到，通常呈致密块状集合体。

[物理性质]以苹果绿色最常见，也呈浅蓝或白色。硬度 6.5～7。由于经常呈致密块状，很少表现出解理，而出现不平坦状断口，质地坚韧，相对密度 3.24～3.43。

[成因及产状]属变质成因的矿物，仅产于变质岩中。常与钠铬辉石、透闪石、透辉石、霓石，霓辉石、钠长石、铬铁矿、赤铁矿、磁铁矿等共生。

[宝石学特征]硬玉矿物是翡翠的主要矿物(图 6-1-23)。翡翠不管是“山料”(原生矿石)还是“籽料”(次生矿石)，都是由硬玉矿物组成的致密块体。在显微镜下观察，组成翡翠的硬玉矿物紧密地交织在一起，形成翡翠的纤维状结构。这种紧密的纤维状结构，使翡翠具有细腻和坚韧的特点。

[鉴定特征]致密块状、高硬度、极坚韧，见于碱性变质岩中。

[用途]多晶质集合体称翡翠，为高档玉石。

图 6-1-23 硬玉

锂辉石

[化学组成]$LiAl[Si_2O_6]$。Li_2O 含量为 8.07%，Al_2O_3 含量为 27.44%，SiO_2 含量为 64.49%。锂辉石化学组成较稳定，可含稀有元素、稀土元素及 Cs 等。

[晶体结构]单斜晶系。

[形态]晶体呈柱状，柱面具纵纹。双晶依(100)。集合体呈板柱状或致密块状。

[物理性质]灰白色，有时带微绿色或微紫色调，玻璃光泽(图 6-1-24)，硬度 6.5～7，{110}解理中等至完全，有时有{100}或{001}裂理，相对密度 3.03～3.23。

图 6-1-24 锂辉石

[成因及产状]锂辉石产于白云母型和锂云母型花岗伟晶岩中，是伟晶作用过程交代成因的矿物。我国新疆阿尔泰地区是锂辉石的主要产地之一，曾发现重达36.2t的晶体。

[鉴定特征]颜色、晶形及其产状。吹管火焰烧之膨胀，并染火焰成浅红色(Li)。与CaF_2＋$KHSO_4$合熔后，染火焰成鲜红色(Li)。

[用途]是提取锂的矿物原料之一。色彩鲜艳且透明的锂辉石，如紫锂辉石和翠绿锂辉石，可作宝石。

普通角闪石

[化学组成]$Ca_2Na(Mg,Fe^{2+})_4(Al,Fe^{3+})[(Si,Al)_4O_{11}]_2(OH)_2$。普通角闪石是一个组分极为复杂的矿物，这是由于类质同象置换关系复杂多样而造成的。

[晶体结构]单斜晶系。

[形态]晶体呈长柱状，横断面为近菱形的六边形，集合体常呈粒状、针状或纤维状。

[物理性质]绿黑至黑色，条痕浅灰绿色，玻璃光泽，近乎不透明(图6-1-25)。硬度5～6，{110}解理完全。相对密度3.02～3.45，含Fe越高者相对密度越大。

图6-1-25　普通角闪石

链状结构硅酸盐矿物的鉴定

[成因及产状]普通角闪石是分布很广的造岩矿物之一。在火成岩中，尤以中性岩中最为常见。此外，大量存在于角闪片岩、角闪片麻岩等变质岩中。

[鉴定特征]颜色，柱状晶形，二组完全柱状解理。与普通辉石的区别主要是角闪石解理夹角为124°或56°、断面为菱形或近菱形。

[用途]普通角闪石可做铸石原料中配料。工业用途：纺织工业、水泥工业、石棉纸、过滤剂、电木和绝缘材料等。

五、层状硅酸盐矿物的鉴定

层状结构硅酸盐矿物分布很广，尤以作为黏土矿物分布最多。黏土矿物主要是指产于黏土和黏土岩中，结晶细小(一般小于2μm)，主要是含水的铝、铁和镁的层状结构硅酸盐矿物。因而黏土矿物也都按结构层的特点来进行分类。

层状结构硅酸盐的络阴离子虽有多种类型，但最重要的是滑石型层状络阴离子。

八面体片与硅氧四面体片通过共用活性氧的方式相互联结组成结构层，结构层彼此堆垛相连，便构成了层状结构硅酸盐矿物的晶体结构。假如结构层内的正负电荷已经达到平衡，那么结构层之间只能以微弱的分子键或氢键相维系。如果未达到平衡而有多余的负电荷(特称为层电荷)，例如由于 Al 置换 Si 而引起的层电荷，此时为了达到正负电荷的平衡，势必导致在层间出现一定数量的金属阳离子，如 K^+ 或 Na^+ 等。此时可借助于其间的离子键力，使结构层彼此相连。显然它的键强会比分子键或氢键强得多。

一种层状结构硅酸盐矿物，尽管组成它的各个结构层都是相同的，但彼此堆垛时的重复方式却常常可以不同，这样就形成了同一种矿物不同的多型，并导致晶系也可能不同。多型现象在层状结构硅酸盐矿物中是极为普遍的现象。在以后矿物种的描述中所列的晶系、对称型、空间群和晶胞参数等，都只是以该矿物中最常见的多型为准。

层状结构硅酸盐矿物的许多性质，是由其特殊的层状结构决定的。就形态而言，均呈假六方片状或短柱状。在物理性质上表现为硬度小，相对密度也不高，有完全的{011}解理，解理面上可显珍珠光泽等。云母族矿物还具有弹性。至于黏土矿物的可塑性，则是因为粒径极细而引起的。凡是极细的物质，与水在一起，都可具有一定的可塑性。

蛇纹石—高岭石族

蛇纹石亚族

蛇纹石亚族包括纤蛇纹石、利蛇纹石和叶蛇纹石。它们之间的组成差异以及稳定范围，均有待于研究。

在蛇纹石结构中，八面体片的 a_0 和 b_0 值，稍大于四面体片的相应数值。为了两者能够彼此匹配，整个结构层可发生卷曲，以改变氧的间距。纤蛇纹石便是这种情况。

如果成分中有一定数量的 Fe^{3+} 置换其中的 Mg^{2+}，这样会减小八面体片的 a_0 和 b_0 值，从而可以适应于四面体片的相应数值。这样形成的结构，在电镜观察时，可以看到的是平整不卷曲的细小鳞片，利蛇纹石便是如此。叶蛇纹石在电镜观察时，呈现细小叶片状，叶片呈波状起伏。四面体片的 a_0 和 b_0 值同样稍小于八面体片的相应数值。它是通过四面体片每隔若干个硅氧四面体后反向相接并弯曲而联结在一起的形式，使八面体片与四面体片配置相互适应。

蛇纹石

[化学组成]$Mg_6[Si_4O_{10}](OH)_8$。MgO 含量为 43.0%，SiO_2 含量为 44.1%。H_2O 含量为 12.9%。实际分析资料证明蛇纹石的化学组成接近上述理想数值。代替 Mg 的有 Fe，Mn，Cr，Ni，Al 等，从而可以形成相应的成分变种。

[晶体结构]单斜晶系。

[形态]一般呈显微叶片状、显微鳞片状、致密块状集合体，或呈具胶凝体特征的肉冻状块体。

[物理性质]呈纤维状的纤蛇纹石称作蛇纹石石棉或温石棉，一般呈绿色，有时深有时浅，也有呈白色、浅黄色、灰色、蓝绿色。常见的块体呈油脂光泽或蜡状光泽，纤维状者呈丝

绢光泽(图 6-1-26)。硬度 2.5~3.5。除纤维状者外,{001}解理完全。相对密度 2.55 左右。色泽鲜艳的致密块体,在工艺材料上叫作岫岩玉。温石棉的抗张强度较闪石石棉高,但耐酸能力不及闪石石棉。

图 6-1-26　蛇纹石

[成因及产状]主要是由超基性岩如橄榄岩或辉石岩等,经过热液蚀变而形成。此种作用称为蛇纹石化。

[鉴定特征]纤维状或块状、颜色、光泽、硬度、产状。颜色和产状可与多水高岭石区别。

[用途]可用做建筑材料,色泽鲜艳的致密块体,叫作岫岩玉,用作工艺美术材料。含 SiO_2 低的蛇纹岩可作耐火材料。

高岭石

[化学组成]$Al_4[Si_4O_{10}](OH)_8$。Al_2O_3 含量为 39.50%,SiO_2 含量为 46.54%,H_2O 含量为 13.96%。分析资料证明,天然产出的高岭石,其化学组成的变化很小,一般均接近于理论值。

[晶体结构]三斜晶系。

[形态]晶体呈菱形片状或六方片状,但很细小,在电子显微镜下才能见到。集合体呈土状或块状。

[物理性质]白色,因含杂质而染成浅黄、浅灰、浅红、浅绿、浅褐等色,致密块体光泽暗淡或呈蜡状光泽(图 6-1-27)。硬度 2,{011}解理完全,相对密度 2.61~2.68。

[成因及产状]高岭石是黏土矿物中分布最广的一种,也是黏土中最主要的组分之一,由长石、似长石等风化或蚀变而成。我国盛产优质高岭石,著名产地有江西景德镇、江苏苏州的羊山、河北唐山、福建福清、湖南醴陵等地。

图 6－1－27 高岭石

[鉴定特征]根据其呈土状、硬度低、具可塑性等易于鉴别。但与其他黏土矿物，一般难以用肉眼区分，必须进行多种鉴定手段，才能最后确定。

[用途]高岭石用于陶瓷、电器、建材、橡胶、造纸等许多工业部门。

云母族

云母族矿物的化学式可用 $XY_{2-3}[Z_4O_{10}](OH,F)_2$ 通式表达，式中 X 主要是 K^+，次为 Na^+。Y 主要为 Mg^{2+}、Al^{3+}、Fe^{2+}、Li^+；Z 主要是 Si^{4+} 和 Al^{3+}。

云母的结构主要是典型的 2∶1 型，与滑石、叶蜡石相似，只是在硅氧四面体结构片中部分的 Si^{4+} 被 Al^{3+} 所代替，并在结构层之间出现 K^+ 来平衡层电荷。本族矿物也有二八面体型和三八面体型之分。白云母和钠云母属二八面体型，黑云母、金云母、锂云母等属三八面体型。过渡类型是存在的，但成员较少。

本族矿物中已知的多型多达 20 种，但在自然界主要出现 1M、2M、$2M_2$ 和 3T 型，其中在二八面体型中以 $2M_1$ 型出现最多，在三八面体中以 1M 型出现最多。

云母族矿物的结构特征，决定了它具有平行(001)的片状形态。K^+ 离子位于相邻两结构层之间，居于六连环的中轴线上，与上下各 6 个 O^{2-} 均能接触，故配位数为 1。层间无水分子，层与层之间以离子键连在一起，强度相对较大，因此云母具有稍高的硬度。当云母片受到应力作用时，与 K^+ 配位的 12 个 O^{2-} 所形成的配位多面体，可以作适当的弹性形变，应力释放后能自行复原，所以云母有显著的弹性而不同于其他层状结构硅酸盐。层间虽以 K^+ 相连，但是比结构层中任何其他方向的结合力要弱得多，所以表现出极完全的{001}解理。

白云母

[化学组成]$KAl_2[AlSi_3O_{10}](OH)_2$。$K_2O$ 含量为 11.8%，Al_2O_3 含量为 38.4%，SiO_2 含量为 45.3%，H_2O 含量为 4.5%。类质同象代替较广泛，常见 Ba，Na，Rb，Fe^{3+}，Cr 等，形成多种成分变种，如钡白云母、铬云母。

[晶体结构]单斜晶系。

[形态]晶体呈假六方柱状、板状或片状。集合体呈片状、鳞片状，呈极细的鳞片状集合体并呈丝绢光泽者，称为绢云母。

[物理性质]薄片无色透明，含杂质者则微具浅黄、浅绿等色，解理面上显珍珠光泽(图6-1-28)。硬度2.5～3，{001}解理极完全，相对密度2.77～2.88，薄片具显著的弹性，绝缘性和隔热性特强。

图6-1-28　白云母

[成因及产状]白云母是分布很广的造岩矿物之一，在三大岩类中均有存在。酸性岩浆结晶晚期以及伟晶作用阶段，均有大量产出，尤其是花岗伟晶岩中的白云母晶体可以极大。已知加拿大安大略省曾产有片径为10.06m×4.27m的大晶体，重300kg以上，又是云英岩化和绢云母化围岩蚀变的产物。泥质岩石在低、中级区域变质过程中可以形成绢云母、白云母。风化破碎成极细鳞片的白云母，既可以成为碎屑沉积物中的碎屑，也可以是泥质岩的黏土矿物成分之一。白云母经强烈化学风化，可形成伊利石，后者是分布很广的一种黏土矿物，它与白云母的区别在于成分中 Si∶Al＞3∶1，而层间的 K^+ 则相应减少。

[鉴定特征]以其片状形态，浅色，{001}极完全解理，薄片具弹性为鉴定特征。与浅色金云母的区别，需利用光性数据。

[用途]最主要用于电器工业中。边角废料和云母粉则用于建材、耐火材料、橡胶等工业中。

金云母亚族

本亚族为金云母 $KMg_3[AlSi_3O_{10}](OH)_2$ 和铁云母 $KFe_3[AlSi_3O_{10}](OH)_2$ 的完全类质同象系列。其中间成员为黑云母。

金云母

[化学组成]$KMg_3[AlSi_3O_{10}](OH)_2$。成分不稳定,当 Mg : Fe>2 : 1 时称金云母。通常 SiO_2 含量 38%~45%,Al_2O_3 含量为 10%~18%,MgO 含量为 20%~28%,K_2O 含量为 7%~10%,H_2O 含量为 0.38%~5.42%。类质同象代替广泛,含 Mn 者称含锰金云母,富铬变种称铬金云母。

[晶体结构]单斜晶系。

[形态]晶体呈假六方板状、短柱状,集合体成片状或鳞片状。

[物理性质]无色、浅棕色、红棕色、棕绿色,玻璃光泽,解理面显珍珠光泽(图 6-1-29)。{001}解理极完全。薄片具弹性,硬度 2~3,相对密度 2.76~2.90,绝缘性良好。

图 6-1-29 金云母

[成因及产状]主要产于白云质大理岩的接触变质带中。此外,一些超基性岩如金伯利岩中亦有所见。

[鉴定特征]金云母较黑云母色浅,无色透明的金云母与白云母的区别,可利用光性数据。金云母与锂云母有时很相似,区别的方法可利用火焰法测试之,锂云母含 Li,火焰色为红色。

[用途]质纯的金云母与白云母一样是电器工业上的上等绝缘材料。其他用途同白云母。

黑云母

[化学组成]$K(Mg,Fe)_3[AlSi_3O_{10}](OH)_2$。黑云母与金云母在化学组成上的主要不同点是含 Fe 较高,含 Mg 相对较低一些。类质同象置换广泛,尤其 Mg-Fe 间的完全置换,使其组成很不稳定而变化在相当大的范围内,当 Mg : Fe<2 : 1 时为黑云母。

[晶体结构]单斜晶系。

[形态]晶体呈假六方板状、短柱状,集合体呈片状或鳞片状。

[物理性质]呈黑色、绿黑色,玻璃光泽,解理面呈珍珠光泽(图 6-1-30),{001}解理极完全。薄片具弹性,硬度 2~3,相对密度 3.02~3.12,因含铁量高,绝缘性差。

图 6-1-30　黑云母

[成因及产状]黑云母是主要的造岩矿物之一，广泛分布于岩浆岩，特别是酸性或偏酸性的岩石中。在花岗伟晶岩中，常可见粗大的晶体。当泥质岩石遭受热变质或区域变质作用时，常能形成黑云母。

[鉴定特征]粒径较大的黑云母，极易根据其片状形态，较深的颜色以及弹性等加以鉴别。黑云母与金云母的区别是颜色较深；与黑硬绿泥石很相似，但后者解理性较差，无弹性。

[用途]黑云母因含铁，绝缘性能远不如白云母，不利于电器工业利用。但黑云母细片常用作建筑材料充填物。

锂云母亚族

本亚族矿物以成分中含锂为特征。含锂的云母族矿物的组成成分中，其类质同象置换情况比较复杂。一种情况是置换二八面体型的白云母，形成白云母—锂云母系列，其中间成员为锂白云母；另一种情况是置换三八面体型的铁云母，形成铁云母——锂云母系列，其中间成员为铁锂云母。

锂云母

[化学组成]$K(Li,Al)_3[(Si,Al)_4O_{10}](F,OH)_2$。成分变化较大，与白云母很相似。

[晶体结构]单斜晶系。

[形态]完整的晶体少见，通常呈片状或鳞片状集合体。

[物理性质]浅紫色，有时粉红色或无色。玻璃光泽，解理面显珍珠光泽(图 6-1-31)。{011}解理极完全，薄片具弹性，硬度 2～3，相对密度 2.80～2.90。

[成因及产状]锂云母几乎只产于花岗伟晶岩和花岗岩有关的高温气成热液矿床中。

[鉴定特征]以浅紫色、细鳞片状集合体为其特征。与其他相似的云母之区别，可以借火焰反应(染火焰呈红色，系锂的反应)相识别。

[用途]是提炼锂的矿物原料之一。细粒集合体可作玉石材料(工艺名为丁香紫)。也可用于陶瓷工业。

图 6-1-31　锂云母

铁锂云母

[化学组成]$K(Li,Fe^{2+},Al)_3[(Si,Al)_4O_{10}](F,OH)_2$。化学组成成分变化较大，与锂云母比较相似，铁锂云母是 Fe—Li 系列云母中的中间成员。

[晶体结构]单斜晶系。

[形态]晶体呈假六方板状，集合体呈片状、鳞片状。

[物理性质]浅褐至深褐色，有时灰色或暗绿色，玻璃光泽，解理面显珍珠光泽(图 6-1-32)。{001}解理极完全，薄片具弹性，硬度 2～3，相对密度 2.90～3.02。

图 6-1-32　铁锂云母

[成因及产状]常见于高温气成热液矿脉中，如我国华南南岭地区钨锡矿脉两侧所形成的云母，大都由铁锂云母构成。

[鉴定特征]以其颜色较暗区别于白云母。又以其熔融后略具磁性而不同于锂云母。

[用途]提炼锂的矿物原料之一。

绿泥石族

本族矿物的化学通式可用 $Y_3[Z_4O_{10}](OH)_2+Y_3(OH)_6$ 表示。Y 主要为 Mg^{2+}、Al^{3+}、Fe^{2+}，Z 主要是 Si^{4+} 和 Al^{3+}。通式中前半部分相当于滑石层，后半部分相当于水镁石层，二者相间排列即构成绿泥石结构，故为 2∶1∶1 型。其滑石层因 R^{3+} 代替 Si 而引起的负层电荷，与水镁石层中因 R^{3+} 代替 R^{2+} 而引起的过剩正电荷彼此中和。

绿泥石

[化学组成]$(Mg,Al,Fe)_6[(Si,Al)_4O_{10}](OH)_8$。成分变化很大，还可有 Ni 和 Cr 等进入八面体中。

[晶体结构]单斜晶系。

[形态]晶体呈假六方板状，集合体呈鳞片状、土状或球粒状。

[物理性质]绿色，但带有黑棕、橙黄、紫、蓝等不同色调，一般来说，含 Fe 越高，颜色越深；玻璃光泽，解理面显珍珠光泽，土状者光泽暗淡(图 6-1-33)。{001}解理完全，薄片具挠性，硬度 2～3，相对密度 2.60～3.30，视组成不同而变动，含铁低的叶绿泥石和斜绿泥石，在 2.70 左右；蠕绿泥石为 2.80 左右；含铁高的鲕绿泥石和鳞绿泥石均大于 3.00。

[成因及产状]绿泥石是低级变质带中绿片岩相的主要矿物，在火成岩中，绿泥石多为铁镁矿物(如闪石、辉石、黑云母等)的次生矿物。热液蚀变形成的绿泥石在中低温热液矿床中分布广泛，这种围岩蚀变叫作绿泥石化。颗粒极细的绿泥石常见于黏土中，也属黏土矿物。

[鉴定特征]以其片状形态、浅绿至深绿色、较低的硬度和{001}完全解理作为特征。

[用途]具矿物学和岩石学意义，也可指示矿化。

图 6-1-33　绿泥石

层状硅酸盐矿物的鉴定

六、架状硅酸盐矿物的鉴定

架状结构硅酸盐矿物的结构特征是每个硅氧四面体的所有 4 个角顶均与毗邻的硅氧四面体共用。如果 Si 不被任何其他元素置换时，整个结构是电性中和的，Si 和 O 的原子数之比为 1∶2，这种情况仅见于石英族矿物中。

但当结构中有 Al^{3+}（或 Be^{2+}、B^{3+} 等）置换 Si^{4+} 时，便会出现多余的负电荷，从而可进一步与其他阳离子结合而形成硅酸盐。最常见的阳离子是 K^{+}、Na^{+}、Ca^{+}、Ba^{2+} 等。因此，架状结构硅酸盐矿物基本上都是铝硅酸盐。但 Si^{4+} 被 Al^{3+} 置换的量是有限的，不能超过总数的一半。这是因为在一个结构中，两个铝氧四面体不能相互共角顶直接相连，其间必须有硅氧四面体隔开。

架状结构硅酸盐中，硅氧或铝氧四面体间的连接方式多种多样。这样形成的四面体骨架，剩余负电荷低，骨架之间能够形成许多巨大的空隙和管道，体积较大而电价较低的 K^{+}、Na^{+}、Ca^{2+}、Ba^{2+} 等离子，适宜于占有这样的空隙位置。有的还可以被一些附加阴离子或水分子（沸石水）所占有。

基于架状结构硅酸盐矿物的这种结构特征，除了在其他硅酸盐矿物中所出现的一些类质同象置换方式外，还可出现像 $2Na^{+} \rightarrow Ca^{2+}$，即两个半径较大的阳离子置换一个半径与之相近的阳离子的现象。如果结构中没有很大的空隙，此种置换是难以发生的。

在架状结构硅酸盐矿物中，一方面，由于硅氧或铝氧四面体间的联结力很强，所以硬度较高；另一方面，由于结构中空隙多，又很少有重金属阳离子，故而相对密度偏低。此外，阳离子主要是 K^{+}、Na^{+} 和 Ca^{+}，因而通常呈色白或浅色。

长石族

长石族矿物是地壳中分布最广的矿物，约占地壳中质量的 50%。火成岩中含长石极为普遍，且数量也最多，约占长石总量的 60%。另有 30%分布在变质岩中，尤以结晶片岩和片麻岩中为主。其余的 10%则分布在其他岩石中，主要是碎屑岩和泥质沉积岩中。

1. 成分

长石的主要组分有 3 种：钾长石（Or）$K[AlSi_3O_8]$、钠长石（Ab）$Na[AlSi_3O_8]$、钙长石（An）$Ca[Al_2Si_3O_8]$。在高温条件下，Or 和 Ab 可以形成完全类质同象系列，但在低温条件下则只形成有限的类质同象。Or 与 Ab 的类质同象混晶统称为碱性长石。碱性长石里一般含 An 量不超过 5%～10%，其中富 Ab 的成员中所含的 An 数略大于富 Or 成员中所能含的 An 数。Ab 与 An 也能形成类质同象系列，构成斜长石。斜长石中也含有一定数量的 Or 分子，含量通常低于 5%～10%。

至于钡长石（On）$Ba[Al_2Si_3O_8]$组分，由于在碱性长石或斜长石中含量极少，一般不作考虑。只有当长石中 BaO 含量超过 2%时，则可称做某一长石的含钡亚种。当长石中 On 分子含量超过 90%时，则称做钡长石，不过后者在自然界中很罕见。

Or 和 Ab 在高温（660℃以上）条件下形成的完全类质同象系列中，Or—Ab_{67}，区间的成员具单斜对称，称为透长石。Ab_{67}—Ab_{100} 区间者则属三斜晶系，其中除近端员组分为钠长石的高温变体外，余者均称做歪长石。随着温度的降低，类质同象置换的范围趋向狭窄，而出现互不混溶区。在该范围内的长石，是两种相的交生体。两种相的成分不同，一种是富Ab的低温钠长石，另一种是富Or的钾长石，形成条带状嵌晶。这种交生体称作条纹长石。条纹长石一般均以钾长石为主体，钠长石为客体。如果以钠长石为主体面钾长石为客体，则称作反条纹长石。

Ab和An形成的类质同象系列，构成斜长石。斜长石按Ab分子和An分子含量比的不同而被认为划分为6个矿物种。这一系列只在高温条件下才近于是完全类质同象，发生于高钠长石与钙长石之间。随着温度的降低，自钠长石和钙长石，其间将分属于几个不同的结构类型，在不同结构类型之间并存在有混溶间隙。成分落在混溶间隙范围内的斜长石，实际上都是由Ab、An含量不同的两种斜长石组成的超显微的两相交生体。但由于两相都极为细小，在光学显微镜下也不能分辨，因而通常仍把它们视为类质同象混晶。例如块体成分介于An_{47}—An_{48}区间内的斜长石，就是由分别具有其两侧边界成分的两种斜长石页片平行叠置而构成的交生体。当入射光在一系列两相界面上反射并干涉后，即可引起美丽的晕彩。

2. 双晶

长石族矿物中经常出现双晶，并常被用作鉴定长石种别的重要依据。复合双晶也常出现。例如斜长石中的卡钠复合双晶，便是钠长石律双晶和卡斯巴双晶复合的结果。

表6-1-2　长石中常见的双晶律

双晶律	双晶轴	接合面	备注
钠长石律 曼尼巴律 巴温诺律	⊥(010) ⊥(001) ⊥(021)	(010) (001) (021)	通常为聚片双晶，仅见于三斜晶系长石中 通常为简单的接触双晶 通常为简单的接触双晶，斜长石少见
卡斯巴律 肖钠长石律	*c*轴，即[001] *b*轴，即[010]	通常为(010) 平行*b*轴的无理指数面	聚片双晶，仅见于三斜晶系长石中
钠长石—卡斯巴律	⊥[001]/(011)	(010)	

正长石

[化学组成]$K[AlSi_3O_8]$。K_2O含量为16.9%，Al_2O_3含量为18.4%，SiO_2含量为64.7%；常含Ab分子$NaAlSi_3O_8$，有时可达30%；可含微量元素Fe，Ba，Rb，Cs等混入物。

[晶体结构]单斜晶系，架状结构。

[形态]晶体呈短柱状或厚板状。卡斯巴律双晶最为常见，其次为巴温诺律和曼尼巴律双晶。集合体呈粒状。

[物理性质]呈肉红色、浅黄色或灰白色，玻璃光泽(图6-1-34)。解理平行{001}完全，平行{010}完全或中等，其二者的夹角为90°，硬度6，相对密度2.56～2.57。

图 6-1-34　正长石

[成因及产状]主要产于酸性和碱性火成岩，如花岗岩、正长岩及相应脉岩和火山岩中，与斜长石、石英、黑云母、角闪石或霞石等共生。也是片麻岩等变质岩的主要矿物。通过风化搬运可进入砂岩，如长石砂岩。经表生或热液蚀变易变为绢云母、叶蜡石、高岭石等。

[鉴定特征]正长石以其晶形、双晶、硬度、解理及颜色作为重要的鉴别标志。正长石以其表面易风化、有两组完全解理、晶形及双晶等特征与石英区别；以其具两组完全解理与霞石区别。

[用途]作为最重要造岩矿物之一而具有地质意义；主要用于陶瓷和玻璃制造的矿物原料之一，如可用于陶瓷中做瓷釉粉。

斜长石

斜长石是分布很广的造岩矿物。随着火成岩类型的不同，所出现的斜长石的成分也有所不同。通常将斜长石划分成酸性、中性及基性 3 类，其间界限大体上在 An_{30}、An_{50} 两点。小于 30 者为酸性斜长石，大于 50 者为基性斜长石，介于其间者为中性斜长石。基性岩或超基性岩中一般仅有基性斜长石出现；而中性岩类，则仅出现奥长石、中长石或 An 偏低的拉长石；在酸性岩中则以酸性斜长石为主。

各种斜长石由于它们的化学组成、结构特征、物理性质等方面均作规律的变化，故合并叙述之。

[化学组成]$Na_{1-x}Ca_x[(Al_{1+x}Si_{3-x})O_8]$。由端员矿物钠长石和钙长石及它们的中间矿物组成的类质同象系列，总称为斜长石。

[晶体结构]三斜晶系。

[形态]晶体一般呈平行(010)延展的板状。钠长石中呈叶片状者称叶钠长石，如沿 b 轴延伸，称肖钠长石。双晶极为常见，其中以钠长石律双晶最为普遍。此外，卡斯巴律双晶、肖钠长石律双晶，以及钠长石—卡斯巴律复合双晶均经常出现。集合体呈粒状。

[物理性质]白色或灰白色，有的拉长石具晕彩，玻璃光泽(图 6-1-35)。{001}及{010}解理完全，其二者的夹角为86°24′～85°50′，硬度6，相对密度2.61～2.76，随含An分子增多而变大。

[成因及产状]斜长石是主要造岩矿物之一，随火山岩由基性向酸性演化，斜长石成分中An的分子含量趋向减小。一般伟晶岩中仅见有钠长石或奥长石。区域变质作用过程中所形成的斜长石，其An分子的含量将随变质作用的加深而增高。沉积岩中可以有钠长石作为自生矿物。碎屑岩中也可以有斜长石存在，但是远不及碱性长石普遍。

图 6-1-35　斜长石

架状结构硅酸盐矿物的鉴定

[鉴定特征]可根据其形态、解理以及较浅的颜色加以识别。斜长石种别的鉴定，需要借助偏光显微镜的观察。在手标本上，一般可根据岩石类型的所属，大体可以区分为酸性、中性或基性三类。

[用途]可作为玻璃或陶瓷工业原料。富钙斜长石可做耐火材料；日光石（又名砂金石）及具晕彩拉长石是重要的宝石材料。

方柱石族

方柱石族矿物的组成成分有两个端员组分：一为钠柱石 $Na_4[AlSi_3O_8]_3Cl$；另一为钙柱石 $Ca_4[Al_2Si_2O_8]_3CO_3$，二者形成完全类质同象系列。天然产出的方柱石主要为此系列的中间成员。

方柱石

[化学组成]$(Na,Ca)_4[Al(Al,Si)Si_2O_8]_3(Cl,F,OH,CO_3,SO_4)$。方柱石组成成分颇为复杂。

[晶体结构]四方晶系。

[形态]晶体常呈沿 c 轴延伸的柱状，集合体呈粒状、致密块状。

[物理性质]无色、白色、蓝灰色、浅绿黄色、黄色或紫色，玻璃光泽。{100}解理中等，{110}略差，硬度5～6，相对密度2.50～2.78，随成分中钙柱石分子的增加而增加。

[成因及产状]产于富钙的区域变质岩和矽卡岩中。

[鉴定特征]方柱石似长石，但解理与长石不同，也不如长石的解理清楚完好。此外方柱石经常呈四方柱形。如系细小粒状，则可用光性资料加以鉴别。

[用途]具有矿物学和岩石学意义。

练一练

1. 何谓含氧盐？含氧盐与氧化物都含氧，二者有何区别？
2. 为什么硅酸盐矿物的数量最多？试从地壳的元素组成分析。
3. 为什么硅酸盐矿物种类繁多，性质又相差悬殊？试从晶体结构特征分析。
4. 按石榴石的化学成分可将其分为哪两个系列，其成分和成因各有何不同？
5. 电气石与绿柱石柱体的横截面有何不同？为什么？
6. 为什么绿柱石呈六方柱状或板状形态，其硬度高而相对密度小？
7. 简述岛状和链状两亚类硅酸盐矿物在结构、成分、物理性质上的主要差异。
8. 普通辉石和普通角闪石的成分有何特点？
9. 层状硅酸盐的成因、产状有何特点？
10. 为什么在硅酸盐中架状硅酸盐矿物相对密度最小，但硬度较大？
11. 架状硅酸盐矿物有哪些常见的矿物？哪些可作为宝石矿物？
12. 长石的主要双晶类型有哪些？正长石、斜长石主要发育哪些双晶？其特点是什么？
13. 祖母绿、碧玺的矿物学名称是什么？
14. 如果某矿区发现紫红、玫瑰红色的石榴石，该矿区可能有什么矿？

项目 2　硼酸盐、磷酸盐矿物的鉴定

学习目标

知识目标：通过对硼酸盐、磷酸盐矿物的学习，熟悉矿物的化学成分、结晶形态、物理性质、成因产状及用途。

能力目标：通过对硼酸盐、磷酸盐矿物物理特性的观察、描述和分析，掌握运用相关物理特性对硼酸盐、磷酸盐矿物进行初步肉眼鉴定的能力。

思政目标：借鉴不同案例，剖析典型事例，激发学生对社会主义核心价值观的认同感，践行社会主义核心价值观，培养学生具有正确的世界观、人生观、价值观。

一、硼酸盐矿物概述

硼酸盐矿物是金属阳离子与硼酸根结合而成的含氧盐矿物。目前发现的矿物近百种，自然界常见的约 10 种可形成有意义的工业矿床。

与硼酸根相化合形成硼酸盐矿物的金属阳离子约有 20 种，但其中最主要的只有

Mg^{2+}、Ca^{2+}、Na^{+}、Fe^{2+}和Fe^{3+}，其次为Mn^{2+}。大多数硼酸盐矿物含H_2O和$(OH)^-$。

硼酸盐矿物的鉴定

在硼酸盐晶体结构中，除$[BO_3]^{3-}$三角形外，还可存在$[BO_4]^{5-}$四面体络阴离子，它们都既可以独立存在，亦可以共用部分角顶而联结成各种复杂的络阴离子。同时，其非共用角顶上的O^{2-}则可被$(OH)^-$所替代。

大部分硼酸盐矿物呈白色或无色，只有含Fe^{2+}、Fe^{3+}、Mn^{2+}等硼酸盐矿物呈深色，甚至黑色。硬度变化范围较大，但大部分属低硬度和中硬度，只有极少数其硬度可高达7～7.5，如方硼石。绝大多数硼酸盐矿物的相对密度在4.00以下，其中约有半数在2.50以下。

硼酸盐矿物有内生成因和外生成因。前者主要形成于接触交代作用过程，如硼镁石、硼镁铁矿，它们见于镁质矽卡石，有时可富集成有工业价值的硼矿床。但硼酸盐矿物的大规模聚积则是在外生条件下，由化学沉积作用形成于硼湖中。

二、磷酸盐矿物概述

磷酸盐矿物是金属阳离子与磷酸根相化合而成的含氧盐矿物。本类矿物的种数较多，有近200种，但它们中除极少数矿物（如磷灰石等）在自然界中广泛分布并可形成有工业价值的矿床外，其余品种在地壳中的含量极少。

本类矿物中，与磷酸根化合的阳离子主要是Ca^{2+}、Al^{3+}、Fe^{2+}、Fe^{3+}、Mn^{2+}、Cu^{2+}、Pb^{2+}、TR^{3+}等。此外，还常存在铀酰$[UO_2]^{2+}$络阳离子。阴离子部分除$[PO_4]^{3-}$外，常存在附加阴离子OH^-、F^-、Cl^-、O^{2-}等。同时，有半数左右的矿物含H_2O分子，尤其是含$[UO_2]^{2+}$的矿物，均为含水化合物，如铜铀云母$Cu[UO_2]_2[PO_4]_2 \cdot 12H_2O$。

在磷酸盐矿物中，络阴离子$[PO_4]^{3-}$与半径较大的三价阳离子（如TR^{3+}）结合成无水化合物，如磷钇矿$Y[PO_4]$；二价阳离子也以半径较大的Ca^{2+}、Pb^{2+}等所组成的化合物为最稳定，矿物的种别也较多，但往往带有附加阴离子，如磷灰石$Ca_5[PO_4]_3(F,Cl,OH)$；半径较小的二价阳离子如Fe^{2+}、Mn^{2+}、Cu^{2+}等与之结合时，则往往形成含水化合物，如蓝铁矿$Fe_3[PO_4]_2 \cdot 8H_2O$；一价阳离子如Na^+、Li^+等一般与Al^{3+}一起参与组成矿物，如磷锂铝石$LiAl[PO_4](F,OH)$。

本类矿物由于成分比较复杂，种类也较多，在物理性质方面的变化范围也较大。大多数矿物具有低的或中等的硬度，只有无水磷酸盐矿物可有较高的硬度，但最高亦没有大于6.5。相对密度的变化范围很大，如水磷铍石$Be_2[PO_4](OH) \cdot 4H_2O$只有1.81，而磷氯铅矿则高达7.14。含铁、锰、铜、铀等的矿物，均出现较为鲜艳的颜色。

在地壳中，磷几乎都形成了磷酸盐矿物。内生成因的大部分形成于岩浆作用和伟晶作用，也可形成于接触交代和热液作用。外生成因是由复杂的生物作用所形成，或者是由内生成因的磷酸盐矿物经变化后所形成的次生矿物。按矿物的种数而言，外生成因的磷酸盐矿物比内生成因的多。

绿松石

[化学成分]$CuAl_6[PO_4]_4(OH)_8 \cdot 5H_2O$

[晶体形态]三方晶系。晶体少见，偶见柱状晶体，常呈隐晶质块体或皮壳状产出(图6-2-1)。

图6-2-1　绿松石

[物理性质]呈鲜绿色、浅绿色、蓝绿色；油脂光泽，解理{001}完全。硬度5～6，性脆，相对密度2.60～2.83。

[成因产状]在干燥气候条件下，由含铜溶液与黏土作用而形成。

[鉴定特征]以颜色、硬度及油脂光泽为特征。

[主要用途]高档宝石，以天蓝色最好(图6-2-2、图6-2-3)。

图6-2-2　绿松石项链

图6-2-3　绿松石耳饰

磷酸盐矿物的鉴定

知识链接

中国是绿松石的主要产出国之一。湖北郧县、安徽马鞍山、陕西白河、河南淅川、新疆哈密、青海乌兰等地均有绿松石产出，其中以湖北郧县、郧西、竹山一带为世界著名的优质绿松石产地，云盖山上的绿松石以山顶的云盖寺命名为云盖寺绿松石，是世界著名的中国绿松石雕刻艺术品的原石，在业内和收藏界享有盛名并畅销国内外。此外，江苏、云南等地也发现有绿松石。

国外著名的绿松石产地伊朗，产出最优质的瓷松和铁线松，被称为波斯绿松石。此外，埃及、美国、墨西哥、阿富汗、印度及俄罗斯等国均产出绿松石。

练一练

简述绿松石的鉴定特征。

项目3　硫酸盐、钨酸盐、碳酸盐矿物的鉴定

学习目标

知识目标：通过对硫酸盐、钨酸盐、碳酸盐矿物的学习，熟悉矿物的化学成分、结晶形态、物理性质、成因产状及用途。

能力目标：通过对硫酸盐、钨酸盐、碳酸盐矿物物理特性的观察、描述和分析，掌握运用相关物理特性对硫酸盐、钨酸盐、碳酸盐矿物进行肉眼鉴定的能力。

思政目标：理解矿物所体现出的文化价值、民族自信，激发学生爱国思想，学习动力，脚踏实地的认真态度。

一、硫酸盐矿物概述

硫酸盐矿物是金属阳离子与$[SO_4]^{2-}$结合而成的含氧盐矿物。分布不广，已知近200种，占地壳总质量的0.1%。

（一）化学成分

阳离子：20余种，主要为惰性气体型离子和过渡型离子，其次为铜型离子。最主要有Ca^{2+}、Mg^{2+}、K^+、Na^+、Ba^{2+}、Sr^{2+}、Pb^{2+}、Fe^{3+}、Al^{3+}、Cu^{2+}、Zn^{2+}等。

附加阴离子：最主要为OH^-，次有F^-、Cl^-、O^{2-}、$CO_3{}^{2-}$等。许多矿物有结晶水。

(二)结晶形态

硫酸盐的对称程度比较低,主要为斜方和单斜晶系;Ba^{2+}、Pb^{2+}、Sr^{2+}、Ca^{2+}、Na^{+}的无水硫酸盐均为斜方晶系;Ca^{2+}、Na^{+}、Fe^{2+}的含水硫酸盐属单斜晶系;Fe^{3+}、Al^{3+}的硫酸盐属三斜晶系。少数矿物属三方、六方晶系。集合体常呈纤维状、粒状、致密块状,以及皮壳状、钟乳状。

(三)物理、化学性质

一般呈无色、白色、灰白色、浅色,但含 Fe 呈黄褐或蓝绿色,含 Cu 呈蓝绿色,含 Mn 或 Co 呈红色。玻璃光泽,少数金刚光泽,透明~半透明。硬度较低(通常 2~4),含水者更低(H=1~2)。相对密度一般不大(2.00~4.00),含 Ba、Pb 者例外,可大于 4.00,甚至为 6.00~7.00。普遍具完全解理,因矿物种而异。多数易溶于水,但 Ca、Sr、Ba、Pb 的硫酸盐矿物难溶于水和酸。

(四)成因产状

形成于氧浓度很高的低温环境,最常见于地表或近地表,有内生和外生成因;主要为表生条件下的湖、海相化学沉积,其次是金属硫化物的氧化产物(矾类);部分为低温热液成因,产于近地表。

重晶石

[化学组成]$Ba[SO_4]$

[晶体形态]斜方晶系,通常为沿{001}的板状或厚板状,有时呈柱状,少数为三向等长。集合体呈板状、晶簇状、块状、粒状、结核状等。

[物理性质]纯者无色透明,一般为白色,含杂质者呈灰白、浅黄、淡褐、淡红等。玻璃光泽,解理面珍珠光泽(图 6-3-1)。解理{001}完全、{210}中等—完全、{010}不完全—中等,解理夹角(001)∧(210)=90°,硬度 3~3.5,相对密度大(4.50 左右)。与 HCl 不反应。

图 6-3-1 重晶石

［成因产状］主要为热液成因，产于中、低温热液金属矿脉中。也可产于沉积岩。

［鉴定特征］板状晶形，三组中等至完全解理，解理块在(100)面上呈菱形。

［主要用途］重晶石为提取 Ba 的原料。重晶石细粉用作石油钻井泥浆的加重剂；可作化学药品、医药化工原料。可作白色颜料、涂料；作 X 射线防护剂，为 X 射线实验室墙壁喷漆的主要原料；作填充剂用于橡胶、造纸业，以增加质量及光滑程度。

石膏

［化学组成］$Ca[SO_4]\cdot 2H_2O$

［结晶形态］单斜晶系，晶体常沿{010}呈板状(图 6－3－2、图 6－3－3)，常依(100)成燕尾双晶(图 6－3－4)，集合体多呈块状、纤维状、细粒状、土状等。

纤维石膏：纤维状的石膏集合体(图 6－3－5)。

雪花石膏：细晶粒状的石膏块体。

透石膏：无色透明的石膏晶体。

图 6－3－2　石膏的板状晶体

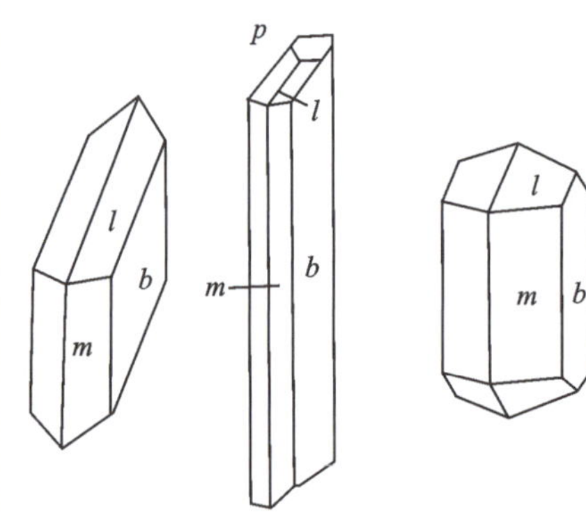

图 6－3－3　石膏的晶形

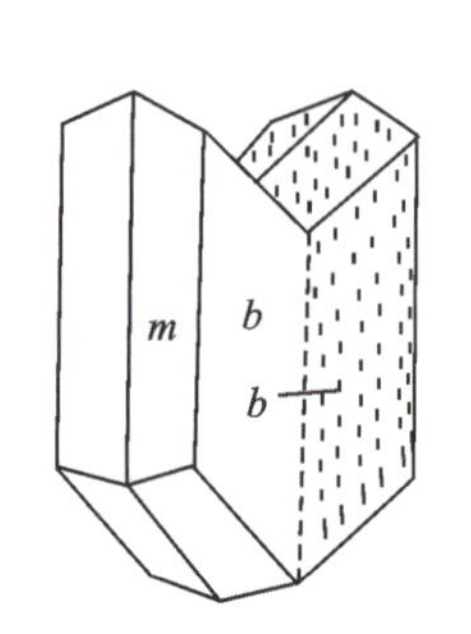

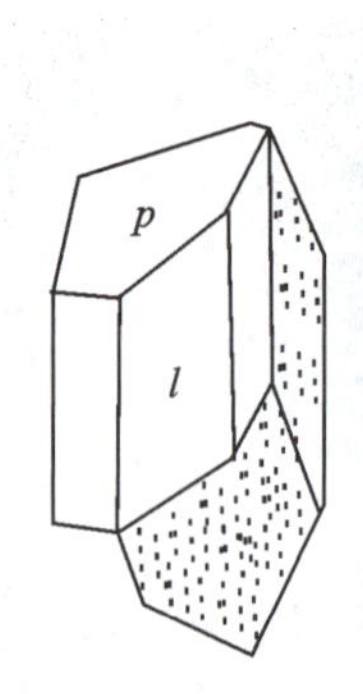

图 6－3－4　石膏的双晶

图 6－3－5　纤维石膏

［物理性质］纯者无色透明，通常为白色，含杂质而染成灰、浅黄、浅褐等色。玻璃光泽，解理面上珍珠光泽，纤维石膏呈丝绢光泽(图 6－3－6)。解理{010}极完全，{100}和{011}中

等；薄片具挠性。硬度 1.5～2。相对密度 2.30。

［成因产状］主要是化学沉积的产物，热液成因者较少见，通常产于某些低温热液硫化物矿床中。

图 6－3－6　石膏

硫酸盐矿物的鉴定

［鉴定特征］低硬度，具有一组极完全解理及各种特征的形态。致密块状的石膏以其硬度和遇酸不起泡可与碳酸盐矿物相区别。

［主要用途］主要用于生产水泥、造纸等工业，也用于生成熟石膏及其制品，此外，也可作为农业肥料。

二、钨酸盐类矿物概述

钨酸盐类矿物是指金属阳离子与钨酸根相结合而成的含氧盐矿物。面前已知的矿物有 10 种左右。此类矿物在地壳中分布较少，只有白钨矿、黑钨矿较常见，形成具有工业价值的矿床。

阳离子主要为 Ca，Fe、Mn、Pb、Cu、TR 元素的离子，络阴离子为 $[WO_4]^{2-}$。

钨酸盐矿物的鉴定

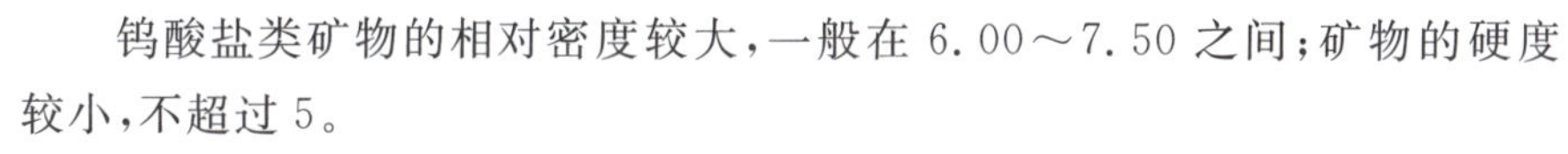

钨酸盐类矿物的相对密度较大，一般在 6.00～7.50 之间；矿物的硬度较小，不超过 5。

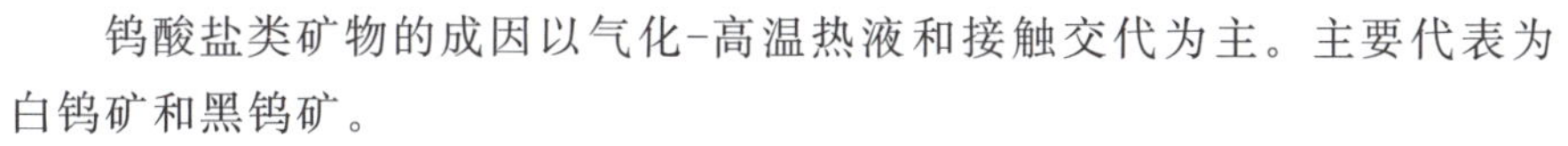

钨酸盐类矿物的成因以气化-高温热液和接触交代为主。主要代表为白钨矿和黑钨矿。

白钨矿

［化学组成］$Ca[WO_4]$

［结晶形态］四方晶系，晶体常呈四方双锥，也有的沿{001}呈板状。集合体多呈不规则粒状或致密块状。

［物理性质］白色、黄白、浅紫色等，油脂光泽或金刚光泽；透明至半透明，解理{111}中等，断口参齿状。硬度 4.5～5，相对密度 5.8～6.2。

［成因产状］主要产于接触交代矿床，也可见于高-中温热液矿床。

［鉴定特征］以白色、油脂光泽、密度大、紫外光照射下发浅蓝色荧光。

[主要用途]提炼钨的重要矿物原料之一。

(1)钨用于冶炼合金钢以制造高速切削工具、枪管、炮膛、坦克装甲、火箭喷嘴等。

(2)钨用于制造灯丝及X射线发射器的阴极材料。

(3)合成碳化钨材料的硬度仅次于金刚石，可用作钻头、车刀等。

黑钨矿

[化学组成](Mn,Fe)[WO_4]

[结晶形态]单斜晶系；晶体常沿 c 轴延伸的{100}板状或短柱状，晶体平行于 c 轴的条纹。双晶常依(100)或(023)成接触双晶。集合体为刃片状或粗粒状。

[物理性质]红褐色至黑色，条痕黄褐色至褐黑色；树脂光泽至半金属光泽，解理平行{010}完全。硬度4～4.5。相对密度7.12～7.51。

[成因产状]主要产于高温热液矿床。

[鉴定特征]黑钨矿以其板状形态，褐黑色，{010}完全解理和相对密度大为鉴定特征。

[主要用途]黑钨矿是钨的最主要矿石矿物。主要用途同白钨矿。

三、碳酸盐矿物概述

碳酸盐矿物是金属阳离子与碳酸根[CO_3]$^{2-}$相化合而成的含氧盐矿物。已知碳酸盐矿物的种数有90余种。它们构成地壳总质量的1.7%左右。其中分布最广的是钙和镁的碳酸盐，能形成很厚的海相沉积地层。不少碳酸盐矿物所组成的矿石和岩石则是许多工业部门的原料或材料，具有重要的经济意义。

碳酸盐矿物中，与碳酸根化合的金属阳离子有20余种。其中最主要的是 Ca^{2+} 和 Mg^{2+}，其次是 Fe^{2+}、Mn^{2+} 和 Na^{+}，以及 Ca^{2+}、Zn^{2+}、Pb^{2+}、TR^{3+} 等。阴离子部分除[CO_3]$^{2-}$外，有时还有附加阴离子，其中以 OH^- 为主。

碳酸盐矿物晶体结构中存在[CO_3]$^{2-}$的络阴离子，较一般的阴离子为大，它与较大或中等离子半径的二价阳离子，主要是 Ca^{2+}、Mg^{2+}、Fe^{2+}、Mn^{2+}、Ba^{2+}、Sr^{2+}、Pb^{2+}、Zn^{2+} 等结合成无水化合物。对于 Cu^{2+} 等可形成含 OH^- 的碳酸盐，即所谓的基性盐，如孔雀石Cu_2[CO_3]$(OH)_2$；对于一价阳离子，主要是 Na^+，往往形成含结晶水的碳酸盐，如水碱Na_2[CO_3]·H_2O；有时还有 H^+ 参与其组成，形成所谓的酸性盐，如天然碱 Na_3H[CO_3]·$2H_2O$。

碳酸盐矿物的物理性质特征是硬度不大，一般在3左右。硬度最大的是稀土碳酸盐矿物，但也不超过4.5。非金属光泽，大多数为无色或白色，含铜者呈鲜绿或鲜蓝色，含锰者呈玫瑰红色，含稀土或铁者呈褐色。

碳酸盐矿物主要有内生成因和外生成因两类，但是外生成因的矿物却远比内生成因者分布广泛。

白云石

[化学成分]$CaMg$[CO_3]$_2$

[晶体形态]三方晶系(图6-3-7)；晶体常呈菱面体状，晶面常弯曲成马鞍状(图6-3-8)，常见双晶，有时见裂开。集合体常呈粒状、致密块状，有时呈多孔状、肾状。

[物理性质]纯者多为白色，含铁者灰色—暗褐色，风化表面褐色，玻璃光泽(图 6-3-9)，解理完全，解理面常弯曲，硬度 3.5～4。相对密度 2.85。

[成因产状]在沉积岩中分布广泛，主要见于浅海相沉积物中；可由热液交代和变质作用形成；也有岩浆成因者。

[鉴定特征]晶面常呈弯曲的马鞍形。

[主要用途]用作耐火材料及高炉炼铁生产中的溶剂；部分白云石用于提取金属镁；白云石加工后可作提取镁的原料。

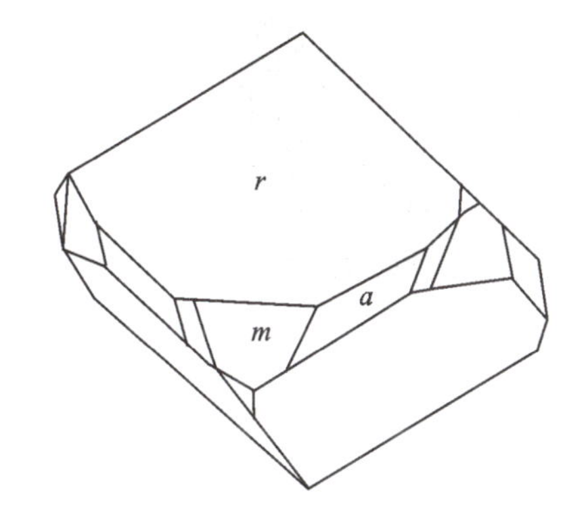

图 6-3-7　三方晶系

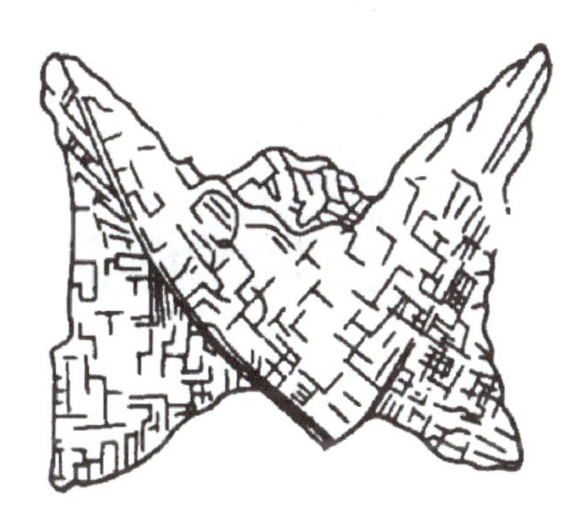

图 6-3-8　马鞍形双晶

图 6-3-9　白云石

方解石

[化学组成]$Ca[CO_3]$

[结晶形态]三方晶系，常见完好晶体。晶形完好，常见菱面体、复三方偏三角面体、六方柱、平行双面等单形。随形成温度由高→低，晶形从板状→柱状。集合体常呈晶簇状、片状、粒状、块状、钟乳状、结核状等(图 6-3-10)。

图 6-3-10　方解石晶簇

［物理性质］无色或白色，有时被 Fe、Mn、Cu 等元素浸染呈浅黄色、浅红色、紫色、褐黑色。无色透明的方解石称为冰洲石，玻璃光泽（图 6-3-11）。解理平行$\{10\bar{1}1\}$完全，在应力影响下，沿$(01\bar{1}2)$聚片双晶方向滑移而裂开。硬度 3，相对密度 2.60～2.90，遇冷的稀盐酸反应剧烈产生气泡。

［成因产状］分布广泛，成因较多。主要系沉积作用形成，也有热液型、岩浆型及风化型成因。

［鉴定特征］以晶形，$\{10\bar{1}1\}$三组完全解理，硬度较小，相对密度较小，常见聚片双晶，加 HCl 急剧起泡为特征。

［主要用途］冰洲石可作为光学仪器的贵重材料；石灰岩、大理岩等用于烧制石灰、制造水泥、冶金工业作熔剂、建筑石料、提取固液态的碳酸等；美丽的大理岩可作雕刻品或建筑石材（图 6-3-12）；高纯度的石灰岩是塑料、尼龙的重要原料。

图 6-3-11　冰洲石

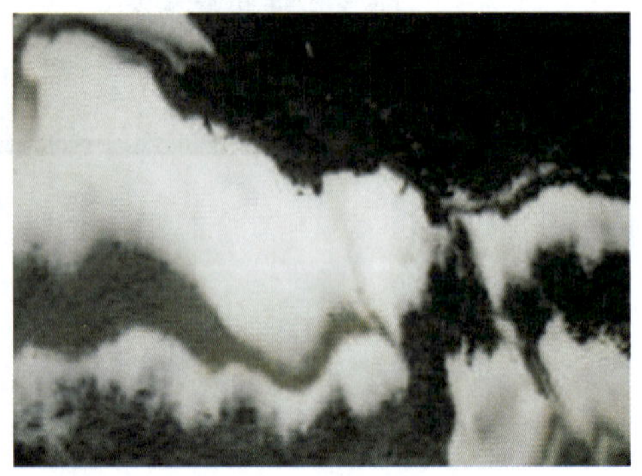

图 6-3-12　大理岩

菱铁矿

[化学组成]$Fe[CO_3]$

[晶体形态]三方晶系，晶体呈菱面体状、短柱状或偏三角面体状。通常呈粒状、土状、致密块状集合体。

[物理性质]菱铁矿(图 6-3-13)呈黄至褐色、棕色；玻璃光泽。解理完全。硬度 3.5～4.5。相对密度 2.90～4.00。

图 6-3-13　菱铁矿

[成因产状]菱铁矿形成于还原环境，有热液和沉积两种成因。

[鉴定特征]与方解石相似，区别在于菱铁矿粉末加冷 HCl 不起泡或作用慢，加热 HCl 则剧烈起泡。

[主要用途]菱铁矿可作为铁矿石开采。

孔雀石

[化学组成]$Cu_2[CO_3](OH)_2$

[结晶形态]单斜晶系，晶体少见，通常呈葡萄状、钟乳状、肾状、皮壳状集合体，其内部具同心层状或放射纤维状构造(图 6-3-14、图 6-3-15)。

[物理性质]常呈孔雀绿色，色调从翠绿—暗绿色，条痕浅绿色，玻璃光泽—金刚光泽。硬度 3.5～4。解理{210}、{010}完全。加 HCl 起泡。

图 6-3-14　孔雀石

图 6-3-15

[成因产状]外生作用产物，主要产于含铜硫化物矿床的氧化带，为含铜硫化物矿物氧化而成的次生矿物，与褐铁矿、蓝铜矿等共生。

[鉴定特征]特征的孔雀绿色，形态常呈肾状、葡萄状，其内部具放射纤维状及同心层状。

[主要用途]作为寻找原生含铜硫化物矿床的标志；量多时可作为提炼铜的矿物原料；质纯色美者可作装饰品和工艺品；粉末可作绿色颜料。

知识链接

孔雀石是根据希腊“锦葵”一词命名的，因为它具有与锦葵叶一样的颜色。它是一种碳酸铜，且通常以铜矿石中的污点或外壳的形式产出。孔雀石通常具有与众不同的绿色条带，从古时候起，它就已经因装饰用途而被人们用于雕刻了。当铜生成于其他矿物中时，能够显出蓝色（蓝铜矿或硅孔雀石）或红色（赤铜矿）的颜色。

蓝铜矿

[化学组成]$Cu_3[CO_3]_2(OH)_2$

[结晶形态]单斜晶系；晶体常呈短柱状、柱状、厚板状，集合体为致密块状、晶簇状、放射状、土状或皮壳状、薄膜状等（图 6-3-16）。

[物理性质]深蓝色，土状块体呈浅蓝色；浅蓝色条痕；晶体呈玻璃光泽，土状块体呈土状光泽；透明至半透明。解理{011}，{100}完全或中等；贝壳状断口。硬度 3.5～4。相对密度 3.70～3.90。

[成因产状]产于铜矿床氧化带、铁帽及近矿围岩的裂隙中，是一种次生矿物。

[鉴定特征]蓝色，常与孔雀石等铜的氧化带共生。

[主要用途]同孔雀石。

图 6－3－16 蓝铜矿

碳酸盐矿物的鉴定

练一练

1. 如何区别方解石和白云石？
2. 如何区别石膏和硬石膏、硬石膏和重晶石？
3. 方解石和白云石是________类矿物。

项目 4 未知矿物的鉴定——实践过程

学习目标

知识目标：能够理解未知矿物的鉴定步骤，熟悉矿物的主要鉴定特征。

能力目标：能肉眼鉴定未知矿物，并能区分相似矿物。

思政目标：对未知矿物进行鉴定的时候，也要遵循望、闻、问、切这四个步骤，宝石鉴定和中国传统文化结合起来，增强文化自信。

未知矿物的鉴定方法分两个步骤，第一步是根据矿物的外形和物理性质进行肉眼鉴定，其主要依据是以下几个方面。

(1)形状：由于矿物的化学组成和内部结构不同，形成的环境也不一样，往往具有不同的形状。凡是原子或离子在三维空间按一定规则重复排列的矿物就形成晶体，晶体可呈立方体、菱面体、柱状、针状、片状、板状等。矿物的集合体可呈放射状、粒状、葡萄状、钟乳状、鲕状、土状等。

(2)颜色：是矿物对光线的吸收、反射的特性。各种不同的矿物往往具有各自特殊的颜色，有许多矿物就是以颜色命名的，它对鉴定矿物、寻找矿产及判别矿物的形成条件都有重要意义。

(3)条痕：指矿物粉末的颜色，可将矿物在白色无釉的瓷板上擦划，便可得到条痕。由于矿物粉末可以消除一些杂质造成的假色，因此条痕的颜色更能真实地反映矿物的颜色。

(4)光泽：指矿物表面对可见光的反射能力，光泽的强弱主要取决于矿物折射率、吸收系数和反射率的大小。光泽可分为金属光泽、玻璃光泽、金刚光泽、油脂光泽和丝绢光泽、珍珠光泽等。

(5)硬度：矿物抵抗外力的刻划、压入、研磨的能力，一般用两种不同矿物互相刻划来比较硬度的大小。硬度一般划分为10级。

(6)解理和断口：在受力作用下，矿物晶体沿一定方向发生破裂并产生光滑平面的性质叫解理，沿一定方向裂开的面叫解理面。解理有方向的不同(如单向解理、三向解理等)，也有程度的不同(完全解理、不完全解理)。

如果矿物受力后，不是按一定方向破裂，破裂面呈各种凹凸不平的形状(如锯齿状、贝壳状)，叫断口。

此外，还可以根据矿物的韧性、相对密度、磁性、电性、发光性等特征来鉴别矿物。

第二步是在室内运用一定的仪器和试剂进行分析和鉴定。有偏光显微镜鉴定法、化学分析法、X射线分析法、差热分析法等。

那么，矿物肉眼鉴定主要是采用第一步，根据矿物的外形和物理性质进行肉眼鉴定。

巩固复习

一些常见矿物的特征。

石墨(C)常为鳞片状集合体，有时为块状或土状。颜色与条痕均为黑色，可污手。半金属光泽。有一组极完全解理，易劈开成薄片。硬度1～2，指甲可刻划。有滑感。密度2.20g/cm^3。

黄铁矿(FeS_2)大多呈块状集合体，也有发育成立方体单晶者。立方体的晶面上常有平行的细条纹。颜色为浅黄铜色，条痕为绿黑色。金属光泽。硬度6～6.5。性脆，断口参差状。相对密度5.00。

黄铜矿($CuFeS_2$)常为致密块状或粒状集合体。颜色铜黄，条痕为绿黑色。金属光泽。硬度3～4，小刀能刻划。性脆，相对密度4.10～4.30。黄铜矿以颜色较深且硬度小可与黄铁矿相区别。

方铅矿(PbS)单晶常为立方体，通常呈致密块状或粒状集合体。颜色铅灰，条痕灰黑色。金属光泽。硬度2～3。有三组解理，沿解理面易破裂成立方体。相对密度7.40～7.60。

闪锌矿(ZnS)常为致密块状或粒状集合体。颜色自浅黄到棕黑色不等(因含Fe量增高而变深)，条痕为白色到褐色。光泽自油脂光泽到半金属光泽。透明至半透明。硬度3.5～

4。解理发育。相对密度3.90～4.10(随含铁量的增加而降低)。

石英(SiO_2)常发育成单晶并形成晶簇,或成致密块状或粒状集合体。纯净的石英无色透明,称为水晶。石英因含杂质可呈各种色调。例如含Fe^{3+}呈紫色者,称为紫水晶;含有细小分散的气态或液态物质呈乳白色者,称为乳石英。石英晶面为玻璃光泽,断口为油脂光泽,无解理。硬度7。贝壳状断口。相对密度2.65。隐晶质的石英称为石髓(玉髓),常呈肾状、钟乳状及葡萄状等集合体。一般为浅灰色、淡黄色及乳白色,偶有红褐色及苹果绿色。微透明。具有多色环状条带的石髓称为玛瑙。

赤铁矿(Fe_2O_3)常为致密块状、鳞片状、鲕状、豆状、肾状及土状集合体。显晶质的赤铁矿为铁黑色到钢灰色,隐晶质或肾状、鲕状者为暗红色,条痕呈樱红色。金属、半金属到土状光泽。不透明。硬度5～6,土状者硬度低。无解理。相对密度4.00～5.30。

磁铁矿(Fe_3O_4)常为致密块状或粒状集合体,也常见八面体单晶。颜色为铁黑色。条痕为黑色。半金属光泽,不透明。硬度5.5～6.5。无解理。相对密度5.00。具强磁性。褐铁矿实际上不是一种矿物而是多种矿物的混合物,主要成分是含水的氢氧化铁($Fe_2O_3 \cdot nH_2O$),并含有泥质及二氧化硅等。褐至褐黄色,条痕黄褐色。常呈土块状、葡萄状,硬度不一。

萤石(CaF_2)常能形成块状、粒状集合体,或立方体及八面体单晶。颜色多样,有紫红、蓝、绿和无色等。透明。玻璃光泽。硬度4。解理完全。易沿解理面破裂成八面体小块。相对密度3.18。

方解石($CaCO_3$)常发育成单晶,或晶簇、粒状、块状、纤维状及钟乳状等集合体。纯净的方解石无色透明。因杂质渗入而常呈白、灰、黄、浅红(含Co、Mn)、绿(含Cu)、蓝(含Cu)等色。玻璃光泽。硬度3。解理完全。易沿解理面破裂成为菱面体。相对密度2.72。遇冷稀盐酸强烈起泡。

白云石[$CaMg(CO_3)_2$]单晶为菱面体,通常为块状或粒状集合体。一般为白色,因含Fe常呈褐色。玻璃光泽。硬度3.5～4。解理完全。相对密度2.86,含铁高者可达2.9～3.1。白云石以在冷稀盐酸中反应微弱,以及硬度稍大而与方解石相区别。

孔雀石[$Cu_2(CO_3)(OH)_2$]常为钟乳状、块状集合体,或呈皮壳附于其他矿物表面。深绿或鲜绿色。条痕为淡绿色。晶面上为丝绢光泽或玻璃光泽。硬度3.5～4。相对密度3.50～4.00。遇冷稀盐酸剧烈起泡。孔雀石以其特有颜色而易与其他矿物相区别。

硬石膏($CaSO_4$)单晶体呈等轴状或厚板状。集合体常为块状及粒状。纯净者透明。无色或白色,常因含杂质而呈暗灰色。玻璃光泽。硬度3～3.5。解理完全,沿解理面可破裂成长方形小块。相对密度2.90～3.00。

石膏($CaSO_4 \cdot 2H_2O$)单晶体常为板状。集合体为块状、粒状及纤维状等。为无色或白色。有时透明。玻璃光泽,纤维状石膏为丝绢光泽。硬度2。有极完全解理,易沿解理面劈开成薄片。薄片具挠性。相对密度2.30～2.37。石膏中透明而呈月白色反光者称透明石膏,纤维状者称纤维石膏,细粒状者称雪花石膏。

磷灰石[$Ca_5(PO_4)_3(F,Cl,OH)$]单晶常为六方柱状,集合体为块状、粒状、肾状及结核状等。纯净磷灰石为无色或白色,但少见。一般呈黄绿色。可以出现蓝色、紫色及玫瑰红色等。玻璃光泽。硬度5,断口参差状。断面为油脂光泽。相对密度2.90~3.20。以结核状出现的磷灰石称磷质结核。用含钼酸铵的硝酸溶液滴在磷灰石上,有黄色沉淀(磷钼酸铵)析出,是鉴别磷灰石的重要方法。

橄榄石[$(Mg,Fe)_2(SiO_4)$]常为粒状集合体。浅黄绿到橄榄绿色,随含铁量增高而加深。玻璃光泽。硬度6~7。解理不发育。相对密度3.20~4.40,随含铁量增高而增大。

石榴石[$X_3Y_2(SiO_4)_3$]化学式中的X代表二价阳离子Ca^{2+}、Mg^{2+}、Mn^{2+}、Fe^{2+}等,Y代表三价阳离子Al^{3+}、Fe^{3+}、Cr^{3+}等,阳离子为铁、铝者称为铁铝榴石,阳离子为钙、铝者,称为钙铝榴石。尽管它们的化学成分有某种变化,但其基本结构相同,特征近似。石榴石常形成等轴状单晶体。集合体成粒状和块状。浅黄白、深褐到黑色(一般随含铁量增高而加深)。玻璃光泽。硬度6~7.5。无解理。断口为贝壳状或参差状。相对密度4.00左右。

红柱石(Al_2SiO_5)单晶体呈柱状,横切面近于正方形,集合体呈放射状,俗称菊花石,常为灰白色及肉红色。玻璃光泽。硬度6.5~7.5。有平行柱状方向的解理。相对密度3.13~3.16。

蓝晶石(Al_2SiO_5)单晶体常呈长板状或刀片状。常为蓝灰色。玻璃光泽,解理面上有珍珠光泽。有平行长轴方向的解理。硬度5.5~7。平行伸长方向的硬度小,垂直伸长方向的硬度大。相对密度3.53~3.65。

矽线石(Al_2SiO_5)通常为针状及纤维状集合体。常为灰白色。玻璃光泽。硬度7。有平行伸长方向的解理。相对密度3.38~3.49。

普通辉石[$(Ca,Mg,Fe,Al)_2(Si,Al)_2O_6$]单晶体为短柱状,横切面呈近正八边形,集合体为粒状。绿黑色或黑色。玻璃光泽。硬度5.5~6.0。有平行柱状方向的两组解理,其交角为87°。相对密度3.20~3.40。

普通角闪石[$Ca_2(MgFe^{2+})_6Al[Si_7AlO_{22}](OH)_2$]单晶体较常见,为长柱状。横切面呈六边形,经常以针状形式出现,绿黑色或黑色,玻璃光泽;硬度5~6。有平行柱状的两组解理,交角为56°。相对密度3.02~3.45,随着含Fe量增加而加大。

滑石[$Mg_3(Si_4O_{10})(OH)_2$]单晶体为片状,通常为鳞片状、放射状、纤维状、块状等集合体。无色或白色。解理面上为珍珠光泽。硬度1。平行片状方向有极完全解理。有滑感。薄片具挠性。相对密度2.58~2.55。

高岭石[$Al_4(Si_4O_{10})(OH)_8$]一般为土状或块状集合体。白色,常因含杂质而呈其他色调。土状者光泽暗淡,块状者具蜡状光泽。硬度2。相对密度2.61~2.68。具可塑性。

白云母[$KAl_2(AlSi_3O_{10})(OH)_2$]单晶体为短柱状及板状,横切面常为六边形。集合体为鳞片状,其中晶体细微者称为绢云母。薄片为无色透明。具珍珠光泽。硬度2.5~3。有平行片状方向的极好解理,易撕成薄片。具弹性。相对密度2.77~2.88。

黑云母[$K(Mg,Fe)_3(AlSi_3O_{10})(OH)_2$]单晶体为短柱状、板状,横切面常为六边形,集合体为鳞片状。棕褐色或黑色,随含铁量增高而变暗。其他光学与力学性质同白云母相似。相对密度2.70~3.30。

长石

长石是硅酸盐矿物中分布最广的一类矿物,约占地壳质量的50%。长石包括3个基本类型：钾长石[$K(AlSi_3O_8)$]（代号 Or）、钠长石[$Na(AlSi_3O_8)$]（代号 Ab）、钙长石[$Ca(AlSi_2O_8)$]（代号 An）。钾长石与钠长石因其中含有碱质元素 Na 与 K，故常称碱性长石。钠长石与钙长石常按不同比例混溶在一起，组成类质同象系列：

钠长石 $Ab_{100\sim90}An_{0\sim10}$

更长石 $Ab_{90\sim70}An_{10\sim30}$

中长石 $Ab_{70\sim50}An_{30\sim50}$

拉长石 $Ab_{50\sim30}An_{50\sim70}$

培长石 $Ab_{30\sim10}An_{70\sim90}$

钙长石 $Ab_{10\sim0}An_{90\sim100}$

这 6 种长石成分上连续过渡，总体称斜长石。其中钠长石与更长石称为酸性斜长石；拉长石、培长石及钙长石称为基性斜长石（此处酸性、基性为地质上的，非化学上的意义）。斜长石有许多共同特征。如单晶体为板状或板条状。常为白色或灰白色。玻璃光泽。硬度6～6.52。有两组解理，彼此近正交，相对密度 2.61～2.75，随钙长石成分增大而变大。

钾长石包含正长石、微斜长石、透长石及冰长石等变种，其成分无变化，仅结构略有差别，其中常见的是正长石。单晶体常为柱状或板柱状。常为肉红色，有时具有较浅的色调。玻璃光泽。硬度 6。有两组方向相互垂直的解理。相对密度 2.40～2.57。

一、白色系列矿物

常见白色矿物有方解石（图 6－4－1）、白云石（图 6－4－2）、石英（图 6－4－3）、石膏（图 6－4－4）、硬石膏、磷灰石（图 6－4－5）等，鉴定特征见表 6－4－1。

图 6－4－1 方解石

图 6-4-2　白云石

图 6-4-3　石英

图 6-4-4　石膏

图 6-4-5　磷灰石

表 6－4－1　白色系列矿物的鉴定特征

矿物名称	晶系	颜色	光泽	硬度	解理/断口	相对密度	其他特征
方解石	三方	白色	玻璃	＜小刀	三组完全解理	中	遇冷稀盐酸强烈起泡
白云石	三方	白色	玻璃	＜小刀	三组完全解理	中	冷稀盐酸中反应微弱
石英	三方	无色	玻璃	＞小刀	贝壳状断口	中	晶面有横纹
石膏	单斜	白色	玻璃	＜指甲	解理平行{010}极完全{100}{011}中等	中	解理面珍珠光泽
硬石膏	斜方	白色	玻璃	＜小刀	解理平行{010}{001}极完全，{100}中等	中	三组解理相互垂直
磷灰石	六方	白色	玻璃	＞小刀	参差状断口、贝壳状断口	中	断口面呈油脂光泽

二、蓝绿系列矿物

蓝绿颜色的矿物有天河石(图 6－4－6)、孔雀石(图 6－4－7)、绿松石(图 6－4－8)、蓝晶石、蓝闪石、蓝铜矿(图 6－4－9)、蓝色刚玉、蓝色萤石、蓝纹石、钴十字石等。胆矾、异极矿、菱锌矿、蓝宝石、蓝铜矿、绿铜锌矿、绒铜矿等含铜的矿物都有蓝色的，还有矿物是有各种颜色的，如石英、萤石。常见蓝色矿物鉴定特征见表 6－4－2。

图 6－4－6　天河石

图 6-4-7　孔雀石

图 6-4-8　绿松石

图 6-4-9　蓝铜矿

表 6-4-2　蓝色系列矿物的鉴定特征

矿物名称	晶系	颜色	光泽	硬度	解理/断口	相对密度	其他特征
天河石	三斜	蓝色	玻璃	<小刀	两组完全解理	中	网格状色斑
孔雀石	单斜	蓝绿色	玻璃	<小刀	解理中等—完全	中	同心层状构造
蓝铜矿	单斜	蓝色	土状	<小刀	贝壳状断口	中	遇 HCl 起泡

知识链接

天河石

图 6-4-10 为美国天河石(Amazonite)的标本照片。蓝绿色。玻璃光泽，解理面珍珠光泽。透明至半透明。解理{001}、{010}完全，夹角 89°40′，有时可见{110}和{1$\bar{1}$0}不完全解理。硬度 6～6.5。相对密度 2.55～2.63g/m^3，沿{100}和{20$\bar{1}$}裂开。

图 6-4-10　中国地质博物馆天河石藏品图片

三、黄色金属系列矿物

常见黄色金属矿物有黄铁矿(图 6-4-11)、黄铜矿(图 6-4-12)、磁黄铁矿(图 6-4-13)，鉴定特征见表 6-4-3。

图 6-4-11　黄铁矿

图 6-4-12　黄铜矿

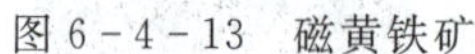
图 6-4-13　磁黄铁矿

未知矿物鉴定

表 6-4-3　黄色系列矿物的鉴定特征

矿物名称	晶系	颜色	光泽	硬度	解理/断口	相对密度	其他特征
黄铁矿	等轴	浅黄铜色	金属	>小刀	无解理	大	立方体晶面上有条纹
黄铜矿	四方	黄铜色	金属	<小刀	无解理	大	条痕绿黑色
磁黄铁矿	六方	暗青铜黄色	金属	<小刀	解理不发育，有底面裂理	大	具磁性

知识链接

在自然界中，具有铁磁性的矿物除了磁黄铁矿之外，还有磁铁矿（Fe_3O_4）、磁赤铁矿（$\gamma-Fe_2O_3$）和钛磁矿（$FeO-TiO_2-Fe_2O_3$）。这些矿石在中国古代我们泛称之为“慈石”，亦即今日的磁石；不过你知道吗？在秦汉以前，中国的典籍里并没有“磁”这个字的，那么“慈石”这名字是什么意思呢？东汉高诱说：“石，铁之母也。以有慈石，故能引其子；石之不慈也，亦不能引也”，换句话说，中国古人以“慈母爱子”比拟磁石吸铁的现象，所以称磁石为“慈石”。

磁黄铁矿的结晶可能出现的对称型态有二：当硫含量较低，化学组成趋近 FeS 时，晶体结构呈六方对称；相反地，高硫含量的情形下，晶体则是属于单斜的对称型式。在自然界中，有时我们可以见到这两种结构在同一个磁黄铁矿中出现。不过仔细想想，毕竟这是两种不同的晶体结构与对称，而且也算是不同的化学组成，所以事实上，磁黄铁矿应该可以算是两种矿物的集合体的，只是矿物学家仍将它们视为是同一个矿物。

磁黄铁矿，是个具有磁性的矿物。它可是自然界中，仅次于磁铁矿之外最常见的磁性矿物。利用磁性，我们可以简单的将磁黄铁矿与黄铜矿、黄铁矿、镍黄铁矿以及白铁矿（marcasite）等外型颜色相近的硫化物矿物区分出来。不过事实上，每个磁黄铁矿矿石的磁力大小并没有一致性，有的磁力强，有的磁力弱，磁力的大小取决于矿物内部结构中铁空缺的多寡，空缺越多则矿石磁力越强。在陨石中，就有不具有磁性的磁黄铁矿变种被发现，它还有个别

名叫作“陨硫铁”或“硫铁矿”(troilite)。

磁黄铁矿导电性高，且略具磁性。其磁性除与本身成分有关外(通常含铁愈多，磁性愈低)，还与结构中铁的空位分布有关，若空位规则分布，磁性较强，反之，则弱。

四、黄色非金属系列矿物

常见黄色非金属矿物有黄铁矿、黄铜矿、磁黄铁矿，鉴定特征见表6-4-4。

表6-4-4　白色系列矿物的鉴定特征

矿物名称	晶系	颜色	光泽	硬度	解理/断口	相对密度	其他特征
雄黄	单斜	橘红色	金刚	<指甲	解理平行{010}完全	中	长期受光作用，可转变为橘红色粉末
雌黄	单斜	柠檬黄色	油脂至金刚	<指甲	解理平行{010}极完全	中	薄片具挠性
自然硫	斜方	黄色	金刚	<小刀	贝壳状断口	小	性脆

五、银白色金属系列矿物

常见银白色金属矿物有闪锌矿、方铅矿、镜铁矿，鉴定特征见表6-4-5。

表6-4-5　银白色金属矿物的鉴定特征

矿物名称	晶系	颜色	光泽	硬度	解理/断口	比重	其他特征
闪锌矿	等轴	铅灰色	金属	<小刀	解理平行{110}完全	中	条痕白色至褐色
方铅矿	等轴	铅灰色	金属	<小刀	解理平行{100}完全	重	条痕灰黑色
镜铁矿	三方	铅灰色	金属	>小刀	无解理	重	片状集合体

练一练

一、填空题

1. 矿物种类较多的含氧盐亚类是________盐类、________盐类、________盐类。

2. 常见的层状硅酸盐亚类矿物有________、________与________等。

3. 含氧盐矿物________与________具有完全类质同象的性质。

4. 似长石是指________、________、________等不含水的架状硅酸盐类的矿物。

5. 硅酸岩矿物具有共价键及离子键，一般具有________晶格及________晶格的特性。玻璃光泽，浅色或透明。

6. 石英晶面上具有________光泽，断口具有________光泽，无色的石英称为________。透明的方解石称为________。

二、名词解释

1.含氧盐　2.硅氧骨干　3.黏土矿物　4.端员矿物

三、判断题

1.绿柱石是一种硼硅酸盐矿物。（　　）

2.卡斯巴双晶多见于斜长石中。（　　）

3.隐晶质叶蜡石也称为寿山石、青田石。（　　）

4.微斜长石 Rb、Cs 含量较高时称为天河石。（　　）

5.蛇纹石常依角闪石成假象。（　　）

6.橄榄石易蚀变为绿帘石、绿泥石。（　　）

四、单项选择题

1.硅氧骨干结构中，每个 Si 一般为（　　）个 O 所包围，构成硅氧四面体。

A. 2　　B. 4　　C. 6　　D. 8

2.（　　）结构硅酸盐亚类，具有硬度高，玻璃光泽，颜色丰富等物理性质。

A. 层状　　B. 链状　　C. 架状　　D. 岛状

3.透长石的化学组分与（　　）相同。

A. 钾长石　　B. 钠长石　　C. 钙长石　　D. 钡长石

4.地幔深源的造岩矿物（　　）为玻璃光泽，硬度>6，解理中等，硅氧骨干具有岛状结构。

A. 辉石　　B. 橄榄石　　C. 石榴石　　D. 黄玉

5.具有环状结构的硅酸岩矿物（　　）常呈现色带，硬度>7，无解理，且具有焦电性，压电性。

A. 堇青石　　B. 绿柱石　　C. 红柱石　　D. 电气石

6.方解石与（　　）为同质多象。

A. 白云石　　B. 冰洲石　　C. 文石　　D. 榍石

7.硫酸盐矿物（　　）透明无色，解理极完全，常依（100）发育成燕尾双晶。

A. 胆矾　　B. 石膏　　C. 芒硝　　D. 重晶石

8.（　　）类矿物，多为三方及六方晶系，菱面体晶形，解理发育，集合体呈块状、粒状、晶族状、土状。

A. 硅酸盐　　B. 硫酸盐　　C. 碳酸盐　　D. 磷酸盐

9.链状硅酸盐矿物（　　）不可与顽火辉石形成类质同象系列。

A. 紫苏辉石　　B. 蔷薇辉石　　C. 尤莱辉石　　D. 古铜辉石

10.层状硅酸盐矿物（　　）为油脂或蜡状光泽，解理完全，纤维状者称温石棉，浅绿色块状集合体称岫玉。

A. 蛭石　　B. 伊利石　　C. 蛇纹石　　D. 海绿石

五、问答题

1.如何鉴别正长石与斜长石？

2.锆石结晶形态有什么标型意义？

3. 辉石族的端员矿物有哪些？

4. 怎样区别滑石与叶蜡石？

5. 蒙脱石具有阳离子交换性和遇水的膨胀性，原因何在？

6. 绿柱石、黄玉、电气石、十字石的晶形和断口有何特点？

7. 硅酸盐矿物一般划分为几种结构类型？其划分的依据是什么？

8. 说明辉石族和角闪石族矿物在成分、结构、物理性质和成因上的主要异同点，并分析原因。

9. 沸石族矿物的化学组成和晶体结构上有哪些不同于长石族矿物？

10. 在岛状硅酸盐矿物中不出现铝硅酸盐而只有铝的硅酸盐，其原因何在？

11. 分析层状硅酸盐矿物集合体形态与主要物理性质的原因。

12. 根据晶体结构特征，阐明岛状硅酸盐矿物具有颜色丰富，硬度高的物理性质的原因。

13. 橄榄石成分中 Mg—Fe 之间是什么关系？它经过热液蚀变最容易变成什么矿物？为什么大部分情况下橄榄石形成于 SiO_2 不饱和的岩石中？

宝石矿物肉眼与偏光显微镜鉴定(上)

实习报告

刘德利　陈雨帆　李继红　主编

姓名：____________________

班级：____________________

学号：____________________

实习一　晶体的对称要素

1. 目的

熟练掌握确定晶体对称型的方法及其对称要素投影，理解晶体对称的含义和对称要素之间的相互关系，熟练地进行晶体的对称分类，从中体会晶体形态与晶族晶系的关系。

2. 实习内容和方法

注意操作过程中，模型尽可能不要转动，以免遗漏或重复计数。

1)找对称要素

对称面(P)：P 的数目可记作 P 的系数，如 $9P$。

对称轴(L^n)：L^1，L^2，L^3，L^4，L^6。

L^n 可能出露的位置：①晶面中心；②晶棱中心；③角顶。对称轴可有可无，多个时用系数表示，如 $3L^2$；也可以有数个不同轴次对称轴同时存在，如 $3L^4 4L^3 6L^2$。

对称中心(C)：具有对称中心的晶体，其晶面必然都是两两平行、反向同形等大。

2)确定对称型和书写规则

对称型：晶体上所有对称要素的组合称为对称型，也就是说所有对称要素按书写规则写出即是对称型。

书写规则：

(1)从前到后顺序：对称轴、对称面、对称中心，如 L^2PC。

(2)对称轴有多种轴次的，按轴次高低顺序依次书写，即高次轴在前，低次轴在后，如 $L^4 4L^2$、$3L^4 4L^3 6L^2$。

(3)当对称要素中有 $4L^3$ 时，书写时一定将 $4L^3$ 写在第二位，如 $3L^4 4L^3 6L^2 9PC$、$3L^2 4L^3 3PC$。

3)晶体对称分类(确定晶族、晶系)

根据晶体的对称型进行晶族晶系的划分，具体分类依据见表 1-1。

表 1-1　晶体对称型及晶体分类表

晶族	对称特点	晶系	对称特点	对称型	
				种类	对称型的国际符号
低级晶族	无高次轴	三斜晶系	无 L^2 和 P	L^1，C	1，$\bar{1}$
		单斜晶系	有 L^2 和 P，无系数	L^2，P，L^2PC	2，m，$2/m$
		斜方晶系	有 L^2 和 P，系数超过 1	$3L^2$，$L^2 2P$，$3L^2 3PC$	2222，$mm(mm2)$，$mmm\left(\frac{2}{m}\frac{2}{m}\frac{2}{m}\right)$

续表 1-1

晶族	对称特点	晶系	对称特点	对称型	
				种类	对称型的国际符号
中级晶族	高次轴只有一个	三方晶系	1 个 L^3 或 L_i^3	L^3， L^3C， L^33L^2， L^33P，L^33L^23PC	$3,\bar{3},32,3m,\bar{3}m\left(\bar{3}\frac{2}{m}\right)$
		四方晶系	1 个 L^4 或 L_i^4	$L^4,L_i^4,L^4PC,L^44L^2,L^44P,L_i^42L^22P,L^44L^25PC$	$4,\bar{4},4/m,42(422),4mm,\bar{4}2m$ $4/mmm\left(\frac{4}{m}\frac{2}{m}\frac{2}{m}\right)$
		六方晶系	1 个 L^6 或 L_i^6	$L^6,L_i^6,L^6PC,L^66L^2,L^66P,L_i^63L^23P,L^66L^27PC$	$6,\bar{6},6/m,62(622),6mm,\bar{6}2m$ $6/mmm\left(\frac{6}{m}\frac{2}{m}\frac{2}{m}\right)$
高级晶族	多个高次轴	等轴晶系	4 个 L^3	$3L^24L^3$，$3L^24L^33PC$，$3L^44L^36L^2$，$3L_i^44L^36P$，$3L^44L^36L^29PC$	$23,m3\left(\frac{2}{m}\bar{3}\right),43(432)$ $\bar{4}3m,m3m\left(\frac{4}{m}\bar{3}\frac{2}{m}\right)$

3. 实习记录

模型号	对称要素							对称型	对称特点	晶族	晶系
	L^6	L^4	L_i^4	L^3	L^2	P	C				

实习二　单形

1. 目的

理解单形的概念，认识22种重点单形；能找出单形的对称性，掌握单形符号的书写和意义。

2. 实习内容和方法

认识22种重点单形，对比相似单形的形态区别和对称性区别。

单形是由对称要素联系起来的一组晶面的组合。这个概念比较抽象，形象直观的体现就是在理想晶体形态（晶体模型）上，同一单形的晶面同形等大。另外，从单形的概念还可以得出：单形上所有的晶面与对称要素的关系是一样的，如所有晶面都垂直于某个对称轴或都以等角度斜交某个对称轴等。

几何形态不同的单形一共有47种，称为47种几何单形。在这47种几何单形中，要求掌握22种重点单形，这22种重点单形是矿物中经常出现的单形，或是具有典型对称意义的单形。

47种单形按低、中、高级晶族依次进行描述，单形的描述包括晶面的形状、数目、相互关系，晶面与对称要素的相对位置以及单形横切面的形状等。

低级晶族共有7种单形，在中级晶族共有25种单形，高级晶族共有15种单形。

单形分析举例说明

单形名称：菱形十二面体，对称型 $3L^4 4L^3 6L^2 9PC$，等轴晶系，由12个菱形晶面组成，所有晶面两两平行，所有的晶面垂直于 L^2，横切面为菱形，每四个晶面交点为 L^4 出露点，晶面中心为 L^2 出露点。

3. 实习记录

模型号	晶面数	晶面形状	横切面形状	晶面间的几何关系	晶面与对称轴间的关系	单形名称	晶族	晶系

实习三　聚形分析

1. 目的

熟练掌握单形在各晶系中的分布规律，正确进行聚形分析。

2. 实习内容和方法

聚形分析：两个以上单形组成的几何多面体即为聚形，能够组成聚形的单形不是任意的，只有属于同一对称型的单形才能相聚，因此熟练掌握各晶系能够出现的单形是聚形分析的关键，否则就会出现斜方晶系的聚形有四方柱，或四方晶系的聚形出现斜方柱的错误。

聚形分析的方法和步骤：

(1)确定晶体的对称型和晶系。

(2)确定单形数目：在晶体模型上同形等大的晶面属于同一单形。据模型中非同形等大的晶面种类的数目可以确定晶体上的单形数目。

(3)确定单形名称和单形符号：可根据对称型、晶系、单形晶面的数目、晶面之间的相互关系、晶面符号等进行综合分析来确定。

(4)检查核对：只有属于同一对称型的单形才能聚合，因此先确定该聚形晶体所属的对称型，再检查自己所确定的单形名称是否符合该对称型所属的单形，如不符合，则说明有错误。

3. 实习记录

模型号	对称型	晶族	晶系	晶面种类数	晶面形状	数目	晶面间的几何关系	单形名称

实习四　晶体定向、晶面符号

1. 目的

学会晶体定向方法，熟悉晶体常数特点；能够对 7 个晶系的晶体进行定向。

2. 实习内容和方法

在晶体模型上找出 a、b、c 轴，建立坐标体系；写出各晶体模型的晶体常数特点。

注意事项：

1)各晶系晶体的定向

(1)等轴晶系的定向：3 个互相垂直的 L^4，L_i^4 或 L^2 为 a、b、c 轴。

(2)四方晶系的定向：唯一的 L^4 或 L_i^4 为 c 轴；相互垂直的 L^2，或相互垂直的对称面法线，或适当的晶棱为 a 轴、b 轴。

(3)斜方晶系的定向：3 个相互垂直的 L^2 为 c、a、b 轴；或 L^2 为 c 轴，相互垂直的对称面法线为 a 轴、b 轴。

(4)单斜晶系的定向：L^2 为 b 轴，或对称面法线为 b 轴，c 轴直立，b 轴左右水平，a 轴前后向前下倾斜。

(5)三斜晶系的定向：适当的晶棱为 a、b、c 轴，大致上 c 轴直立，b 轴左右，a 轴前后。

(6)三方和六方晶系的四轴定向：选择唯一的高次轴作为直立结晶轴 c 轴，在垂直 c 轴的平面内选择 3 个相同的、即互成 60°交角的 L^2 或 P 的法线，或适当的显著晶棱方向作为水平结晶轴，即 a 轴、b 轴以及 d 轴。

2)晶面符号的特点

(1)若晶面平行于某晶轴，则该晶轴上的截距系数为∞，其倒数 1/∞为 0，即晶面在该晶轴上的指数为 0。

(2)晶面指数的先后顺序不得颠倒，读时按晶面各指数的顺序读，如(321)，读三、二、一，不能读成三百二十一。

(3)如果晶面与晶轴相交于负端，则在指数上部标一“－”号，如$(32\bar{1})$；

(4)同一晶体上，任何两个平行晶面的指数的绝对值相同，但符号相反。

(5)四晶轴晶体中，晶面在 3 个水平轴的晶面指数代数和为 0，既 $h+k+i=0$。

3. 实习记录

模型号	对称型	晶族晶系	单形名称	晶体定向		晶面符号
				选轴原则	晶体常数特点	

实习五　等轴晶系晶体定向及单形符号

1. 目的

理解聚形的概念，理解单形相聚的条件，掌握等轴晶系聚形分析的方法，熟悉等轴晶系常见单形形态及组成聚形的形态，并能确定单形符号。巩固等轴晶系晶体定向、晶面符号等内容。

2. 实习内容和方法

(1)在等轴晶系聚形模型上确定对称型，进行晶体定向，写出晶体常数特点，最后分析聚形上所有单形的名称与单形符号。

聚形的概念是两个或两个以上单形聚合在一起共同圈闭的几何形态。但是一定要注意，不是任意两个单形都能够相聚的，属于同一对称型的单形才能够相聚，这里的对称型是指结晶单形的对称型。这句话比较难以理解，我们在做完聚形分析实例后再来解释这句话的含义。

聚形分析的步骤：先确定对称型与晶系，找出 x、y、z 轴；然后看看该聚形上有几种形态的晶面，同形等大的晶面属于同一单形，不同形等大的就不属于同一单形；将一组同形等大的晶面想象延伸相互相交，形成一个单形，确定这个单形的名称；最后在这组同形等大的晶面中找出一个代表晶面(遵循先前-次右-后上的原则)，写出这个代表晶面的符号，即是单形符号。

(2)单形符号。

在单形中选择一个代表晶面，把该晶面符号改用大括号表示。单形符号一般形式是 $\{hkl\}$ 或 $\{hk\bar{i}l\}$。代表晶面选择原则：

①选择正指数最多的晶面(三方、六方晶系不考虑 i)；

②有负号时优先为正的顺序：$l \rightarrow h \rightarrow k$；

③指数绝对值递减的顺序：$|h| \rightarrow |k| \rightarrow |l|$。

一些常见单形符号见图 5-1。

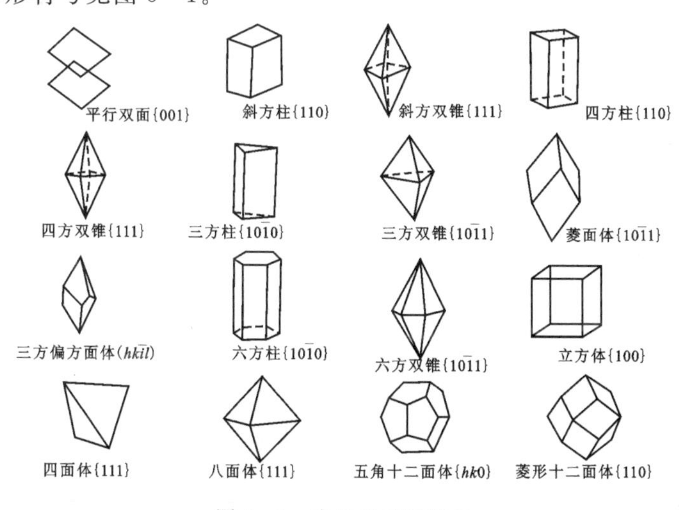

图 5-1　常见的单形符号

3. 实习记录

模型号	对称型	晶族晶系	晶体定向		晶面符号及 晶面数目	单形名称及 单形符号
			选轴原则	晶体常数特点		

实习六　四方晶系晶体定向及单形符号

1. 目的

理解聚形的概念，理解单形相聚的条件，掌握四方晶系聚形分析的方法，熟悉四方晶系常见单形形态及组成聚形的形态，并能确定单形符号。巩固四方晶系晶体定向、单形符号等内容。

2. 实习内容和方法

在四方晶系聚形模型上确定对称型，进行晶体定向，写出单形符号与晶体常数特点，最后分析聚形上所有单形的名称与单形符号。

3. 实习记录

模型号	对称型	晶族晶系	晶体定向		晶面符号及晶面数目	单形名称及单形符号
			选轴原则	晶体常数特点		

实习七　三方、六方晶系晶体定向及单形符号

1. 目的

进一步理解单形相聚的条件，掌握三方、六方晶系聚形分析的方法，熟悉三方、六方晶系常见单形形态及组成聚形的形态，并能确定单形符号。巩固三方、六方晶系晶体定向、晶面符号等内容。

2. 实习内容和方法

在三方、六方晶系聚形模型上确定对称型，进行晶体定向写出晶体常数特点，最后分析聚形上所有单形的名称与单形符号。

在做三方、六方晶系聚形分析时同样要注意单形相聚的条件，即属于同一对称型的单形才能够相聚，这里的对称型是指结晶单形的对称型。三方晶系的单形与六方晶系的单形往往具有相同的结晶单形的对称型，所以它们往往可以相聚，如三方柱与六方柱、菱面体与六方柱都可以相聚。

三方、六方晶系要选择 4 个晶轴来定向，所以它们的晶面符号和单形符号都要用 4 个指数来表示，这是三方、六方晶系的难点。

3. 实习记录

模型号	对称型	晶族晶系	晶体定向		晶面符号及晶面数目	单形名称及单形符号
			选轴原则	晶体常数特点		

实习八　低级晶族晶体定向及单形符号

1. 目的

进一步理解单形相聚的条件，掌握低级晶族聚形分析的方法，熟悉低级晶族常见单形形态及组成聚形的形态，并能确定单形符号。

2. 实习内容和方法

在低级晶族聚形模型上确定对称型，进行晶体定向，写出晶体常数特点，最后分析聚形上所有单形的名称与单形符号。

在做低级晶族聚形分析时，要注意只有斜方字样（斜方柱、斜方双锥等）的单形及平行双面、双面、单面之类的单形出现，绝对没有四方、三方、六方等晶系的单形。

低级晶族还有一个难点是：没有高次轴固定做 z 轴了，在许多情况下选择晶轴时可以多选。例如：在有 3 个 L^2 的对称型里，可任意选择做 x、y、z 轴，这样可导致多选性；在没有足够的 L^2 或 p 的法线做晶轴时，只能选择晶棱做晶轴，这样也可能导致多选性。在所有这些多选性的情况下，一般的选法是：选择晶棱条数最多的方向做 z 轴，而 x、y 轴尽量与 z 轴垂直。但是，这个一般性的选法不是原则性的，而且要遵循晶轴选择的基本原则。

此外，还有两个固定的规则要记住：对于对称型 $L^2 2P$，L^2 做 z 轴，$2P$ 法线做 x、y 轴；对于单斜晶系，唯一的 L^2 做 y 轴。

上述所说的多选性都是针对晶体模型来说的，如果是针对某种具体的晶体，则晶轴的选择是固定的，遵循前人已经定下来的选择方式。

3. 实习记录

模型号	对称型	晶族晶系	晶体定向		晶面符号及晶面数目	单形名称及单形符号
			选轴原则	晶体常数特点		

实习九　晶体的规则连生

1. 目的

理解双晶的概念；能对照已知的双晶律进行描述，在双晶模型上找出相应的双晶要素（双晶面、双晶轴等）；熟悉一些常见双晶。

2. 实习内容和方法

观察双晶模型，在双晶模型上找到相应的双晶面、双晶轴，并确认这些双晶面、双晶轴的结晶学方向。

双晶：两个或两个以上的同种晶体，以对称的取向关系连生在一起形成的规则连生体。这个概念的理解是：两个或两个以上的同种晶体拼接在一起，这两个或两个以上的晶体之间的结晶学取向不同，但是借助于对称要素的操作能够使晶体之间的取向重合。这种存在于两个或两个以上同种晶体之间的对称要素叫双晶要素，主要有双晶面和双晶轴。

双晶面：存在于两个或两个以上同种单体（即单晶体）之间的对称面，通过它的反映操作可使一个单体与另一个单体重合。

双晶轴：存在于两个或两个以上同种单体之间的对称轴，通过它的旋转操作可使一个单体与另一个单体重合、平行或恢复成一个单晶体。这里要注意的是：双晶轴一般都是二次轴，有时在这个二次轴的双晶轴中可能同时存在三次轴、四次轴、六次轴的双晶轴，这时只描述其双晶轴为二次轴，其他轴次的双晶轴不描述。

一定要注意双晶要素（双晶面、双晶轴、双晶中心）与对称要素（对称面、对称轴、对称中心）的区别，双晶要素（双晶面、双晶轴、双晶中心）是存在于单体之间的，而对称要素（对称面、对称轴、对称中心）是存在于单体内部的。双晶律的概念是双晶中两个或两个以上同种晶体之间的对称关系。也就是说，将单体之间的对称关系描述清楚了，双晶律就描述清楚了。

这里要特别注意的是：双晶中单体之间的对称关系是由双晶要素来确定的，一个双晶中可能会存在很多双晶要素（双晶面、双晶轴、双晶中心），在双晶律的描述中，通常不需要将所有的双晶要素全部都描述出来，而只需要描述一个双晶面和（或）一个双晶轴就行了，其他双晶要素都可以省略，这一点与描述单晶体内部的对称要素完全不同，在描述单晶体内部的对称要素时，要将所有的对称要素描述出来，否则形成不了该晶体的对称型。

双晶律除了用一个双晶面和（或）一个双晶轴来描述外，还要描述一个接合面，接合面就是单体之间拼接在一起的面。在大多数情况下，接合面就处在双晶面所在的地方。根据接合面的形状还可以确定双晶类型：接合面平直的为接触双晶，接合面不规则折曲状为穿插双晶。

双晶律还可用常出现该双晶的矿物名、或首次发现该双晶的地名、人名来命名。双晶分析就是要找出双晶律，即找出一个双晶面和（或）一个双晶轴，另外还要看看接合面的情况。双晶分析中最难的是：要确定双晶面、双晶轴的方向，即确定双晶面、接合面的晶面符号，确定双晶轴的晶棱符号。这个工作一定要在对单体定向后才能够完成。

本次实习不要求自己找双晶面、双晶轴。

3. 实习记录

模型或矿物名称	双晶类型	接合面形态	单晶体分析	
			对称型	晶系

实习十　矿物的形态

1. 目的

学会观察矿物标本上的各种矿物形态特点；掌握形态的分类；学会使用正确的名词术语描述矿物形态。

2. 实习内容和方法

观察矿物标本，描述各种矿物形态，并判断是哪类形态。

矿物的形态分为单体形态与集合体形态两大类；集合体形态又分为显晶集合体与隐晶胶态集合体两类。

(1)矿物单体形态。

单体形态指矿物单晶体的形态，当矿物单晶体上的晶面并不完整时，描述单晶体的形态用粒状、柱状、针状、板状、片状、鳞片状等名词即可。如果矿物单晶体上晶面发育完整，就要看发育的是什么单形的晶面，以此描述其单形名称，如黄铁矿经常发育立方体或五角十二面体，石榴石经常发育四角三八面体，等等。如果标本上所看到的晶面较多，就可以根据晶面的分布特点判断出单形名称。但是，实际矿物形态不如理想形态(晶体模型)那么规则，往往会出现歪晶，所以在实际矿物晶体标本上判断单形名称是比较困难的，因为同一单形的晶面并不一定同形等大，这时要根据晶面分布的空间对称性等特点来判断，必要时还可根据晶体测量数据、晶面花纹等来判断。

单体形态研究除了上述内容外，还有晶面花纹的观察与描述。实际矿物晶体是由晶体生长形成的，往往会在晶面上留下一些生长痕迹，形成晶面花纹，如聚形纹、生长台阶、生长丘、蚀象等。当然，并不是所有的矿物晶体表面都能用肉眼看到这些晶面花纹，但如果看到了，就要根据其特点判断它们是哪类晶面花纹并进行描述。这里一定要注意：①晶面花纹只出现在晶面上，不可能出现在晶体内部，也不可能出现在晶体的破裂面上；②晶面花纹中的聚形纹与聚片双晶纹要区分开来，聚片双晶纹是由许多片状单晶体以双晶关系连生在一起后，在近于垂直双晶接合面的切面上(包括晶面、解理面、破裂面)留下的条纹，它是可以出现在非晶面上的。

(2)显晶矿物集合体形态。

矿物集合体形态中，显晶集合体是比较容易观察与描述的，因为肉眼可以看到单晶体形态与大小，所以根据单晶体形态与大小来描述就行了，但还要注意描述集合方式，如粒状集合体、细粒状集合体、柱状集合体、纤维状集合体、放射状集合体、片状集合体和鳞片状集合体，等等。

(3)隐晶和胶态矿物集合体。

矿物集合体形态中，隐晶和胶态集合体是比较难观察与描述的，因为肉眼已经看不到单晶体了，所以就只能根据集合体总体外貌来描述，这时出现了一些新的名词术语：结核体、鲕状、豆状、肾状、钟乳状分泌体、杏仁体等。这些形态都称为胶体形态，其中结核体、鲕状、豆状、肾状、钟乳状都是由内部向外部层层沉淀凝固形成，而分泌体、杏仁体是由外部向内部层层沉淀凝固成。注意，这里是沉淀，不是生长！沉淀是指胶粒堆积凝固。沉淀不能够形成单晶体，只能形成胶凝体，即胶态矿物。在矿物形态观察与描述中，最难的是要判断矿物标本是一个单晶体还是隐晶和胶态集合体（如结核体、分泌体、杏仁体），因为隐晶和胶态集合体看上去也像一个单体，它们的区别是：凡是外部轮廓是浑圆状的，一定不是单晶体，而是隐晶和胶态集合体，因为晶体只能是几何多面体（如果晶面发育完整）或不规则状（如果晶面不发育或者晶体被破碎了）。另外，隐晶和胶态集合体常常发育同心环带状构造，这是由于层层沉淀形成的。如果外部轮廓呈不规则状，就有可能是隐晶和胶态集合体，也有可能是单晶体，这时要借助于显微镜等观察、测试手段。

一定要注意单体形态和显晶集合体形态的描述术语与隐晶和胶态集合体形态的描述术语的不同，不能混淆。粒状、柱状、针状、板状、片状、鳞片状、放射状等是针对单体形态和显晶集合体形态的；结核体、鲕状、豆状、肾状、钟乳状、分泌体、杏仁体等是针对隐晶和胶态集合体形态的。

在隐晶和胶态集合体中，常常可以见到放射状的晶体，这是由于后期晶化作用形成的，即原来的隐晶和胶态矿物在长期的地质年代中可以通过晶化作用由非晶体（或隐晶体）转变为晶体，这个过程是可以自发进行的。

一、对比理想晶体与实际晶体，认识晶面花纹，填写单形名称

矿物名称	晶系	主要单形	晶面花纹
石榴石			感应面和聚形纹
黄铁矿			聚形纹
石英			柱面的聚形纹、生长锥
电气石			柱面的聚形纹
重晶石			蚀象
石膏			
方解石			聚形纹

二、记录矿物单体的形态

1. 一向延长

2. 二向延长

3. 三向延长

三、记录矿物集合体形态

1. 显晶集合体的形态

2. 隐晶及胶态集合体形态

实习十一　矿物的光学性质

1. 目的

学会在矿物标本上观察描述矿物的颜色、条痕、光泽、透明度；掌握光泽、透明度的等级划分。

2. 实习内容和方法

观察20块左右矿物标本，描述矿物的颜色、条痕，判断光泽、透明度的等级。

1)矿物的颜色

矿物的颜色是矿物最直观的物理性质，观察矿物的颜色要在新鲜面上进行，以确保是矿物本身的颜色(自色)而不是表面风化、杂质的颜色。描述矿物的颜色可用三种方法。

(1)标准色法：就是用红、橙、黄、绿、青、蓝、紫色以及白、灰、黑色来描述矿物的颜色，还可以加一些形容词，如浅绿色、墨绿色、浊绿色等。

(2)二名法：如果矿物的颜色介于两种标准色之间，就用两种颜色来描述，并将主要颜色写在后面、次要颜色写在前面，如黄绿色、红橙色等，或者将主要颜色写在前面，如绿中微黄色等。

(3)类比法：与实物的颜色类比，如金黄色、铅灰色、橘黄色等。

矿物的颜色可分为金属色与非金属色。对于金属色，一般都是用与某种金属相似的类比法来描述，如金黄色、铜黄色、铅灰色、锡白色、古铜色等，金属色一般都不用标准色法和二名法(如红色、黄色、黄绿色等)来描述；对于非金属色，上述三种方法都可以用，但在用类比法时，是用与某些非金属物质相似的类比法来描述，如橘黄色、橘红色、草绿色等。

矿物的颜色还可能由于存在一些杂质而呈他色，或由于光在矿物表层或晶体内产生干涉而呈假色，所以还要注意将他色、假色与自色区分开来。假色还可分为锖色(矿物表面氧化薄膜对光的反射与干涉产生的色彩斑驳的颜色)和晕色(矿物内部一系列平行密集的解理面或裂隙面对光产生干涉而形成的彩色)。

2)矿物的条痕

矿物的条痕是指矿物粉末的颜色，一般是用矿物碎片在白色无釉瓷板上刻画所得到的刻痕颜色来表示。矿物的条痕可以与矿物颜色一致，也可以不一致。对于金属矿物，条痕一般与矿物本身的颜色不一致，对于非金属矿物，条痕一般与矿物本身的颜色一致。在鉴定矿物时，矿物的条痕比矿物的颜色更有意义，因为条痕可以消除假色、减弱他色，从而更真实地反映矿物本身的颜色；条痕还可以帮助判别矿物的光泽等级、透明度等级。

在多种矿物细粒的集合体标本上，刻画条痕时要注意一定看准被鉴定的矿物被刻画到，因为容易刻画到周围别的矿物的条痕而产生混淆。也可以用小刀刮下一些该矿物的粉末到白纸上来观察矿物的条痕。

3)矿物的光泽与透明度

矿物的光泽是指矿物表面反光强度，矿物的透明度是指矿物透过光的能力。

矿物的光泽分 4 个等级，这四个等级的光泽与透明度和条痕的对应关系如下：

(1)金属光泽：像亮闪闪的金属一样反光刺眼；不透明；条痕为黑色或深灰色。

(2)半金属光泽：比金属光泽稍弱；不透明至半透明；条痕为深彩色。

(3)金刚光泽：看上去很亮，但不刺眼；半透明至透明；条痕浅彩色或白色。

(4)玻璃光泽：最柔和的光泽，看上去很光亮，但不刺眼；透明；条痕白色、浅彩色。

此外，描述矿物的光泽还可以用一些特殊光泽名称，如丝绢光泽、油脂光泽、珍珠光泽、沥青光泽、土状光泽等。

3. 实习记录

标本号	矿物名称	颜色	条痕色	光泽	透明度

实习十二　矿物的力学性质及其他性质(一)

1. 目的

学会在矿物标本上观察并描述矿物的解理、裂开、断口;掌握解理的等级划分;学会判断解理组数、夹角、符号。

2. 实习内容和方法

观察20块左右矿物标本,描述矿物的解理、裂开、断口,判断解理的等级及解理组数、夹角、符号;描述断口的形态;观察某些矿物的裂开。

1)矿物的解理

矿物的解理是矿物晶体在外力作用下沿一定的结晶学方向发生破裂并形成一系列光滑平面的性质。解理的等级分五级:

(1)极完全解理:能破裂成一片一片的薄片,如云母。

(2)完全解理:能破裂成平直面,具有层层阶梯状,如有多组解理则能形成解理块,如方解石。

(3)中等解理:隐隐约约能看到一些平直的解理面,如白钨矿。

(4)不完全解理:很难看到平直的破裂面,断口发育。

(5)无解理:只有断口没有解理。

解理除了划分等级外,还要描述解理的组数与方向。解理的组数与方向可用单形符号来表示,因为单形符号表示的是一组呈对称关系的晶面,而解理面在晶体上的分布也与单形上的晶面一样具有对称关系。

还要注意解理面与晶面的区别。解理面是一个破裂面,可以破裂到晶体内部,而晶面只存在于晶体表面:解理面可以形成许多相互平行的解理而,呈层层阶梯状,阶梯的高度可以很大,但晶面只是一个面,虽然可以有生长阶梯,但阶梯的高度是很小的,总体上看还是一个平面;晶面上有晶面花纹(聚形纹蚀象等),解理面上是没有这些花纹的。

2)裂开

不是由晶体结构的原因,而是其他原因引起的矿物晶体能够沿着一定的方向破裂成一系列平直的面的现象叫裂开。这种“其他原因”主要是指:晶体里面的包体、出溶体沿一定的结晶学方向定向排列,导致这个方向上晶体结构薄弱而产生破裂。

裂开与解理在现象上是一样的,所以很难从矿物标本上区分解理与裂开,要区分解理与裂开,一般要在显微镜下观察破裂面上是否有包体、出溶体定向排列。

3)断口

解理不发育的矿物就一定有断口。因为断口发育程度与解理发育程度成反相关,所以就不必再对断口划分等级了,只需对断口的形态进行描述,如贝壳状断口、参差状断口、锯齿状断口、土状断口等。

解理是针对单晶体来说的，因为解理只发育在单晶体内部，不可能在隐晶集合体上也发育解理。但是，断口的描述既针对单晶体，也针对隐晶集合体，如土状断口就是针对土状隐晶集合体来说的。

3. 实习记录

标本号	矿物名称	颜色	条痕色	光泽	透明度

实习十三　矿物的力学性质及其他性质(二)

1. 目的

学会在矿物标本上观察描述矿物的硬度、相对密度、磁性、弹性、挠性等;掌握硬度、相对密度、磁性的等级划分。

2. 实习内容和方法

矿物标本,描述矿物的硬度、相对密度、磁性等,判断硬度、相对密度、磁性的等级;观察某些矿物的弹性与挠性。

1)矿物的硬度

矿物的硬度是矿物晶体抵抗外力的能力。一般是用不同硬度的材料相互刻划来测试矿物的硬度,即摩氏硬度。摩氏硬度计将矿物的硬度划分为10级,但在实习课或在野外工作中,用摩氏硬度计中的矿物作为比较标准有时不够方便,因此,常借用指甲(硬度>2、铜具(3)、小刀(5～5.5)、瓷器碎片(6～6.5)等代替标准硬度的矿物来帮助测定被鉴定矿物的硬度。刻划测试硬度时,要在单矿物的新鲜面上进行,矿物的风化、杂质、矿物集合体的集合方式等都会降低矿物的硬度。另外,用刻划法测试硬度要注意爱护标本,不要反反复复刻划,将矿物标本破坏了,对于晶体形态很好的标本尽量不要刻划。

还要注意,脆性矿物的硬度往往是大于小刀的,但由于脆性而表现为被小刀刻划动了。其实不然,脆性矿物在被小刀刻划时是由于脆性而碎掉,并不是被小刀刻划动了,这时可用矿物碎块刻划小刀,看能不能刻划动小刀来测试它的硬度。

2)矿物的相对密度

将矿物的相对密度分为三级。轻级:相对密度小于2.50;中等:对大多数非金属矿物而言,它们的相对密度均在2.50～4.00之间;重级:相对密度大于4.00。判断矿物的相对密度通常用手掂量法,根据对标准相对密度矿物的掂量,来体会不同相对密度矿物的感觉,再对未知矿物进行掂量测试相对密度。

3)矿物的磁性

通常用磁铁来测试矿物的磁性,并分为三级。

强磁性:矿物对磁铁有较强的吸引力,或矿物的粉末能被磁铁吸引并位移,如磁铁矿。

弱磁性:矿物对磁铁没有明显的吸引力,或矿物的粉末能被磁铁吸引但不位移,如铬铁矿。

无磁性:矿物的粉末不能被磁铁吸引。

4)矿物的弹性与挠性

弹性与挠性是针对片状或纤维状矿物来说的。片状或纤维状矿物在受外力弯曲后,如果撤销外力后可恢复原形的,就是弹性;否则,就是挠性。

3. 实习记录

标本号	矿物名称	解理	裂开	断口	硬度	相对密度	其他

实习十四　自然元素、硫化物及类似化合物

1. 目的

学会观察和识别矿物的光学性质与力学性质，并掌握对其描述的方法。

2. 实习内容和方法

1)矿物的光学性质

颜色、条痕、光泽和透明度，四者间有一定的联系：

光泽	条痕	透明度	颜色
金属	黑色、金属色	不透明	金属色
半金属	深彩色、深棕色	不透明—半透明	深色
金刚	浅彩色、无色	半透明—透明	彩色、浅色
玻璃	无色、白色	透明	无色、各种深浅彩色

2)矿物的力学性质

矿物的力学性质包括解理、裂开、断口、硬度、相对密度、磁性。其中解理为矿物晶体最稳定的性质之一，是鉴定矿物的重要特征。解理面和晶面的区别如下：

晶面	解理面
是晶体最外面的一层平面，受外力后被破坏	晶体受力后呈层层剥开状(阶梯状)的解理面
晶面一般比较暗淡无光，凹凸不平	表面光亮，但常是多层
可具有晶面花纹	无晶面花纹，可有聚片双晶纹及解理纹

3)常见自然元素和硫化物类矿物

自然元素：自然金(Au)、自然铜(Cu)、自然铋(Bi)、自然硫(S)、金刚石(C)、石墨(C)。硫化物：辉铜矿(CU_2S)、方铅矿(PbS)、闪锌矿(ZnS)、辰砂(HgS)、黄铜矿($CuFeS_2$)、斑铜矿(Cu_5FeS_4)、辉锑矿(Sb_2S_3)、辉铋矿(Bi_2S_3)、雌黄(As_2S_3)、雄黄(AsS)、辉钼矿(MoS_2)、黄铁矿($Fe[S_2]$)、毒砂(Fe[AsS])。

3. 实习记录

标本号	矿物 名称	化学式	晶族 晶系	形态	颜色	条痕	光泽	透明度	硬度	解理/ 断口	相对 密度

实习十五　氧化物和氢氧化物、卤化物

1. 目的

学会在矿物标本上观察描述矿物的形态、各种物理性质，掌握鉴定未知矿物的能力。认识氧化物和氢氧化物、卤化物矿物。

2. 实习内容和方法

观察氧化物矿物和氢氧化物矿物标本，描述矿物的形态、各种物理性质，最后鉴定矿物名称，并写出晶体化学式。总结氧化物矿物的共性；总结氢氧化物矿物的共性。

(1)氧化物矿物区别于硫化物矿物最主要的特征是：硬度大于小刀，含铁的氧化物可以有金属、半金属光泽，其他氧化物都为非金属光泽，含铁的氧化物条痕较深，其他氧化物条痕色浅。氧化物矿物的颜色没有硫化物矿物那么丰富，而且大多可以用非金属色来描述，如灰白色、褐红色。常见氧化物刚玉(Al_2O_3)、赤铁矿(Fe_2O_3)、金红石(TiO_2)、锡石(SnO_2)、软锰矿(MnO_2)、石英(SiO_2)、蛋白石($SiO_2 \cdot nH_2O$)、磁铁矿($Fe^{2+}Fe_2^{3+}O_4$)、铬铁矿($FeCr_2O_4$)。

(2)氢氧化物矿物主要是在地表沉积或风化成因的，所以它们最主要的特点是：形态为隐晶块状、皮壳状、蜂窝状、条带状等；硬度大多小于小刀；含铁的矿物可以有半金属光泽、条痕黑色或深色，不含铁的矿物为非金属光泽、条痕浅色。常见的氢氧化物(水镁石)、铝的氢氧化物(硬水铝石、一水软铝石、三水铝石)、铁的氢氧化物(针铁矿、水针铁矿、纤铁矿、水纤铁矿)、锰的氢氧化物(软锰矿、硬锰矿)。

(3)卤化物矿物只要求掌握石盐和萤石，石盐很好鉴定，只要有咸味就可鉴定为石盐，而萤石的特点与上述的碳酸盐、硫酸盐很相似，也是颜色较浅，硬度小于小刀，多组解理发育。但是萤石滴盐酸溶液不起泡，可以与碳酸盐矿物区别。

3. 实习记录

标本号	矿物名称	化学式	晶族晶系	形态	颜色	条痕	光泽	透明度	硬度	解理/断口	相对密度

实习十六　岛状、环状硅酸盐矿物

1. 目的

学会在矿物标本上观察描述矿物的形态、各种物理性质，掌握鉴定未知矿物的能力。认识一些岛状、环状硅酸盐矿物。

2. 实习内容和方法

观察岛状、环状硅酸盐矿物标本，描述矿物的形态、各种物理性质，最后鉴定矿物名称，并写出晶体化学式。总结岛状、环状硅酸盐矿物的共性。

岛状硅酸盐矿物区别于其他骨干硅酸盐矿物最主要的特征是：硬度大于小刀，颜色丰富多彩，而且同样一种矿物其颜色多变，例如，石榴石可以是褐色、红色、绿色等，电气石可以是黑色、无色、红色等，因此不能根据颜色来鉴别矿物。

环状结构硅酸盐矿物中的络阴离子虽有多种形式，但实际上只有具六联环络阴离子的硅酸盐矿物如绿柱石、堇青石和电气石较为常见。

常见岛状及环状硅酸盐矿物：锆石（$Zr[SiO_4]$）、橄榄石（$(Mg,Fe)_2[SiO_4]$）、石榴石（$A_3B_2[SiO_4]_3$）、红柱石（$Al_2[SiO_4]O$）、蓝晶石（$Al_2[SiO_4]O$）、黄玉（$Al_2[SiO_4]F_2$）、十字石（$FeAl_4[SiO_4]_2O_2(OH)_2$）、榍石（$CaTi[SiO_4]O$）、符山石（$Ca_{10}(Mg,Fe)_2Al_4[SiO_4]_5[Si_2O_7]_2(OH,F)_4$）、绿帘石（$Ca_2(Al,Fe)_3[SiO_4][Si_2O_7]O(OH)$）、绿柱石（$Be_3Al_2[Si_6O_{18}]$）、电气石（$(Na,Ca)(Mg,Fe,Mn,Li,Al)_3[Si_6O_{18}][BO_3]_3(OH,F)_4$）。

3. 实习记录

标本号	矿物名称	化学式	晶族晶系	形态	颜色	条痕	光泽	透明度	硬度	解理/断口	相对密度

实习十七　链状硅酸盐矿物

1. 目的

学会在矿物标本上规察描述矿物的形态、各种物理性质，掌握鉴定未知矿物的能力。认识一些链状硅酸盐矿物。

2. 实习内容和方法

观察链状硅酸盐矿物标本，描述矿物的形态和各种物理性质，最后确定矿物名称，并写出晶体化学式。总结链状硅酸盐矿物的共性。

链状硅酸盐矿物最主要的特征是：柱状、纤维状；一般平行柱面有解理；含铁的颜色较深，不含铁的颜色浅；硬度大于小刀。其中主要的链状硅酸盐是辉石族（单链）和闪石族（双链），这两族矿物在成分、结构、形态、物理性质、成因上都有许多相似性，一定要注意这两族矿物的对比与联系。

注意：

（1）链状硅酸盐矿物中，含 Ca、Mg 的颜色为白色、浅绿色，含 Fe 的颜色为墨绿、灰绿色。

（2）普通辉石矿物大多是短柱状，但透辉石可以是长柱状、纤维状。

（3）虽然辉石族与闪石族矿物的解理夹角不同，但在标本上很难看清两组解理的夹角，除非找到近于垂直柱体的切面；辉石族与闪石族矿物的解理还有一个区别是辉石族矿物的解理程度不如闪石族矿物的解理程度高，虽然它们都是完全等级，但闪石族的解理看上去比辉石族的光亮。

3. 实习记录

标本号	矿物名称	化学式	晶族晶系	形态	颜色	条痕	光泽	透明度	硬度	解理/断口	相对密度

实习十八　层状硅酸盐矿物

1. 目的

学会在矿物标本上观察描述矿物的形态、各种物理性质，掌握鉴定未知矿物的能力。认识一些层状硅酸盐矿物。

2. 实习内容和方法

观察层状硅酸盐矿物标本，描述矿物的形态、各种物理性质，最后鉴定矿物名称，并写出晶体化学式。总结层状硅酸盐矿物的共性。

层状硅酸盐矿物最主要的特征是：片状、鳞片状，或隐晶集合体；有一组平行层状结构的极完全解理；含铁的颜色较深，不含铁的颜色浅；硬度小于小刀，有些硬度小于指甲。

常见层状硅酸盐矿物：滑石、锂云母、蛭石、绿泥石、高岭石、蒙脱石、蛇纹石。

3. 实习记录

标本号	矿物名称	化学式	晶族晶系	形态	颜色	条痕	光泽	透明度	硬度	解理/断口	相对密度

实习十九　架状硅酸盐矿物

1. 目的

学会在矿物标本上观察描述矿物的形态和各种物理性质，掌握鉴定未知矿物的能力。认识一些架状硅酸盐矿物。

2. 实习内容和方法

观察架状硅酸盐矿物标本，描述矿物的形态、各种物理性质，最后鉴定矿物名称，并写出晶体化学式。总结架状硅酸盐矿物的共性。

架状硅酸盐矿物最主要的特征是颜色较浅，硬度较大，相对密度较小。

架状硅酸矿物中最重要的是长石族，它在各种各样的岩石中都可产出，在基性、中性、酸性火成岩中可以产出，在各种变质相的变质岩中也都可以产出，相对来说在沉积岩中产出较少。长石族矿物最主要的特征是：颜色浅，硬度大于小刀，两组垂直或近于垂直的解理发育，常见聚片双晶或卡斯巴双晶。

常见架状硅酸盐矿物：透长石（$K[AlSi_3O_8]$）、正长石（$K[AlSi_3O_8]$）、微斜长石（$K[AlSi_3O_8]$）、斜长石（$Na[AlSi_3O_8]—Ca[Al_2Si_2O_8]$）、霞石（$Na[AlSi_3O_4]$）、白榴石、方柱石。

注意：

（1）长石一般都结晶为较大的颗粒，能看到两组解理及其夹角。

（2）长石的双晶很常见也很具特征性，注意观察卡氏双晶与聚片双晶的特点，以此可以鉴定不同长石。

（3）条纹长石的条纹结构及文象结构都是很特征、很常见的现象，注意观察这些结构特点。

（4）沸石一般都产出在火山岩的气孔里，呈纤维状、粉末状或杏仁状。

（5）似长石（霞石、白榴石）很难鉴定，一般要通过其他测试手段鉴定。

3. 实习记录

标本号	矿物名称	化学式	晶族晶系	形态	颜色	条痕	光泽	透明度	硬度	解理/断口	相对密度

实习二十　其他含氧盐矿物

1. 目的

学会在矿物标本上观察描述矿物的形态、各种物理性质，掌握鉴定未知矿物的能力。认识一些碳酸盐、硫酸盐、磷酸盐、钨酸盐矿物。

2. 实习内容和方法

观察碳酸盐、硫酸盐、磷酸盐、钨酸盐矿物和卤化物矿物标本，描述矿物的形态、各种物理性质，最后鉴定矿物名称，并写出晶体化学式。总结碳酸盐矿物的共性。

其他含氧盐矿物最重要的是碳酸盐矿物和硫酸盐矿物，这两类矿物的共同主要特征是：大多颜色较浅(但含铁、铜的碳酸盐矿物颜色较深、较鲜)，硬度小于小刀，多组解理发育。这两类矿物的区别是：碳酸盐矿物滴 HCl 溶液起泡，解理夹角不等于 90°；而硫酸盐矿物滴 HCl 溶液不起泡，解理夹角有的等于 90°，有的不等于 90°。

常见其他含氧盐和卤化物类矿物：磷灰石($Ca_5[PO_4]_3(F,OH)$)、白钨矿($Ca[WO_4]$)、重晶石($Ba[SO_4]$)、天青石($Ba[SO_4]$)、石膏($Ca[SO_4]\cdot 2H_2O$)、硬石膏($Ca[SO_4]$)、方解石($Ca[CO_3]$)、菱镁矿($Mg[CO_3]$)、菱铁矿($Fe[CO_3]$)、菱锌矿($Zn[CO_3]$)、白云石($CaMg[CO_3]_2$)、文石($Ca[CO_3]$)、孔雀石($Cu_2[CO_3](OH)_2$)。

3. 实习记录

标本号	矿物名称	化学式	晶族晶系	形态	颜色	条痕	光泽	透明度	硬度	解理/断口	相对密度